सब्जियों के प्रमुख कीट-रोग एवं प्रबंधन

लेखक परिचय

डॉ0 सुनील कुमार मंडल, विषय वस्तु विशेषज्ञ (पादप संरक्षण) के पद पर डॉ0 राजेन्द्र प्रसाद केन्द्रीय कृषि विश्वविद्यालय, पूसा (बिहार) के अन्तर्गत कृषि विज्ञान केन्द्र, सिपाया, गोपालगंज (बिहार) में कार्यरत है। डॉ0 मंडल ने अब तक के सेवाकाल में किसानोपयोगी फसल सुरक्षा से सबंधित 46 लोकप्रिय तकनीकी लेख, 50 से अधिक शोध–पत्र, 8 पूस्तकें एवं 20 अंग्रेजी तथा हिन्दी पुस्तकीय अध्याय लिख चूके हैं, जो विभिन्न प्रत्रिकाओं, समाचार पत्रों, टेक्नीकल बुलेटिनो, शोध–पत्रों, पुस्तकों इत्यादि में प्रकाशित हो चूके हैं।

सब्जियों के प्रमुख कीट-रोग एवं प्रबंधन

लेखक:
डॉ० सुनील कुमार मंडल

BIOTECH
2020
BIOTECH BOOKS

प्रकाशन एवम् वितरक
बायोटेक बुक्स
4762–63 / 23, अंसारी रोड़, दरियागंज
नई दिल्ली–110002
दूरभाष: +91–11–23262132
E-mail: biotechbooks@yahoo.co.in

प्रथम संस्करण 2020

ISBN: 978-81-7622-434-5

भारत में मुद्रित।

सरणी 1. विभिन्न सब्जियों के प्रमुख कीट

क्र. सं.	कीट	फसल
1.	जैसिड	भिंडी, बैंगन, आलू, बीन, लत्तीदार सब्जियां
2.	सफेद मक्खी	बैंगन, टमाटर, मिर्च, भिंडी, फूलगोभी, लोबिया, मूली, आलू
3.	महूँ	मिर्च, बैंगन, टमाटर, भिंडी, आलू, फूलगोभी, बन्दगोभी, लत्तीदार सब्जियां
4.	थ्रीप्स	प्याज, लहसून, मिर्च, टमाटर के अतिरिक्त बैंगन, भिंडी, गोभीवर्गीय सब्जियां
5.	कटुआ कीटा (कटवर्म)	बैंगन, भिंडी, आलू, गोभीवर्गीय सब्जियां
6.	हीरक पृष्ठ शलभ (डी0वी0एम0)	बन्दगोभी, फूलगोभी
7.	तम्बाकू की सूंडी	टमाटर के अतिरिक्त बैंगन, भिंडी, शकरकन्द, गोभीवर्गीय सब्जियां
8.	तना एवं फल बेधक	बैंगन, भिंडी
9.	गोभी की तितली	गोभीवर्गीय सब्जियां
10.	चना का फल बेधक	टमाटर के अतिरिक्त भिंडी, आलू
11.	कद्दू भृंग	कद्दूवर्गीय सब्जियां
12.	हड्डा भृंग	बैंगन, टमाटर, आलू
13.	घून	शकरकन्द
14.	फल मक्खी	तरबूजा, खरबूजा, कद्दूवर्गीय सब्जियां

सरणी 2. सब्जियों के प्रमुख कीटों से आर्थिक क्षति

क्र. सं.	फसल	कीट	क्षति (प्रतिशत में)
1.	टमाटर	फलबेधक,	22–38
		तम्बाकू की सूंडी,	16–20
		सफेद मक्खी	70–90 (गर्मा मौसम)
2.	भिंडी	जैसिड	54–60
		तना एवं फल बेधक	45–50
		कपास का लाल बग	15–24
		सफेद मक्खी	50–90 (गर्मा मौसम)

क्रमशः...

3.	बैंगन	तना एवं फल बेधक	50–70
		फीता–पंखी बग	50
		तना बेधक	20–25
4.	मिर्च, प्याज, लहसून	थ्रीप्स (पर्ण जीवी)	25–75
5.	मिर्च	माइट	70–80
		फली बेधक	20–30
6.	गोभीवर्गीय सब्जियां	हीरक पृष्ठ शलभ (डी0वी0एम0)	52–80
		अर्द्दकुण्डलक	30–60
		माहूँ	44–54
		गोभी बेधक	30–58
		गोभी की तितली	10–12
7.	लत्तरवर्गीय सब्जियां	फल मक्खी	70–80
		लाल कद्दू भृंग	12–72
8.	शकरकन्द	शकरकन्द का घून	60
9.	आलू	कंद शलभ	30–70
		कटुआ कीट	80
10.	दालवाली सब्जियां (राजमा, लोबिया)	तना मक्खी	5–80
		फली बेधक	10–50
11.	बैंगन, भिंडी, टमाटर, गोभीर्वीय सब्जियां	कटुआ कीट	97
		थ्रीप्स	20–40
		हड्डा भृंग	12–15

टमाटर, बैंगन, मिर्च, लत्तरवर्गीय सब्जियां, प्याज, फूलगोभी, बन्दगोभी इत्यादि प्रमुख सब्जियां पौधशाला के माध्यम से उगायी जाती है। नर्सरी के अनउपयुक्त प्रबन्धन के साथ–साथ रोग के संक्रमित बीज और अनुचित सस्य क्रियाओं के कारण प्रायः पौध विगलन (डैचिंग–ऑफ) बीमारी का प्रकोप होता है।

सब्जियों के मुख्य फसलों में फफूंदों, जीवाणुओं, विषाणुओं, सूत्रकृमियों और वातावरणीय स्थितियों के कारण अनेक बीमारियों का संक्रमण होता है जो उनकी उपज एवं गुणवत्ता को प्रभावित करते हैं। विश्व में सब्जियों के कुल उत्पादन का लगभग 10.5 प्रतिशत क्षति होती है। सब्जियों के प्रमुख रोगों एवं उनसे क्षति का विवरण सारणी–3 एवं 4 में उल्लेखित किया गया है।

सरणी 3. सब्जियों की प्रमुख बीमारियां

क्र. सं.	बीमारियां	प्रभावित सब्जियों की फसल
(क)	**फफूंदजनित एवं जीवाणुजनित रोग**	
1.	पौधा विगलन (पिथियम, फाइटोप्थोरा, पेल्लीकुलारिया)	टमटार, बैंगन, मिर्च, कद्दूवर्गीय सब्जियां, सेम, लोबिया, भिंडी, लौकी एवं गोभीवर्गीय सब्जियां।
2.	पर्ण धब्बा (अल्टरनेरिया, सरकोसपोरा)	सेम, लोबिया, बैंगन, मिर्च, भिंडी, आलू, शकरकन्द, गोभी एवं लत्तरवर्गीय सब्जियां।
3.	उकठा (फ्यूजेरियम एवं वर्टीसिलियम)	मिर्च, बैंगन, टमाटर, भिंडी, आलू, सेम, मटर, बन्दगोभी, लत्तीदार सब्जियां।
4.	श्यामवरण (कोल्लेटोट्राइकम एवं ग्लोयिस्पोरियम)	सेम, लोबिया, मिर्च, लौकी एवं अन्य लत्तरवर्गीय सब्जियां।
5.	कॉलर विगलन/सफेद गलन (स्केलेरोसियम एवं पेल्लिकुलारिया)	राजमा, सेम, बैंगन एवं लततरवर्गीय सब्जियां।
6.	आसिता (चूर्णिल एवं मृदुरोमिल)	बन्दगोभी, खीरा/ककड़ी, लौकी, चुकन्दर, भिंडी, मटर और सेम
7.	जड़ एवं पद विगलन (रहिजोक्टोनिया, मैक्रोफोमिना, फ्यूजेरियम एवं पीथियम)	मटर, सेम, टमाटर, बैंगन, भिंडी एवं लत्तरवर्गीय सब्जियां।
8.	फल सड़न एवं झुलसा (पिथियम, फाइटोफ्थोरा, फोमोसिस)	बैंगन, टमाटर, मिर्च, भिंडी, लत्तरवर्गीय सब्जियां एवं सेम।
9.	काला सड़न, मृदु विगलन, भूरा सड़न एवं जीवाणु झूलसा (जैल्थोमोनस, सूडोमोनस एवं इरविनियां)	बन्दगोभी, फूलगोभी, आलू, बैंगन, टमाटर, सेम, लोबिया एवं अन्य सब्जियां।
(ख)	**विषाणुजनित रोग**	
1.	मोजैक (कोढ़)	आलू, टमाटर, बैंगन, मिर्च, लत्तरवर्गीय सब्जियां, मटर, लोबिया, सेम एवं चुकन्दर।
2.	पीत सिरा मोजेक	भिंडी।
3.	पीला मोजैक	मिर्च।

क्रमशः...

4.	गुरचा (पर्ण कुंचन)	मिर्च एवं टमाटर।
5.	लघु पत्रक (लिट्ल लीफ)	बैंगन।
(ग) सूत्रकृमि रोग		
	जड़–गांठ सूत्रकृमि (मेलाइडोगाइनी स्पेसीज)	टमाटर, बैंगन, आलू, मिर्च, भिंडी एवं पालक।
(घ) पुष्पित जड़–परजीवीव पौघा		
	ठोकरा (औरोबकी और स्ट्राईगा)	टमाटर, बैंगन, मिर्च, फूलगोभी एवं भिंडी।
(ड़) विकृतियां		
(i)	कुपोषण विकृतियां (बोरोन की कमी)	फूलगोभी, बन्दगोभी एवं चुकन्दर।
(ii)	दुर्गुण कुव्यवस्था (बटनाकार गोभी की आकृति, कलात्मकता, पत्तायन, राइसीनेस या हेयरीनेस और फूलों में गुलाबी या बैंगनी रंग आना)	फूलगोभी।

सरणी 4. सब्जियों के प्रमुख बीमारियों से क्षति

क्र. सं.	फसल	रोग	क्षति (प्रतिशत में)
1.	भिंडी	पीत सीरा मोजैक	80 (गर्मा मौसम)
2.	बैंगन	फोमोसिस झूलसा एवं फामोसिस फल सड़न	50–60
		सफेद गलन (स्केलेराटिनिया स्कलेरोसिओरम)	60–70
		अल्टरनेरिया पर्ण दाग	20–50
		लघु पत्रक (लीट्ल लीफ)	25–40
		जीवाणु उकठा	10–60
3.	मिर्च	एन्थ्रेकलोज, डाईबैक, पका फल विगलन	50
		पत्र कूंचन (लीफ कर्ल)	60–70
		मोजैक	50–60

क्रमशः...

विषय सूची

प्रस्तावना

भारत एक प्रमुख सब्जी उत्पादक देश है। हमारे देश की जलवायु में विभिन्नता होने के कारण लगभग 60–70 विभिन्न प्रकार की सब्जियां उगायी जाती है। पिछले दशक में भारत ने सब्जी उत्पादन के क्षेत्र में तेजी से कदम बढ़ाया है और स्वतंत्रता प्राप्ति के बाद देश में सब्जी का उत्पादन छः गुणा से अधिक बढ़ा है। इस प्रकार भारत चीन के बाद विश्व का सर्वाधिक सब्जी उत्पादक देश बन गया है। आज सब्जी सम्बन्धी अपनी घरेलू आवश्यकताओं की पूर्ति कर इसका निर्यात भी हो रहा है।

सब्जियों के नयी उन्नतशील किस्मों के विकास से पिछले कुछ वर्षों में उत्पादन में आशातित् अधिक वृद्धि हुई है। अधिक उत्पादनशील संकर व मुक्त परागित किस्मों के साथ–साथ अच्छी सस्य तकनीकी एवं अन्य उपज कारकों का सघन उपयोग सब्जियों में नाशक कीटों के व्यवहार में परिवर्तन लाया है। कुछ कीट अपने स्वभाव में बदलाव लाकर नयी सब्जियों में हानि पहुँचाने लगे हैं जिनको पहले हानि नहीं पहुँचाते थे और कुछ कीट रासायनिक दवाओं के प्रति अबरोधी हो गये हैं। कीटनाशक रसायनों के प्रयोग से कीट के प्राकृतिक शत्रुओं (परभक्षी एवं परजीवी कीट) की संख्या में कमी हो जाने से इनकी भयावहता बढ़ गयी है। सब्जियों की फसल को इन नाशक कीटों से लगभग 15–20 प्रतिशत तक क्षति होती है, परन्तु कभी–कभी पूरी फसल भी नष्ट हो जाती है।

जब से सब्जियों में संकर बीजों का आदान–प्रदान खुले राष्ट्रीय एवं अन्तर्राष्ट्रीय बाजार में होने लगा है, तब से सब्जियों में बीमारियों की समस्या और अधिक बढ़ गयी है। खाद्यान फसलों की तुलना में सब्जियों में रोग ग्राहता अधिक होती है। इसलिए सब्जियों में लगने वाली बीमारियां इसकी उपज के लिए

एक जटिल समस्या उत्पन्न हो गयी है। पौधशाला से लेकर फसल उत्पादन, भण्डारण एवं विपणन तक सभी जगह ये रोग कारक (फफूंद, जीवाणु, विषाणु एवं सूत्रकृमि) सब्जी उत्पादन में मुख्य बाधक है। सम्पूर्ण विश्व में इसके कुल उत्पादन का लगभग 10.5 प्रतिशत क्षति होती है।

आज सब्जियों में सबसे अधिक रासायनिक दवाओं का प्रयोग हो रहा है। बहुत सारे सब्जी उत्पादक बिना आवश्यकता के भी दवाओं का प्रयोग सिर्फ बिक्रेताओं के सुझाव पर करते हैं तो कुछ अनभिज्ञ सब्जी उत्पादक अप्रभावी रासायनों का प्रयोग करते हैं, जो कि फसल में लगे कीटों व रोगों के नियंत्रण के लिए बिल्कूल ही फायदेमन्द नहीं है। रासायनिक दवाओं की दिन–प्रतिदिन बढ़ते मूल्य एवं परोक्ष दुष्प्रभावों के कारण प्रत्येक उत्पादक सब्जी पर इसका प्रयोग कम करना चाहते हैं। कीट एवं रोग के कारकों में रसायनों के लिए प्रतिरोधी क्षमता विकसित होने से अधिकांशतः दवाओं की प्रभावशीलता कम होती जा रही है। रासायनिक दवाओं के उपयोग से एवं उनके लक्ष्य विहिन प्रभाव के कारण वर्ष दर वर्ष कीट व रोग जनक प्रभेदों में ग्रहनशीलता बढ़ती जा रही है। सब्जियों में तुड़ाई जल्दी–जल्दी की जाती है, अतः रासायनिक दवाओं का कम और सावधानीपूर्वक प्रयोग की आवश्यकता है। नयी पीढ़ी के सभी रासायन कुछ न कुछ मात्रा में सब्जियों पर अपना अवशेष छोड़ देते है। इसलिए इन समस्याओं के निदान के लिए समेकित कीट एवं रोग प्रबन्धन पद्यति को अपनाने की आवश्यकता है। समेकित प्रबन्धन में रासायनों का प्रयोग अंतिम विकल्प के रूप में किया जाता है, जब अन्य वैकल्पिक विधियां जैसे यांत्रिक, भौतिक व जैविक नियंत्रण से कीटों व बीमारियों का नियंत्रण संम्भव न हो। यह सत्य है कि रासायनिक नियंत्रण समेकित प्रबन्धन का मुख्य घटक है और भविष्य में भी रहेगा, परन्तु अधिक और विना विशेषज्ञ की सलाह के रासायनों का प्रयोग उचित नहीं है।

सब्जियों की खेती में खरपतवार एक चूनौतीपूर्ण समस्या है। इनसे सब्जियों की पैदावार में लगभग 20–80 प्रतिशत तक कमी आती है तथा गुणवत्ता भी प्रभावित होती है, जिससे बाजार में सब्जियों का मूल्य कम मिलता है। खरपतवार फसल के साथ उगकर पोषक तत्व, स्थान, हवा, पानी आदि के लिए स्पर्धा कर पौधे को कमजोर करते हैं और बहुत सी बीमारियों एवं कीटों को आश्रय प्रदान कर दूसरी तरह से क्षति पहुँचाते हैं। खरपतवार निकालने में बहुत श्रम की आवश्यकता पड़ती है जिससे खेती का खर्च बढ़ जाता है। खरपतवार की समस्या सब्जियों में अन्य फसलों की तुलना में ज्यादा पायी जाती है। अच्छे सस्य तकनीक, यांत्रिक एवं रासायनिक विधियों के समन्वित प्रबंधन के जरिये खरपतवार की समस्या को कम किया जा सकता है।

प्रस्तुत पुस्तक **"सब्जियों के प्रमुख कीट–रोग एवं प्रबंधन"** में पौधशाला से लेकर फसल उत्पादन, भण्डारण एवं विपणन तक सभी जगह कीट, रोग एवं खरपतवार की समस्याओं एवं उनके प्रबन्धन से संबंधित हर पहलूओं का विस्तृत रूप से विवेचन किया गया है। आवश्यकतानुसार तथ्यों को सरल एवं सुरूचिपूर्ण बनाने का प्रयास किया गया है, ताकि उत्पादक एवं किसान सब्जियों की सुरक्षा से संबंधित अधिकांश समस्याओं का समाधान स्वंय कर सके। साथ ही पुस्तक में तुराई उपरान्त सूरक्षित रहे सब्जियों की विभिन्न पहलूओं की भी चर्चा की गयी है।

इस पुस्तक के लेखन में अनेक आधुनिक पुस्तकों, शोध–पत्रों एवं पत्रिकाओं से सहायता ली गयी है। उन सभी लेखकों के प्रति मैं अपना हार्दिक आभार प्रकट करता हूँ। साथ ही पत्नी आभा और आत्मजा श्रेया के स्नेह एवं प्रेरणा के बल पर पर ही मैंने यह पुस्तक लिखी है। अंत में इस पुस्तक के प्रकाशक श्री सुनील मित्तल और उनकी टीम के प्रति मैं अभारी हूँ जिन्होंन इस पुस्तक के प्रणयण के लिए प्रेराणा दिया और शीघ्र ही प्रकाशित करके पाठकों को उपलब्ध कराने का प्रयास किया है।

आशा है कि सब्जियों के फसल की सुरक्षा के क्षेत्र में हुयी प्रगतियों को सामने रखने का हमारा प्रयास सब्जी उत्पादकों, किसानों, कृषि कार्यकर्ताओं, प्रसार कार्ताओं, छात्रों, कृषि अधिकारियों आदि के लिए समान रूप से उपयोगी होगा।

डॉ. सुनील कुमार मंडल
विषय विशेषज्ञ (पादप संरक्षण)
कृषि विज्ञान केन्द्र, गोपालगंज
डा0 राजेन्द्र प्रसाद केन्द्रीय कृषि विश्वविद्यालय,
पूसा (समस्तीपुर) बिहार

अध्याय 1

विषय परिचय

भारतीय अधिकतर शाकाहारी होते हुए भी यहाँ आम आहार सदियों से केवल अनाज एवं दलहनों पर ही आधारित रहा है। पौष्टिक व संतुलित आहार की तरफ कोई खास रूझान एवं जानकारी न होने के कारण कुपोषण ने समाज में अपना घर बना लिया। लोग पोषक तत्वों की कमी से संबंधित बीमारियों से ग्रसित होने लगे हैं जैसे कि रतौंधी, अनिमिया इत्यादि। पिछले कुछ दशकों से हरित क्रान्ति के बाद देश में संतुलित भोजन के प्रति जागरूकता बढ़ने लगी और सब्जियों का महत्व भी समझा जाने लगा। इसको ध्यान में रखते हुए सब्जियों की उत्पादकता एवं उत्पादन बढ़ाने की ओर विशेष रूप से प्रयास किये गये, जिसके कारण भारत आज चीन के बाद सब्जी उत्पादन में विश्व भर में दुसरे स्थान पर है, फिर भी जनसंख्या की अपेक्षा सब्जी का उत्पादन कम होने के कारण मात्र 180 ग्राम प्रति दिन प्रति व्यक्ति उपलब्ध होती है, जबकि इसकी मात्रा विश्व स्वास्थ्य संघटन के अनुसार कम से कम 300 ग्राम प्रति दिन प्रति व्यक्ति उपलबध होनी चाहिए, क्योंकि उत्पादन 84 मैट्रिक टन का है और आवश्यकता 110 मैट्रिक टन की है। यह आवश्यकता आबादी के बढ़ने के साथ–साथ और भी अधिक होती चली जाएगी। इसलिए देश में सब्जियों के अन्तर्गत क्षेत्रफल बढ़ाने के साथ–साथ वैज्ञानिक पद्वति की खेती के अन्तर्गत नयी उत्पादशील किस्में, शंकर प्रजातियां, उन्नत सस्य क्रियायें, संतुलित उर्वरकों का प्रयोग, नवीनतम आधुनिक सिंचाई की

समुचित व्यवस्था के साथ–साथ कीट, रोग एवं खरपतवार नियंत्रण के उपायों पर एकीकृत प्रबन्धन पर भी विशेष ध्यान देना होगा।

भारत में 275 से अधिक कीटों की प्रजातियां विभिन्न प्रकार के सब्जियों की फसलों में दर्ज किया गया है। परन्तु भाग्यवश उनमें से अधिकांशतः विखरा हुआ और कभी–कभी मिलते है जो उपेक्षित या नगन्य क्षति करते है। लगभग 40 कीटों की प्रजातियों को प्रचलित कीटों के रूप में वर्गीकृत किया गया है जिनमें से प्रमुख और साधारण कीटों के रूप में प्रति वर्ष अत्यधिक क्षति पहुँचाते हैं और इस प्रकार ये सब्जी उत्पादन का एक प्रमुख बाधक कारक है। इनमें से प्रमुख कीट विभिन्न सब्जियों की फसलों को क्षति करते हैं, लेकिन कुछ कीट दो या अधिक सब्जियों को सामान्य रूप से क्षति पहुँचाते हैं। इनके क्षति की प्रवृति में भी भिन्नता पायी जाती है, कुछ कीड़े पौधों को पत्तियों से रहित कर देते हैं, दुसरा कोमल उत्तकों व कोशिकाओं से महत्वपूर्ण रस चूसते हैं, जबकि अधिकांश क्षति करने वाले समूह बेधक कीटों का है, जो फलों, तनों व शाखाओं में छिद्र कर नुकसान पहुँचाते हैं जो फल बेचने या खाने लायक नहीं रहते अथवा अन्त में पौधे मर भी सकते हैं। महत्वपूर्ण रस चूसने वाले कीट के अन्तर्गत जैसिड, माहूँ, सफेद मक्खी और थ्रीप्स है और शल्कयुक्त पंख (लैपिडोप्टेरान) वाले कीट के अन्तर्गत कटुआ कीट, तना एवं फल बेधक, रोयेंदार सूंडी, बन्दगोभी की तितली, पत्ती खाने वाले भृंग और घून की जोड़ी तथा इनके अतिरिक्त रात्रिचर फल मक्खी है। सब्जियों में कीटों से प्रति वर्ष औसत क्षति 35–40 प्रतिशत तक होती है। विभिन्न सब्जियों के फसलों में आक्रमण करने वाले प्रमुख कीटों एवं उनसे होने वाले नुकसान का विवरण निम्नलिखित सारणी–2 में उल्लेखित है।

4.	आलू	आगात झूलसा पिछात झूलसा	10–75 70–80
5.	टमाटर	आगात झूलसा पिछात झूलसा	60–78 90–95
6.	बैंगन, टमाटर, भिंडी एवं लत्तीवर्गीय सब्जियां	जड़गांठ सूत्रकृमि	40–60
7.	बन्दगोभी	काला सड़न	50
8.	मूली	सफेद हरदा	5–50
9.	लोबिया, मटर, राजमा	चूर्णिल आसिता गेरूई (रस्ट) एन्थ्रेकनोज	20–45 10–15 10–15
10	गोभीवर्गीय सब्जियां	मृदुरोमिल आसिता	20–50
11.	कद्दूवर्गीय सब्जियां	चूर्णिल आसिता	15–50
12.	प्याज एवं लहसून	बैंगनी धब्बा झूलसा	50–60

सब्जियों की फसलें प्रायः मौसमी खरपतवारों से ग्रस्त रहती है जो सब्जियों की खेती के लिए एक चूणोतीपूर्ण समस्या है। इनसे सब्जियों की उपज में लगभग 20–80 प्रतिशत तक कमी आती है तथा गुणवत्ता भी प्रभावित होती है। मौसम के अनुसार सब्जियों की फसल में खरपतवार उगते हैं जिनका विस्तृत विवरण सारणी–5 में दिया गया है।

सरणी 5. मौसम के अनुसार सब्जियों में खरपतवार

क्र. सं.	मौसम	खरपतवार
1.	खरीफ	सॉवा घास, बनकोदों, क्रैपघास, जंगली चौलाई, महकुआ, मकड़ा, महकुआ, कनकवा, सफेद मुर्गा, हजारदाना, वनमकोय, पत्थरचट्टा, जंगली पालक, चिकोरी और बहुवर्षीय खरपतवार–दूब, मोथा एवं जंगली चरी।
2.	रबी	**चौड़ी पत्ती वाले घास** :– बथुआ, सेंजी, कृष्णनील, पोहली, हिरनखुरी, सत्यानाशी, कटैली, अंकरी और जंगली मटर। **भाकरी पत्ती वाले घास** :– दूब, बनप्याजी, जंगली जई तथा मोथा।
3.	बसंत	**चौड़ी पत्ती वाले खरपतवार जो रबी मौसम की सब्जियों में निकलते हैं, पाये जाते हैं।**

सब्जियों के उपज में होने वाली क्षति खरपतवारों के ग्रस्तता की मात्रा पर निर्भर करती है। खरीफ सब्जियों में खरपतवारों की ग्रस्तता रबी सब्जियों की तुलना में अधिक होती है। खरपतवारों की ग्रस्तता एवं फसल में खरपतवारों से प्रतियोगिता करने की क्षमता फसल विशेष में होने वाले नुकसान को निर्धारित करता है। विभिन्न सब्जियों की फसलों में खरपतवारों के प्रतिस्पर्धा की क्रान्तिक अवस्था एवं खरपतवारों द्वारा उनके उपज में होने वाली कमी अलग–अलग होती है जिसका विस्तृत विवरण सारणी–6 में दिया गया है।

सरणी 6. सब्जियों की फसलों में खरपतवारों की प्रतिस्पर्धा की क्रान्तिक अवस्था और खरपतवारों द्वारा उनके उपज में होने वाली कमी/क्षति।

क्र. सं.	सब्जियां	खरपतवारों के प्रतिस्पर्धा की क्रान्तिक अवस्था (बुआई/रोपाई के बीच दिनों तक)	उपज में कमी/क्षति (प्रतिशत)
1.	बैंगन	20–60	40–80
2.	भिंडी	15–30	40–70
3.	टमाटर	30–45	42–72
4.	पत्तागोभी/फूलगोभी	30–45	50–60
5.	गाजर	15–20	70–80
6.	मूली	15–20	60–70

किसी भी जीव की संख्या कितनी बढ़े कि उसे नाशक कीट के नाम से पुकारा जाय इसके उत्तर के लिए **'आर्थिक क्षति स्तर'** (इकोनोमिक इन्जरी लेवल) की संकल्पना का विकास हुआ है। यह वह स्थिति है जो दर्शाती है कि एक निश्चित स्थान पर नाशक कीट के संख्या का घनत्व कितना है और वहां पर उसके नियंत्रण के उपाय आर्थिक दृष्टि से कितने उचित है।

कीट प्रबन्ध के लिए यह आवश्यक कि नाशक कीट की संख्या को आर्थिक क्षति स्तर तक न पहुँचने दिये जाए, ताकि कोई गम्भीर हानि न पहूँचे इसके लिए दूसरे जनसंख्या घनत्व स्तर के सिद्वान्त का विकास किया गया जिसे **'आर्थिक क्षति की सीमा रेखा'** (इकोनोमिक थ्रेसहोल्ड लेवल) कहते हैं। इस सीमा रेखा से यह पता चलता है कि नियंत्रण के कौन से उपाय किये जाएँ कि नाशक कीट की संख्या आर्थिक क्षति स्तर तक न पहूँचे। सब्जियों के प्रमुख नाशक कीटों की संख्या का आर्थिक क्षति स्तर का विवरण सारणी–7 में दिया गया है।

सरणी 7. सब्जियों के प्रमुख कीटों का आर्थिक क्षति की सीमारेखा (ई0टी0एल0)

क्र. सं.	फसल	कीट	आर्थिक क्षति की सीमारेखा (ई0टी0एल0)
1.	बैंगन, टमाटर एवं भिंडी	जैसिड	2 जैसिड/पत्ती
2.	बैंगन, भिंडी	सफेद मक्खी	8–10 वयस्क कीट/पत्ती या 20 शिशु कीट/पत्ती
3.	लहसून एवं प्याज	थ्रीप्स	10 थ्रीप्स/पत्ती या 15–20 प्रतिशत क्षतिग्रस्त पौधे
4.	भिंडी	प्ररोह एवं फल बेधक	10 प्रतिशत क्षतिग्रस्त पौधे या 10 सूंडियां/20 पौधे
5.	पत्तागोभी एवं फूलगोभी	पर्ण जालक माईट	1 सूंडी/मीटर पंक्ति की लंम्बाई 2 माईट/पत्ती
6.	मूली	आरा मक्खी	1 सूंडी/पौधा
7.	मटर	फली बेधक	1 अंडा या सूंडी/पौधा या 1 क्षतिग्रस्त फली/पौधा
		पत्ती फुदका	2–3 फुदका/पत्ती
8.	टमाटर	फल बेधक	1 अंडा या सूंडी/पौधा या 1 क्षतिग्रस्त फल/पौधा
		सफेद मक्खी	4 वयस्क कीट/पत्ती

क्रमशः...

9.	मिर्च	थ्रीप्स	6 थ्रीप्स/पत्ती या 10 प्रतिशत क्षतिग्रस्त पौधे
		पत्ती फूदका	2–5 फूदके/पत्ती
		माईट	5–10 माईट/पत्ती
		फली बेधक	1 अंडा या 1 सूंडी या 1 क्षतिग्रस्त फली
10.	प्याज एवं लहसून	मैगट	1 मैगट/पूंज
		कैटरपीलर	1 कैटरपीलर/पूंज
11.	आलू	माहूँ	20 माहूँ/100 पौधे
		कंद शलभ	15–20 वयस्क/ट्रैप
12.	बैंगन	प्ररोह एवं फल बेधक	10 प्रतिशत क्षतिग्रस्त पौधे या 10 सूंडिया/20 पौधे
13.	मटर	लीफहॉपर	2–3 कीट/पत्ती

आर्थिक क्षति स्तरों और आर्थिक सीमान्त रेखा (ई0टी0एल0) का निर्धारण करना आसान नहीं है। प्रायः नाशक कीट वर्ष में एक सीमित समय में ही आर्थिक क्षति पहुँचाते है। जैसे कि तम्बाकू बडवर्म केवल विकसित होती हुई पत्तियों की कलियों को खाता है, जिससे कि कलिका अवस्था में क्षतिग्रस्त पत्तियां बेकार हो जाती है और जैसे–जैसे वे बढ़ती है उनमें छिद्र दिखाई देने लगते हैं। यही बड़वर्म मध्य जुलाई के बाद, जब सारी पत्तियां कलिकाओं से निकल चुकी होती है, संख्या के किसी भी घनत्व के बावजूद तम्बाकू को उसके कटने तक आर्थिक हानि नहीं पहुँचा पाता है। इसलिए आवश्यक है कि आर्थिक क्षति स्तरों के संबंध में समय के साथ सतत् समायोजन किया जाय। इस प्रकार किसी भी सफल नाशक कीट नियंत्रण कार्यक्रम के लिए मुख्य नाशक कीटों का, उनकी संख्या के घनत्व और उनके प्राकृतिक शत्रुओं के संबंध में, सही ज्ञान आवश्यक है।

नाशक कीट प्रबन्ध कार्यक्रम में प्रयुक्त होने वाले सम्भावित नियंत्रण साधन इस प्रकार है:–

जब सब्जियों की फसलों में नाशक कीटों की संख्या आर्थिक क्षति से उपर बढ़ जाय तो एकीकृत नाशीजव प्रबन्धन पद्यति अपनानी चाहिए।

एकीकृत नाशीजीव प्रबंधन फसल उत्पादन एवं फसल सुरक्षा की मिली–जूली पद्यति है, जिसका मूल सिद्यान्त उन्नत सस्य क्रियाओं, जैविक और रासायनिक नियंत्रण के बीच समन्वय स्थापित करना है। इन विधियों के साथ कीट व रोग नियंत्रण की अन्य वैकल्पिक विधियों का संगत प्रयोग, जो सामाजिक, आर्थिक

एवं पर्यावरण की दृष्टि से आदर्श/उचित हो तथा कीटों–रोगों की संख्या एक निर्धारित आर्थिक क्षति स्तर से उपर न बढ़ सके, एकीकृत/समन्वित या समेकित नाशीजीव प्रबन्धन कहलाता है। समेकित नाशीजीव प्रबन्धन के अन्तर्गत नर्सरी एवं पौध रोपण से लेकर सब्जियों की तुड़ाई तक उन सभी पद्यतियों/तकनीकों का प्रयोग इस प्रकार एकीकृत तरीके से किया जाता है, जिससे कीटों व रोगों द्वारा फसल की उत्पादकता एवं गुणवत्ता में होने वाली क्षति को नियंत्रित किया जा सके। सब्जियों में एकीकृत प्रबन्धन हेतु निम्नलिखित घटकों/तकनीकों का प्रयोग किया जाता है।

उन्नत शष्य क्रियायें/विधियां : इन क्रियाओं के अन्तर्गत खेत की गृष्मकालीन जुताई, खेतों की सफाई, निराई–गुड़ाई, स्वस्थ्य एवं स्वच्छ बीजों का चयन, फसलों तथा खरपतवारों के अवशेषों को नष्ट करना, मेड़ों एवं सिंचाई की नालियों की सफाई, मिट्टी की जाँच, फसल के अनुसार भूमि का चयन, उपयुक्त फसल–चक्र, प्रतिरोधक/सहनशील किस्मों का चयन, समय पर बुआई/रोपाई, अनुशंसित दूरी, संतुलित उर्वरकों का प्रयोग, उपयुक्त जल व्यवस्था, खेत की निगरानी/सर्वक्षण (शत्रु एवं मित्र कीटो का अनुपात (2 : 1) कायम रखना), ट्रैप अथवा फंदा फसलों को लगाना, समय पर फसलों की कटाई, फसलों को जमीन की सतह से सटाकर काटना इत्यादि।

यांत्रिक विधियां : इन विधियों के अन्तर्गत वे सभी प्रयास सम्मिलित है, जिनसे कि नाशक कीट अपने भोजन तक न पहुँचे। कीट की विभिन्न अवस्थाओं जैसे अण्डे, अण्डसमूह, शूंडी एवं प्यूपा को हाथ से एकत्र कर नष्ट करना। पक्षी आश्रय का प्रयोग, प्रकाश प्रपंच का उपयोग, फेरोमोन ट्रैप का प्रयोग आदि।

जैविक विधियां : इन विधियों में नाशक कीटों के प्रकृति में पाये जाने वाले सभी छोटे–बड़े प्राकृतिक शत्रुओं का संरक्षण करना, खोजकर, इक्ट्ठाकर अथवा प्रयोगशाला में अधिक संख्या में पालकर नाशक कीट के नियंत्रण के लिए उपयोग में लाया जाता है। प्राकृतिक शत्रुओं में शिकारी और परजीवी कीट, परजीवी सूत्रकृमि, कवक, जीवाणु (वैक्टीरिया), विषाणु (वायरस) सम्मिलित हो सकते हैं।

रासायनिक विधियां : यह सत्य है कि रासायनिक दवाओं का कीटों व बीमारियों के नियंत्रण के साथ–साथ सब्जियों की उत्पादकता बढ़ाने में भी महत्वपूर्ण योगदान है तथा भविष्य में भी कीट व रोग प्रबन्धन का एक प्रमुख घटक रहेगा। लेकिन हाल के वर्षों में रासायनों के अत्यधिक व अविवेकपूर्ण प्रयोग से कई तरह की समस्यायें उत्पन्न हुई है जिससे पर्यावरण संतुलन प्रभावित होने के साथ–साथ प्राकृतिक शत्रुओं पर विपरीत प्रभाव तथा सब्जियों के दूषित होने की

समस्या बढ़ गयी है। इन समस्याओं के समाधान के लिए यह परम् आवश्यक है कि नाशीजीव प्रबन्धन में रासायनों का प्रयोग उस समय किया जाय जब अन्य विधियों के प्रयोग से कीट व रोग के नियंत्रण में अपेक्षित सफलता न मिले तथा फसल को आर्थिक नुकसान होने की आशंका हो। सब्जियों में कीटनाशकों/फफूंदनाशकों का प्रयोग कम करना तभी सम्भव हो सकेगा जब सब्जी उत्पादक/किसान कीटों व बीमारियों की सही पहचान तथा उनके नुकसान करने का समय व तरीके/ढंग के सम्बन्ध में समुचित ज्ञान प्राप्त करें तथा फसल की निरन्तर निगरानी करते रहे। इससे कीटों व रोगों के आगमन एवं प्रकोप के स्तर की जानकारी प्राप्त होती रहेगी, जो अन्ततः कीटनाशकों/फफूंदनाशकों के उचित समय पर छिड़काव उनके विवेकपूर्ण प्रयोग तथा नाशीजीव प्रबन्धन में पूर्णरूप से सहायक सिद्ध होगा। गहन परिक्षणों के बाद कुछ कीटनाशक/फफूंदनाशक ऐसे पाये गये है जिनके विवेकपूर्ण प्रयोग में प्राकृतिक शत्रुओं, मानव स्वस्थ्य एवं पर्यावरण पर प्रतिकूल प्रभाव पड़ने की सम्भावना अपेक्षाकृत कम रहती है तथा कीटों व रोगों के प्रभावी नियंत्रण में भी सहायता मिलती है।

भारतीय अर्थ व्यवस्था के लिए **''समाकलित कीट व रोग नियंत्रण''** अथवा **''नाशीजीव प्रबन्ध''** अत्यधिक महत्वूपर्ण है, क्योंकि भारत का सामान्य किसान अधिक खर्चीले साधन, जिनमें रासायनिक दवाएँ प्रमुख हैं, नहीं अपना सकता। उसे आवश्यकता है नाशक जीवों (कीटों व रोगों) के विरूद्ध ऐसी व्यवस्था की जहाँ उसे अधिक धन व्यय न करना पड़े और रासायनिक दवाओं पर उसकी निर्भरता भी कम हो जाय। ऐसे समय में समाकलित कीट व रोग नियंत्रण का समुचित विकास और प्रसार देश के सब्जी उत्पादन में अवश्य क्रान्ति लाएगा।

सब्जियों की अधिकतम उत्पादकता प्राप्त करने में मुख्य बाधाओं में से केवल खरपतवारों की उपस्थिति के कारण ही सर्वाधिक क्षति (40 से 80 प्रतिशत प्रति वर्ष) होती है। खरपतवार फसल के पौधों को मिलने वाले पोषक तत्वों, जल, स्थान व प्रकाश के लिए प्रतिस्पर्धा करके उपज को बुरी तरह प्रभावित करते हैं। इसलिए उचित समय पर प्रभावी ढंग से इनका नियंत्रण समेकित खरपतवार प्रबन्धन के रूप में करना अत्यन्त आवश्यक है, क्योंकि सभी प्रकार के खरपतवारों को नियंत्रित करने के लिए कोई भी एक विधि या शाकनाशक रसायनों का प्रयोग प्रभावी नियंत्रण के लिए सक्षम नहीं होता है। अतः समेकित खरपतवार प्रबन्धन पद्धति के अन्तर्गत सस्य विधियां, यांत्रिक विधियां एवं रासायनिक विधियों को अपनाकर खरपतवारों का सफल नियंत्रण किया जा सकता है जिनका विस्तृत विवरण आगे के अध्यायों में किया गया है।

पर्वतीय क्षेत्रों के किसानों के लिए पॉलीहाउस तकनीकी के द्वारा बेमौसमी सब्जियों का उत्पादन एक मुख्य व्यवसाय के रूप में साबित हो रहा है, परन्तु प्रति वर्ष पॉलीहाउस में निरन्तर सब्जी उत्पादन करने से उसमें कीटों एवं रोगों का प्रकोप होने की संभावना बन जाती है, इसलिए नाशक कीटों व बीमारियों का समय पर उपयुक्त प्रबन्धन कर इनसे होने वाले नुकसान को कम करके सब्जी उत्पादन में वृद्धि कर सकते हैं।

सब्जियों की संरक्षित खेती का अभिप्राय फसल का उत्पादन मुख्य जैविक कारकों (विभिन्न प्रकार के कवक, जीवाणु व विषाणु एवं विभिन्न प्रकार के कीड़े–मकोड़े और सूत्रकृमि आदि) या अजैविक कारकों (तापमान, आर्द्रता, वर्षा प्रकाश आदि) से बचाना हैं। संरक्षित खेती के लिए उपयुक्त संरक्षित संरचनाओं के अन्तर्गत सब्जी उत्पादन में उपयोग हेतु निम्न उल्लेखित तकनीक इस प्रकार है –

(i) प्लास्टिक लो–टनल तकनीक द्वारा वेमौसमी सब्जी उत्पादन।

(ii) कीट अवरोधी नेट हाउस तकनीक द्वारा सुरक्षित सब्जी उत्पादन।

(iii) वाक–इन–टनल तकनीक द्वारा सर्दी के मौसम में सब्जियो का बेमौसमी उत्पादन।

(iv) छायादार नेट हाउस पद्वति द्वारा गर्मी के मौसम में सब्जियों की बेमोसमी खेती।

(v) प्राकृतिक वायु संवाहित ग्रीनहाउस में उच्च गुणवत्ता वाली सब्जी उत्पादन।

उपरोक्त तकनिकों के द्वारा सब्जियों की बेमोसमी खेती करके उच्च गुणवत्ता के साथ प्रति इकाई क्षेत्र में सामान्य उत्पादन (खुले खेत से) की तुलना में 3–5 गुण अधिक उपज मिलती है। पालीहाउस में सब्जियों की कार्बनिक खेती आसानी पूर्वक अपनाई जा सकती है। आजकल कार्बनिक विधि से उगाई गई सब्जियों का निर्यात में अत्यधिक मॉग है।

सब्जियों का फसलोंपरान्त प्रबन्धन में उनकी तुड़ाई से लेकर उनका रख–रखाव, डिब्बा बन्दी, भंडारण, वितरण, बाजारीकरण आदि आता है। सब्जियों का मुख्य भाग नमी है, इसके साथ–साथ सब्जियों में उपापचय की क्रियायें ज्यादा होती है। यह उपापचय की क्रियायें सब्जियों की तुड़ाई के बाद भी निरन्त चलती रहती है, जिसके कारण सब्जी तोड़ने के बाद जल्दी खराब होने लगते है और देश में प्रति वर्ष कुल उत्पादन का लगभग 30–40 प्रतिशत भाग सड़गल कर बेकार हो जाती है। यही मुख्य कारण है कि हम सब्जियों की पूर्ण मात्रा का उपयोग

नहीं कर पाते हैं, क्योंकि सब्जियों का स्वजीवन बहुत कम होता है। यदि सब्जियों के स्वजीवन को बढ़ा दिया जाये तो फसलोपरान्त विभिन्न मौसम में उलब्ध मात्रा को खराब होने से बचाया जा सकता है और हम उनकी अच्छी कीमत भी प्राप्त कर सकते हैं।

फसलोंपरान्त क्षति के कारण : सब्जियों में लगभग 80–90 प्रतिशत नमी, उच्च श्वासन दर, मुलायम बनावट व ज्यादा सतह का क्षेत्रफल होने के कारण फल विकारी स्वभाव के होते हैं।

फसलोपरान्त क्षति को नियंत्रित करने के उपाय

(i) सब्जियों की ऐसी प्रजातियां लगायें जिनका स्वजीवन ज्यादा हो।
(ii) सब्जी उत्पादन के लिए उन प्रक्रियाओं को ग्रहण करना, जिनकी संस्तुति हो चूकी हो।
(iii) फसलोपरान्त की जाने वाली क्रियाओं में एकीकृत प्रबन्धन करना।
(iv) सही पैंकिंग।
(v) परिवहन के अनुकूल आयात।
(vi) व्यवस्थित भंडारण एवं बाजारीकरण।

प्राकृतिक तौर पर सब्जियों में बैक्टीरिया, वायरस, फफूंद तथा परजीवी नहीं होते हैं, परन्तु उपज क्षेत्र में संपर्क के माध्यम से ये मिट्टी, दूषित पानी, जंगली या घरेलू पशुओं, कम सड़ी खाद के दूषण से ये तुडाई के समय अथवा उसके बाद हानिकारक सूक्ष्म जीवों के संपर्क में आ सकते हैं। इसके अतिरिक्त तुड़ाई, एकत्रण तथा वितरण के समय भी सब्जियां सूक्ष्म जीवों के संपर्क में आ सकते हैं। यदि सब्जियों का संपर्क मांस, अंड़ा समुद्री भोजन आदि से हो जाये तो ये दूषित हो सकते हैं। यह संपर्क दुकान पर, खरीदने की टोकरी में, फ्रिज में, कांउटर या रसोईघर में भी हो सकता है। इस प्रकार से दूषित सब्जियों से बीमारियां फैल सकती है। इन बीमारियों का जोखिम कमजोर प्रतिरक्षा प्रणाली के लोगों, बृद्ध, पांच से कम आयु के बच्चे तथा गर्भवती महिलाओं को अधिक होता है। खाद्य संबंधी बीमारियों के लिए मुख्यतः जीवाणु और विषाणु जिम्मेदार होते हैं। हाल के बर्षों में कच्चे फल, सब्जियां और बिनापास्चुरीकृत फलों के रस की खपत के साथ जुड़े संक्रमण की संख्या में वृद्धि हुई है। इन संक्रमण के लिए मुख्य रूप से रोगकारक को दोषी पाया गया है। एस्चेरिशिया कोलाई का संक्रमण सलाद, गाजर और अंकुरित आनाज में पाया गया। शाइजेला नामक जीवाणु सट्राबेरी, रसभरी

तुलसी तथा सेब का साइडर में पाया गया, जबकि पीलिया का वायरस तरबूज और सलाद में पाया गया।

विडम्बना यह है कि खाद्य जनित बीमारी के ज्यादातर मामलों को रोका जा सकता है। उचित खाना पकाने की विधि या खाद्य का प्रसंस्करण बैक्टीरिया को समाप्त कर देता है। वैसे तो बैक्टीरिया किसी भी खाने में विकसित हो जाते है, लेकिन प्रोटीनयुक्त खाद्य पदार्थ, मांस, अंड़ा, समुद्री भोजन, डेयरी उत्पाद, प्रोटीनयुक्त सब्जियों जैसे सेम आदि तथा अनाज में ये तेजी से विकसित होते हैं।

सब्जी उत्पादन, तुड़ाई, भंडारण तथा विपणन के दौरान निम्न स्वास्थ्य सुरक्षा संबंधी युक्तियों को अपना कर भोजन जनित बीमारियों से बचा जा सकता है।

- सब्जी खरीदते समय दागयुक्त, चोटग्रस्त अथवा क्षतिग्रस्त फल व सब्जियां नहीं खरीदना चाहिए।
- खरीदने की टोकरी व थैले में ताजे फल और सब्जियों को मांस, अण्डा और अन्य कच्चे खाद्य पदार्थों से अलग रखना चाहिए।
- घर पहुँचकर सब्जियों को उनकी आवश्यकतानुसार प्रशीतलित वातावरण में रखना चाहिए।
- गड़े–सड़े भाग को चाकू के द्वारा अलग कर दें, क्योंकि इन भागों में हानिकारक जीवाणु हो सकते हैं।
- काटने का चाकू, बर्तन इत्यादि भी साबून या गर्म पानी से साफ कर लेना चाहिए।
- सब्जियों को ताजा, शांत चलते हुए पानी में अच्छी तरह से धोयें।
- खरबूजा, तारबूज, गाजर, आलू इत्यादि की सतह को साफ ब्रुश से रगड़ कर मिट्टी उतारने के उपरान्त स्वच्छ पानी में अच्छी तरह से धोकर साफ कर लेना चाहिए।
- सब्जियों को काटने से पहले धो लेना चाहिए।
- पत्तीदार सब्जियों को कई बार साफ पानी में धोयें। धोते समय पानी में नमक मिलाना भी उपयोगी सावित होता है। बरसात के दिनों में पत्तेदार सब्जियों का सेवन नही करना चाहिए।
- सब्जियों व भोजन को पकाने के तीन घंटे के अन्दर फ्रिज में रख देना चाहिए। फ्रिज का तापमान 4 डिग्री सेलस्यिस अथवा उससे कम पर नियंत्रित करें।

- फ्रिज से खाद्य पदार्थ को बाहर निकाल कर ज्यादा देर तक कमरे की तापमान पर नहीं रखना चाहिए। इसे या तो गर्म कर दें अथवा वापस फ्रिज में रख दें।
- फ्रिज में भी सूक्ष्मजीव पनपते हैं। अतः फ्रिज को नियमित रूप से सफाई करते रहना चाहिए।
- बैक्टिरिया 40 डि0फा0 से 140 डि0फा0 के बीज तेजी से पनपते हैं। अतः खाने को 40 डि0फा0 से अधिक ठंडा या 140 डि0फा0 से अधिक गर्म रखें।

सब्जी बीजों के भण्डारण में देश की जलवायु (अधिक आर्द्रता और उच्च तापमान) मुख्य अवरोधक है। अधिक आर्द्रता और उच्च तापमान के कारण बीजों में श्वसन क्रिया तेज हो जाती है, जिसके कारण बीजों में विभिन्न प्रकार के जैव रासायनिक परिवर्तन शुरू हो जाते हैं, जो कि बीजों की अंकूरण क्षमता को घटाते हैं और सूक्ष्म जीवों एवं कीटों को आक्रमण का आमत्रण देते हैं। यह क्षति कुल सब्जी उत्पादन का लगभग 30–40 प्रतिशत होती है।

भण्डारण में बीज की गुणवत्ता को प्रभावित करने वाले कारक

1. भौतिक कारक–तापक्रम और नमी।
2. यांत्रिक कारक–कटाई, मड़ाई और भण्डारण में प्रयुक्त उपकरण।
3. जैविक कारक–चूहे एवं कीट।
4. रासायनिक कारक–बीज में होने वाली शारीरिक क्रियायें।
5. भण्डारण की स्थिति–भण्डारण की संरचना/प्रकार।
6. किस्म एवं प्रजातियां–बीजों के किस्म एवं प्रजातियां।

सब्जी बीज भण्डारण के समय आने वाली विभिन्न समस्याओं व कारकों का निदान समय पर समुचित प्रबन्धन करके किया जा सकता है, जो आगे के अध्याय में वर्णन किया गया है।

इस पुस्तक के अन्य अध्यायों में कीट एवं रोग की पहचान एवं उनके क्षति के तरीके तथा उनके प्रबन्ध या समाकलित कीट एवं रोग प्रबन्धन में प्रयुक्त हो सकने वाले संभावित घटकों अथवा दिशाओं का वर्णन है और कीट एवं रोग प्रबन्धन में उनकी उपयोगिता के मूल्यांकन का प्रयास किया गया है।

अध्याय 2

सब्जियों में कीट नियंत्रण

सब्जियों का हमारे दैनिक जीवन में काफी महत्व है जिससे हमें प्रोटीन, कार्बोहाइड्रेट, वसा, विटामिन्स और खनिज लवण प्राप्त होते हैं जो हमारे शरीर की वृद्धि और विकास के लिए अति आवश्यक है। पिछले दस वर्षों में सब्जी का उत्पादन काफी बढ़ा है। परन्तु सब्जियों में आक्रमण करने वाले कीटों के द्वारा लगभग 35–40 प्रतिशत तक क्षति प्रति वर्ष होती है। प्रमुख रूप से और अधिक मात्रा में क्षति पहुचाने वाले कीटों की पहचान, क्षति प्रकृति और उनके नियंत्रण के उपाय का विवरण निम्न उल्लेखित है।

सब्जियों के प्रमुख कीट

सब्जियाँ	प्रमुख कीट
टमाटर (Tomato)	फल बेधक (Fruit borer)
	तम्बाकू की सूंडी (Tobacco caterpiller)
	तना बेधक (Stem borer)
	सफेद मक्खी (White fly)
	पर्ण सुरंगक (Leaf miner)
	हड्डा भृंग (Hadda beetle)
	हरा तेला (Jassid)
	वरूथी (Mite)

बैगन (Brinjal)	फल एवं प्ररोह बेधक (Fruit and shoot borer)
	तना बेधक (Stem borer)
	हरा तेला (Jassid)
	फीता–पंखी बग (Lace-wing bug)
	मोयला (Aphid)
	बिहार भुडली (Bihar hairy caterpiller)
	सफेद मक्खी (White fly)
	तम्बाकू की सूंडी (Tobacco caterpiller)
	एपिलैकना भृंग (Hadda beetle)
	मिली बग (Mealy bug)
	रसाद कीट (Thrips)
	वरूथी (Mite)
	पत्र लपेटक (Leaf roller)
	दीमक (Termite)
	कली बेधक (Bud worm)
भिण्डी (Okra)	प्ररोह एवं फल बेधक (Shoot and fruit borer)
	हरा फुदका (Jassid)
	कपास का लाल मत्कुण (Red cotton bug)
	पत्ती लपेटक (Leaf roller)
	मोयला (Aphid)
	तना बेधक (Stem borer)
	सफेद मक्खी (White fly)
	लाल मकड़ी बरूथी (Red spider mite)
	अर्धकुण्डलक (Semilooper)
	कटुवा सूंडी (Cut worm)
मिर्च (Chillies)	सफेद मक्खी (White fly)
	रसाद कीट (Thrips)
	फल बेधक (Fruit borer)
	मोयला (Aphid)
	वरूथी (Mite)
	कटुवा सूंडी (Cut worm)

	सफेद गिडार (White grub)
	लूर्सन सूंडी (Lucerne caterpillar)
आलू (Potato)	आलू का कन्द शलभ (Potato tuber moth)
	तना बेधक (Stem borer)
	बिहार भुडली (Bihar hairy caterpiller)
	एपिलैकना भृंग (Epilachna beetle)
	पिसू भृंग (Flea beetle)
	मोयला (Aphid)
	हरा तेला (Jassid)
	पर्णजीवी (Thrips)
	कटुवा सूंडी (Cut worm)
कद्दूवर्गीय सब्जियां (Cucurbit crops)	लाल कद्दु भृंग (Red pumpkin beetle)
	पत्ती खानेवाला भृंग (Epilachna beetle)
	वरूथी (Mite)
	मोयला (Aphid)
	रसाद कीट (Thrips)
	फफोला भृंग (Blister beetle)
	अर्धकुण्डलक (Semilooper)
	पंख शलभ (Plume moth)
	चित्रित वग (Painted bug)
	फल मक्खी (Fruit fly)
	तना गॉल मक्खी (Stem gall fly)
गोभीवर्गीय सब्जियां (Cole crops)	हिरक पृष्ठ शलभ (Diamond back moth)
	गोभी की तितली (Cabbage butter fly)
	अर्धकुण्डलक (Semilooper)
	आरा मक्खी (Saw fly)
	मोयला (Aphid)
	तम्बाकू की सूंडी (Tobacco caterpiller)
	गोभी बेधक (Cabbage borer)
	बिहार भुडली (Bihar hairy caterpiller)

चित्रित वग (Painted bug)
पर्ण–जालक (Leaf webber)
पिसू भृंग (Flea beetle)
तना बेधक (Stem borer)

---

1. टमाटर (Tomato)

फल बेधक (Fruit borer)

वैज्ञानिक नाम : हेलियोथिस आर्मिजेरा (*Heliothis armigera*)।

पहचान : वयस्क कीट मध्यम आकार का पीले–भूरे रंग का होता है। इसकी लम्बाई 15 से 16 मि0मी0 और पंखों की फैली अवस्था में चौड़ाई 30 से 40 मि0मी0 होती है। अगले पंखों पर भूरे रंग की कई धारियां होती है और उन पर सेम के आकार के भिन्न–भिन्न नापों के काले धब्बे पाये जाते हैं। इसके निचले पंखों का रंग सफेद होता है जिनकी शिराएं स्पष्ट रूप से काली दिखाई देती है और बाहरी किनारों पर चौड़ा धब्बा होता है। इसकी पूर्ण विकसित सूंडी लगभग 35 मि0मी0 लम्बी होती है और इसका रंग उपरी सतह पर हल्का हरा तथा निचली सतह पर चमकदार सफेद होता है।

क्षति प्रकृति : इस कीट की सूंडियां टमाटर को भारी क्षति (50–60 प्रतिशत तक) पहुँचाती है। ये कच्चे तथा पके टमाटरों के फलों में छेद करके उनके अन्दर का गूदा खा जाती है। ऐसे फल खाने योग्य नहीं रहते। सूंडी के मल–मूत्र के कारण उसमें सड़न उत्पन्न हो जाती है। फलों की परीक्षण क्षमता और बाजार मूल्य कम हो हाता है।

नियंत्रण के उपाय

1. फसल लेने के पश्चात् खेत की गहरी जुताई करने से भूमिगत प्यूपा बाहर आ जाने से जैविक व अजैविक कारकों के प्रभाव से नष्ट हो जाते हैं।
2. सीमित क्षेत्र में हाथ से पकड़कर सूंडी को नष्ट करना एक व्यवहारिक प्रयास है।
3. इस कीट का नियंत्रण पीले–नारंगी रंग की गेंदा की अफ्रीकन लम्बी प्रजाति (African Marigold) पाश फसल के रूप में उगाकर भी किया जा सकता है। टमाटर व गेंदा की 14:1 के अनुपात में कतारों में उगाकर इस कीट के द्वारा होने वाली क्षति को कम किया जा सकता है।
4. टमाटर की कीट प्रतिरोधक प्रजातियों का प्रयोग करना चाहिए।

5. फेरोमोन ट्रेप की सहायता से लगातार सर्वेक्षण करते रहना चाहिए।
6. न्यूक्लियर पोलीहेड्रोसिस वायरस (N.P.V.) का 250 एल0ई0 फल बेधक के विरूद्ध छिड़काव करना चाहिए।
7. कीट नियंत्रण के लिए निम्न उल्लेखित कीटनाशकों में से किसी एक दवा का प्रति हेक्टेयर की दर से छिड़काव करना चाहिए –

इण्डोक्साकार्ब 14.5 एस0सी0	–	400–500 ग्राम
नोवाल्यूरान 10 ई0सी0	–	750 मि0ली0
फ्लूबेन्डियामाइड 480 एस0सी0	–	120 मि0ली0
क्लोर–एन्टन्ट्रानिलिप्रोल 18.5 एस0सी0	–	150 मि0ली0
क्लोरफेनापायर 10 एस0सी0	–	500–600 मि0ली0

सफेद मक्खी (White fly)

वैज्ञानिक नाम : बेमिसीया टैबेसाई (*Bemisia tabaci*)।

पहचान : इस कीट के शिशु जूँ की भांति मुलायम, पीले रंग के होते हैं जो पत्तियों की निचली सतह पर चिपके रहते हैं। वयस्क पंखदार, 1.0–1.5 मि0मी0 लम्बे तथा पीले रंग के होते हैं। इनके पंख चमकीले सफेद रंग के होते हैं। थोड़ी–सी आहट पाकर ये तुरन्त उड़ने लगते हैं।

क्षति प्रकृति : यह कीट पत्तियों से रस चूस कर पौधों को क्षति पहुँचाता है। शिशु एवं वयस्क दोनों ही अवस्थाओं में यह कीट नुकसानदायक होता है। रस चूसने से पौधों की वृद्धि मारी जाती है एवं पत्तियां पीली पड़ जाती है। इसके अतिरिक्त यह कीट टमाटर के पौधों में विषाणु रोग भी संचारित करता है। इस रोग के फलस्वरूप पौधों की पत्तियां छोटी रह जाती है और नीचे की ओर मुड़ जाती है। ऐसे पौधों में कोई फल नहीं लगता है। इस रोग को सामान्यतः "माथा बंधना" कहते हैं।

नियंत्रण के उपाय

- टमाटर में सफेद मक्खी का प्रकोप रोकने के लिए पौधशाला की क्यारियों को 40 मेश नयलोन की जाली (3 मीटर लम्बी, 1.2 मीटर चौड़ी व 0.3 मीटर उँची) का उपयोग किया जा सकता है। इस जाली को क्यारी/भूखण्ड में लगभग एक माह तक लगाए रखना चाहिए। फसल की रोपाई के पश्चात् 10–15 दिन के अन्तराल पर निम्नलिखित कीटनाशकों में से किसी एक दवा

का प्रति हेक्टेयर की दर से छिड़काव करने से टमाटर की ''माथा बंधना'' का संक्रमण पाँच सप्ताह तक रोका जा सकता है।

स्पाईरोमेसिफेन 240 एस0सी0	–	600–750 मि0ली0
थियामेथोक्जाम 25 डब्लू0एस0जी0	–	200 ग्राम
इमिडाक्लोप्रिड 17.8 एस0एल0	–	150–175 मि0ली0
डायमेथोएट 30 ई0सी0	–	1.0–1.5 ली0

तम्बाकू की सूंडी (Tobacco caterpiller)

वैज्ञानिक नाम : स्पोडोप्टेरा ल्यूटरा (*Spodoptera liutra*)

पहचान : प्रौढ़ कीट 20 मि0मी0 लम्बा होता है तथा पंख फैलाने पर इसकी लम्बाई 25 मि0मी0 के करीब होता है। इसकी पिछली पंख सफेद रंग की होती है। सूंडी का रंग पीलापन लिए हुए गाढ़े हरे रंग का होता है। इनकी गर्दन पर दो काले धब्बे होते हैं जो अंग्रेजी के बी का आकार बनाते हैं।

क्षति प्रकृति : टमाटर के अलावा बैगन, फूलगोभी, भिण्डी को यह कीट नुकसान पहुँचाता है एवं मुख्य रूप से सूंडिया पत्तियों को खाती है। कभी–कभी फल एवं तनों को भी क्षति पहुँचाती है।

नियंत्रण के उपाय

1. पत्तियों के निचले हिस्से पर गुच्छों में मादा कीट अण्डे देती है। अतः उन पत्तियों को तोड़कर नष्ट कर देना चाहिए।
2. फेरोमोन ट्रेप लगाकर वयस्क नर को पकड़कर नष्ट कर देना चाहिए।
3. एस0एन0पी0बी0 (250–300 एल0ई0), एक कि0ग्रा0 गुड़ एवं 800 मि0ली0 टीपोल की 800 ली0 पानी में घोलकर 10 दिनों के अन्तराल पर छिड़काव करने से इस कीट के नियंत्रण में लाभकारी है।
4. निम्न उल्लेखित कीटनाशकों में से किसी एक दवा का प्रति हेक्टेयर की दर से फसलों में 15 दिन के अन्तराल पर छिड़काव करना चाहिए।

ट्रायजोफास 40 ई0सी0	–	1.5 ली0
थियोडिकार्ब 75 डब्लू0पी0	–	800–1000 ग्राम
थियाक्लोप्रिड 21.7 एस0सी0	–	750 मि0ली0

2. बैगन (Brinjal)

प्ररोह एवं फल बेधक (Shoot and fruit borer)

वैज्ञानिक नाम : ल्सूसिनोडस आर्बोनालिस (*Leucinodes orbonalis*)।

पहचान : वयस्क कीट मध्यम आकार की तितली होती है जिसकी लम्बाई 10 मि0मी0 तथा पंखों की फेली हुई दशा में यह कीट लगभग 20 मि0मी0 लम्बा होता है। इसके पंख सफेद होते हैं जिन पर कई बड़े भूरे–भूरे ध्ब्बे होते हैं। सिर तथा धड़ काले या भूरे रंग के होते हैं। व्यस्क सूंडी लगभग 15–18 मि0मी0 लम्बी, हल्की पीली तथा कुछ चिकनी गुलाबी आभा लिये हुए झुर्रीदार होती है। इसकी पीठ पर बैगनी रंग की धारियां पायी जाती है।

क्षति प्रकृति : इस कीट की सूंडी अण्डे से निकलने के बाद कोमल प्ररोहों, फूल के बाह्य दल (Calyx) एवं छोटे–छोटे फलों में प्रवेश कर जाती है और अन्दर ही अन्दर खाती रहती है। कीटग्रस्त कोमल प्ररोह मुरझाकर लटक जाती हैं। बड़ी अवस्था में प्रकोप होने पर नयी शाखाएँ मर जाती है और पौधों की बढ़वार पर कुप्रभाव पड़ता है तथा फूल और फल अपेक्षाकृत कम लगते हैं। जिन फलों में सुडिंया प्रवेश कर जाती है, उनका गूदा खराब हो जाता है। फल प्रायः टेढ़े–मेढ़े हो जाते हैं और खाने योग्य नहीं रहते हैं। जिन खेतों में इस कीट का प्रकोप होता है और उनमें समय पर उपचार नहीं किया जाय तो 75–100 प्रतिशत तक फल खराब हो जाते हैं।

नियंत्रण के उपाय

1. कीट द्वारा ग्रसित पौधे के भागों को तोड़कर जमीन की गहराई में दबा देना चाहिए।
2. फसल लेने के पश्चात् पौधों के अवशेष जलाकर या भूमि के नीचे गाड़कर नष्ट कर देने चाहिए। फसल लेने के पश्चात् सूखे पौधे जलाने के काम में भी लाए जा सकते हैं।
3. बैगन के लम्बे फलों वाली पंजाब बरसाती, एआरयू–2–सी एवं गोल फलों वाली पूसा पर्पल राउण्ड तथ पंजाब नीलम इस कीट के प्रति प्रतिरोधक क्षमता रखती है।
4. इस कीट के सफल नियन्त्रण के लिए ग्रसन देखते ही निम्न उल्लेखित कीटनाशकों में से किसी एक दवा का 15 दिनों के अन्तारल पर बदल–बदल कर छिड़काव करना चाहिए–

क्लोराएन्ट्रानिलिप्रोले 18.5 एस0सी0	–	200 मि0ली0
थियोडिकार्ब 75 डब्लू0पी0	–	850–1000 ग्राम
इन्डोक्साकार्ब 15.8 ई0सी0	–	300–400 मि0ली0
इमामेक्टिन बेन्जोएट 5 एस0जी0	–	200 ग्राम
ट्रायजोफास 40 ई0सी0	–	1.25–1.5 ली0
थियाक्लोप्रिड 21.7 एस0सी0	–	500–750 ग्राम
ट्रायजोफास 35 + डेल्टामेथ्रिन 1 ई0सी0	–	1.25–1.5 ली0
पाइरिप्रोक्सिफेन 5 + फेनप्रोपेथ्रिन 15 ई0सी0	–	750 मि0ली0

हड्डा भृंग (Hadda beetle)

इस कीट की तीन प्रजातियां पायी जाती है जिनका वैज्ञानिक नाम निम्नलिखित है –

(i) एपिलैक्ना विटिंशियोटोपंक्टेटा (*Epilachna vigintioctopunctata*)
(ii) एपिलैक्ना डोडेकास्टिग्मा (*Epilachna dodecastigma*)
(iii) एपिलैक्ना डेमुरिली (*Epilachna demurili*)

पहचान :

(i) एपिलैक्ना विटिंशियोटोपंक्टेटा : ये गहरे लाल रंग के भृंग होते हैं जिसके प्रत्येक पंख में 7 से 14 काले धब्बे पाये जाते हैं।

(ii) एपिलैक्ना डोडेकास्टिग्मा : इसके भृंग गहरे ताम्र रंग के होते हैं तथा प्रत्येक पंख पर 6 काले धब्बे पाये जाते हैं जिनकी शीर्ष (Tip) लगभग गोल होती है।

(iii) एपिलैक्ना डेमुरिली : ये भृंग हल्के ताम्र रंग के होते हैं। इसके पंखों पर 6 काले धब्बे पाये जाते हैं। धब्बों के चारो ओर एक हल्के पीले रंग का गोला पाया जाता है।

क्षति प्रकृति : इस कीट के शिशु (Grub) एवं वयस्क भृंग दोनों ही पत्तियों को नुकसान पहुँचाते हैं। प्रथम अवस्था में भृंग पत्तियों को खरोंचते हैं, जिससे पत्ती पर हल्की हरे रंग की रेखा बन जाती है। वयस्क कीट तथा इसकी सूंडियां पत्ती का हरे भाग को खा जाते हैं और केवल नसों को छोड़ देते हैं। फलस्वरूप पूरी पत्ती एक जाल के कंकाल के रूप में दिखने लगती है। कुछ दिनों के बाद पत्तियां सूख कर गिर जाती है। इसका प्रतिकूल असर पौधों के भोजन बनाने की क्रिया पर पड़ता है तथा पैदावार कम हो जाती है।

नियंत्रण के उपाय

1. कीट प्रकोप की शुरूआती अवस्था में ग्रसित पत्तियों और भृंगों को हाथ से एकत्रित करके नष्ट कर देना चाहिए।
2. मिथाइल पैराथियान 2 प्रतिशत चूर्ण 25 कि0ग्रा0 / हेक्टेयर की दर से बुरकाव करके भृंग का नियंत्रण किया जा सकता है अथवा
3. साइपरमेथ्रिन 25 ई0सी0 का 150–200 मि0ली0 / हे0 या ट्राइजोफास 35 + डेल्टामेथ्रिन 1 ई0सी0 का 1250 मि0ली0 / हे0 की दर से छिड़काव कर सकते हैं।

तना बेधक (Stem borer)

वैज्ञानिक नाम : यूजोफेरा पर्टीसेला (*Euzophera perticella*)

पहचान : इस कीट के पतंगे भूरे–कत्थई रंग के होते हैं। ये कीट मध्यम आकार के होते हैं। इसके पंखों की फैली हुई अवस्था में यह लगभग 18–22 मि0मी0 चौड़ी होती है और इसकी लम्बाई लगभग 10 मि0मी0 होती है। इसका अगला पंख लाल–भूरे रंग का होता है जिस पर अंग्रेजी 'ई' अक्षर के आकार का धब्बा होता है और किनारे पर टेढ़ी–मेढ़ी धारियां होती है। इसके निचले पंख भूरे रंग के होते हैं। इसकी सूंडी पीली सफेद, कड़ी और रोयेदार होती है।

क्षति प्रकृति : इस कीट की सूंडियां ही नुकसान पहुँचाती है। वयस्क कीट बैगन के लिए हानिकारक नहीं होता है। कीट की सूंडिया पौधों के तनों में प्रवेश कर उसके कोमल तन्तुओं को खाती है। फलतः पौधों में भोजन का प्रवाह रूक जाता है और पौधे मुरझा जाते हैं। अधिक प्रकोप होने पर पौधे मर भी जाते हैं। यह कीट सामान्यतः छोटे पौधों पर नहीं लगता है। इस कीट से 20–25 प्रतिशत तक क्षति होती है।

नियंत्रण के उपाय

1. इस कीट की सूंडिया चूंकि तने के अन्दर सुरंगे बनाकर रहती है। अतः इस कीट का रासायनिक कीटनाशकों से नियंत्रण करना कठिन होता है। अतः इनके नियंत्रण के लिए आक्रान्त पौधों को उखाड़कर भूमि में गहराई से गाड़कर या जलाकर नष्ट कर देना अधिक लाभकारी रहता है।
2. बैगन की पेड़ी फसल नहीं लेना चाहिए।
3. फसल लेने के बाद अवशेषों को नष्ट करना या जला देना चाहिए।

4. प्रोफेनोफास 40 ई0सी0 का 400–500 मि0ली0 अथवा क्वीनालफास 25 ई0सी0 का 600–750 मि0ली0 प्रति हेक्टेयर छिड़काव करना चाहिए।

फीता–पंखी बग (Lace wing bug)

वैज्ञानिक नाम : यूरेंटिस सेंटिस (*Urentius sentis*)।

पहचान : यह कीट चपटा, पीले–गेरूई रंग का होता है और इसके शरीर पर कत्थई रंग के धब्बे होते हैं। इसके प्रवक्ष पृष्ठक (Pronotum), वक्ष व उदर पर नुकीले काँटे होते हैं। पूर्ण विकसित शिशु 2 मि0मी0 लम्बे और 1.35 मि0मी0 चौड़े होते हैं। वयस्क बग 3 मि0मी0 लम्बा होता है। यह उपर की ओर से भूसे के रंग का और नीचे की ओर से काले रंग का होता है। प्रवक्ष पृष्ठक और पंखों पर धब्बों व नसों का जाल–सा बना रहता है। इसी कारण इसका नाम फीता–पंखी बग (Lace wing bug) रखा गया है।

क्षति प्रकृति : इस कीट का शिशु एवं वयस्क दोनों ही क्षति पहूँचाते हैं। ये पत्तियों का रस चूसते हैं। फलतः पत्तियों पर पीले–पीले धब्बे बन जाते हैं। इन धब्बों के उपर कीट का मल–मूत्र जमा रहता है जो क्षतिग्रस्त स्थान को स्पष्ट बना देता है। इस कीट का प्रभाव अगस्त एवं दिसम्बर में अधिक रहता है। मगर क्षति ग्रीष्म मौसम में अधिक होती है।

नियंत्रण के उपाय

1. कीट द्वारा ग्रसित पौधे के नीचे की पत्तियों को एकत्र कर कीट सहित नष्ट कर देना चाहिए। यह प्रक्रिया छोटे क्षेत्र में पूर्ण प्रभावी और व्यावहारिक है।
2. इस कीट के नियंत्रण के लिए 1:55 के अनुपात में रोसिन साबुन (Rosin soap) एवं 1:800 के अनुपात में निकोटिन सल्फेट का मिश्रण बराबर मात्रा में मिलाकर छिड़काव करना बहुत अधिक प्रभावी पाया गया है। इसके अतिरिक्त निम्न उल्लेखित कीटनाशकों में से किसी एक दवा का प्रति हेक्टेयर की दर से फसलों में छिड़काव लाभकारी हो सकता है–

क्लोरपायरीफास 50 + साइपरमेथ्रिन 5 ई0सी0	–	400–500 मि0ली0
प्रोफेनोफास 40 + साइपरमेथ्रिन 4 ई0सी0	–	400–500 मि0ली0
कार्बोसल्फान 25 ई0सी0	–	400 मि0ली0

हरा तेला (Jassid)

वैज्ञानिक नाम : एमरास्का बिगुटुला बिगुटुला (*Amrasca biguttula biguttula*)

पहचान : इस कीट का वयस्क 3 मि0मी0 लम्बा होता है। इसका रंग भूरा लाली लिए तथा इसके पंखों पर छोटे–छोटे काले धब्बे होते हैं। इसके सिर पर दो काले रंग के धब्बे होते है।

क्षति प्रकृति : कपास की फसल का यह प्रमुख कीट है। परन्तु इसके अतिरिक्त बैगन, भिंडी, सेम, आलू, सूरजमुखी आदि की फसल को नुकसान पहुँचाती है। इस कीट के शिशु एवं वयस्क दोनों ही बैगन की पत्तियों की निचली सतह से रस चूसते हैं। साथ–साथ अपना जहरीला लार उसमें छोड़ते हैं। इनसे प्रभावित भाग पीला हो जाता है तथा पत्ती किनारे से अन्दर की ओर मुड़ने लगती है तथा प्यालानुमा आकार बनाती है। धीरे–धीरे पूरी पत्ती पीले धब्बों से भर जाती है और अन्त में सूखकर गिरने लगती है। बिलम्ब से बोयी गयी फसल पर इस कीट का प्रकोप अधिक होता है। इसके प्रकोप से पैदावार काफी धट जाती है।

नियंत्रण के उपाय

1. पौध की जड़ की रोपाई से पहले इमिडाक्लोप्रिड (17.8 एस0एल0) 1 मि0ली0 प्रति लीटर पानी के घोल में एक घंटे तक डुबोकर उपचार करने के उपरान्त पौध की रोपाई करने से फसल को इस कीट से 30–35 दिन तक आक्रान्त होने से बचाया जा सकता है।
2. नीमगिरी 4 प्रतिशत का छिड़काव 10 दिन के अन्तराल पर भी लाभकारी देखा गया है।
3. निम्नलिखित कीटनाशकों में से किसी एक दवा का प्रति हेक्टेयर की दर से फसलों पर छिड़काव प्रभावी पाया गया है–

इमिडाक्लोप्रिड 17.8 एस0एल0	–	100–125 मि0ली0
थाइमेथोक्जाम 25 डब्लू0एस0जी0	–	100 ग्रा0
एसीटामिप्रिड 20 एस0पी0	–	200–300 ग्रा0
डाइफेनथ्यूरान 50 डब्लू0पी0	–	250 ग्रा0

3. भिण्डी (Okra)

प्ररोह एवं फल बेधक (Shoot and fruit borer)

वैज्ञानिक नाम : *ऐरियस वाइटेला* (*Earias vittella*) या *ऐरियस फेबिया* (*Earias fabia*) एवं एरियस इनसुलाना (*Earias insulana*)

पहचान

ऐरियस वाइटेला : यह कीट लगभग 12 मि0मी0 लम्बा होता है जिसका पंख विस्तार 2.5–3.0 सें0मी0 होता है। इसका पंख फनाकार (Wedge shaped) एवं हरी धारी पंख में आरम्भ से अन्त तक होती है। इसके सूंडी की पीठ भूरे रंग की होती है जिसके बीच में लम्बी सफेद धारी होती है तथा पेट हल्का पीला या हल्का हरा होता है।

ऐरियस इनसुलाना : यह कीट आकार में तो लगभग पहले जैसा ही होता है, परन्तु इसकी सबसे अच्छी पहचान यह है कि कीट के अगले जोड़ी पंख हरे तथा पीले धब्बों से युक्त होते हैं। इनसुलाना की सूंडी हल्के हरे–सफेद रंग की होती है तथा शरीर पर कई जगह काले धब्बे होते हैं। इसके अतिरिक्त अग्रवक्ष पर नारंगी रंग की बहुत सी बुन्दियाँ (Dots) होती है।

क्षति प्रकृति : इस कीट की सूंडी भिण्डी के फलों, कलियों एवं पौधों की कोमल टहनियों को नुकसान पहुँचाती है। फसल के प्रारंम्भिक अवस्था से ही जब पौधे दो–तीन सप्ताह के होते हैं, तभी से मादा कीट पौधों पर अण्डें देती है। इसमें से नवजात सूंडी (*Larva*) निकलती है, वे पौधों के प्ररोह में छिद्र करके उनमें प्रवेश कर खाती है। परिणामस्वरूप वे मुरझा जाते हैं। इस प्रकार से लगभग 60 प्रतिशत तक फसल नष्ट होती देखी गयी है। जब पौधे पर फूल, कलियां एवं फल आने लगते हैं, तो सूंडी उनमें प्रवेश कर जाती है। प्रवेश छिद्र कीट की मल से भरे हुए देखे जा सकते हैं। इसके प्रकोप से कलियां नहीं खिलती एवं फूल झड़ने लगते हैं, फल दूषित, छोटे, टेढ़े–मेढ़े तथा खाने के लिए अयोग्य होते हैं।

नियंत्रण के उपाय

1. कीट के प्रकोप की प्रारंम्भिक अवस्था में ही आक्रान्त प्ररोहों को चुनकर नष्ट कर देना चाहिए।
2. जमीन पर गिरी हुई कलिकाओं एवं क्षतिग्रस्त फलों को तोड़कर नष्ट कर देना चाहिए।
3. खेत के चारो ओर अन्य परपोषी पौधों को नष्ट कर देना चाहिए।

4. फसल समाप्त होने पर भिण्डी के पौधों को फलों सहित नष्ट कर देना चाहिए।
5. कीट प्रतिरोधी किस्मों का चयन करना चाहिए।
6. फूल आने पर निम्न उल्लेखित कीटनाशकों में से किसी एक दवा का प्रति हेक्टेयर की दर से फसलों में छिड़काव करना चाहिए–

क्लोराएन्ट्रानिलिप्रोल 18.5 एस0सी0	–	125–150 मि0ली0
इमामेक्टिन बेन्जोएट 5 एस0जी0	–	170–180 ग्राम
फेनभोलेरेट 20 ई0सी0	–	400–500 मि0ली0
पाइरीडेलिल 10 ई0सी0	–	600–750 मि0ली0
पाइरिप्रोक्सिफेन 5 + फेनप्रोपेथ्रिन 15 ई0सी0	–	750 मि0ली0

हरा तेला (Jassid)

वैज्ञानिक नाम : एमरास्का बिगुटुला बिगुटुला (*Amrasca biguttula biguttula*)

पहचान : इस हेतु ''बैगन के कीटों'' में देखें।

क्षति प्रकृति : इस कीट के शिशु एवं वयस्क दोनों ही पत्तियों और पौधों के कोमल भागों का रस चूसकर नुकसान पहुँचाते हैं। प्रभावित पत्तियों का आकार छोटा तथा टेढ़ा–मेढ़ा हो जाता है और इनके किनारे लाल–पीले रंग के हो जाते हैं जिसे फुदका झूलसा (Hopper burn) के नाम से जाना जाता है। सम्भवतः पत्तियों का यह रंग तेला (भूदका) द्वारा स्त्रावित विष के कारण होता है। पौधों की आरंम्भिक अवस्था में इस कीट के प्रकोप से पौधों का पूर्ण विकास नहीं होता है एवं उपज पर प्रतिकूल प्रभाव पड़ता है।

नियंत्रण के उपाय

1. इमिडाक्लोप्रिड 70 डब्लू0एस0 का 2.5–3.0 ग्राम प्रति किलोग्राम बीज की दर से उपचारित बीज बोने से इस कीट का प्रकोप 40–45 दिनों तक नहीं होता है।
2. इमिडाक्लोप्रिड 17.8 एस0एल0 का 1 मि0ली0 / 3 लीटर पानी या थायोमेक्जाम 25 डब्लू0एस0जी0 1 ग्रा0 / 3 लीटर पानी के घोल का छिड़काव फसल पर करने से 30 दिन तक इस कीट का प्रकोप नहीं होता है।
3. 5 प्रतिशत नीमगिरी को टीपोल (1 मि0ली0 / ली0 पानी) के साथ मिलाकर छिड़काव से फुदका (Jassid) का प्रकोप कम हो जाता है।

लाल मकड़ी वरूथी (Red spider mite)

वैज्ञानिक नाम : टेट्रानिकस टेलारियस (*Tetranychus telarius*)

पहचान : यह अपेक्षाकृत बड़ी मकड़ी होती है। इसका शरीर गोलाकार, 1.0 मि0मी0 आकार का एवं पीला या ईंट के रंग जैसे गहरा लाल होता है। शिशु एवं व्यस्क दोनों को 4 जोड़ी पैर होता है।

क्षति प्रकृति : शिशु तथा प्रौढ़ दोनों ही पत्तियों के निचली सतह पर रहकर रस चूसते हैं और वहीं सिल्कनुमा जाल से ढँकी रहती है। इनके रस चूसने से पत्तियों की उपरी सतह पर पीली चित्तियां उभर आती है और धीरे–धीरे पत्तियाँ लाल होकर सूख जाती है।

नियंत्रण के उपाय

1. समय–समय पर पानी की फुहार करने से जाल नहीं बन पाती एवं पत्तियों पर जमी धूल घुल जाती है। इससे इनकी संख्या कम हो जाता है।
2. डायकोफाल 18.5 ई0सी0 का 2.5 मि0ली0 प्रति लीटर पानी में घोल बनाकर छिड़काव करें।
3. सल्फर (10 प्रतिशत) का 20–25 किलोग्राम प्रति हेक्टेयर की दर से पत्तियों पर बुरकाव, इस कीट को नियंत्रण के लिए प्रभावकारी देखा गया है।
4. क्वीनालफास 30 ई0सी0 का 1.25 मि0ली0 प्रति लीटर पानी में घोल बनाकर छिड़काव करने से कुछ हद तक माइट का नियंत्रण किया जा सकता है।

4. मिर्च (Chillies)

पर्णजीवी (Thrips)

वैज्ञानिक नाम : सिंटोथ्रिप्स डोर्सेलिस (*Scirtothrips dorsalis*)

पहचान : व्यस्क कीट 1 मि0मी0 से कम लम्बा तथा कोमल हल्के पीले रंग का होता है। इसके पंख झालदार होते हैं जो सूक्ष्मदर्शी यंत्र में देखने पर स्पष्ट दिखाई देता हैं। इसके मुखांग चाटने वाले होते हैं। इस कीट के शिशु पंखरहित होते हैं। यह कीट सैकड़ों की संख्या में पौधों की पत्तियों की निचली सतह पर छिपे रहते हैं और कभी–कभी उपरी सतह पर भी पाये जाते हैं।

क्षति प्रकृति : शिशु एवं व्यस्क दोनों ही पौधों को नुकसान पहुँचाते हैं। यह कीट अपने मुखागों से पत्तियों की बाहय त्वचा को खुरच–खुरचकर उनका रस चूसता है। जिन स्थानों से यह रस चूसता है, वे पीले, सफेद और बाद में भूरे हो जाते

हैं। इस कीट के अधिक प्रकोप होने की स्थिति में पत्तियां सिकुड़ जाती है और पौधों की वृद्धि रूक जाती है। इस कीट से मिर्च में 25 से 75 प्रतिशत तक की क्षति पायी गयी है।

नियंत्रण के उपाय

1. पौधों की रोपाई के एक सप्ताह बाद फ्यूराडान 3 जी0 का 32 किलोग्राम प्रति हेक्टेयर की दर से पौधे के आस–पास कतारों में डालकर गुड़ाई करने से इस कीट का नियंत्रण हो जाता है।
2. कीट प्रतिरोधी किस्में जैसे एल0सी0ए0–235 तथा एल0सी0ए0–315 लगानी चाहिए।
3. मिर्च की 10–15 कतारों के बाद एक कतार में चंवले या सेम को लगाना चाहिए। ये प्राकृति शत्रुओं की बढ़वार में मदद करती है।
4. आक्रान्त फसलों में निम्न उल्लेखित कीटनाशकों में से किसी एक दवा का प्रति हेक्टेयर की दर से छिड़काव करना चाहिए –

इमिडाक्लोप्रिड 17.8 एस0एल0	–	150–200 मि0ली0
एसीटामिप्रिड 20 एस0पी0	–	100–200 ग्राम
थायक्लोप्रिड 21.7 एस0सी0	–	250–300 मि0ली0
इन्डोक्साकार्ब 14.5 + एसीटामिप्रिड 7.7 एस0सी0	–	400–500 मि0ली0

5. थायोमेथोक्जाम 30 एफ0एस0 का 7 ग्राम/किलोग्राम बीज या इमिडाक्लोप्रिड 70 डब्लू0एस0 का 10 ग्राम/किलोग्राम बीज से बीजोपचार कर बुआई करने से 40–45 दिनों तक कीट का प्रकोप नहीं होता है।

फल बेधक (Fruit borer)

वैज्ञानिक नाम : हैलियोथिस आर्मिजेरा (*Heliothis armigera*)

पहचान : पहचान एवं नियंत्रण के उपाय हेतु ''टमाटर का फल बेधक'' कीट देखें।

क्षति प्रकृति : इस कीट की सूंडी शुरू की अवस्था में मिर्च की छोटी–छोटी मुलायम पत्तियां खाती है। बड़ी होने पर जब पौधों पर फल लग जाते हैं तो ये फलों में घुस जाती है और अन्दर से बीज और गुदा को खा जाती है जिससे मिर्च के फलों का रंग उड़ जाता है व फल सड़कर नीचे गिर जाते हैं।

बरूथी (Mite)

वैज्ञानिक नाम : हेमिटारसोनेमस लैटस (*Hemitarsonemus latus*)

पहचान : यह पीले रंग का आठ पैरों वाला जन्तु है। इसके पृष्ठ भाग पर सफेद धारियां पायी जाती है।

क्षति प्रकृति : यह मिर्च में पर्ण कुचन रोग फैलाता है। यह माइट प्रायः शाखाओं की अन्तिम पत्तियों पर पहले आक्रमण करती है। क्षतिग्रस्त पौधों की पत्तियां मुड़कर ऐंठ जाती है। पत्तियां आकार में छोटी हो जाती है और आपस में गुच्छा सा बना लेती है। क्षतिग्रस्त पौधों से जो नयी शाखाएँ निकलती है, उन पर भी इसका प्रकोप हो जाता है और देखते ही देखते पूरा खेत इसके प्रकोप में आ जाता है। ऐसे पौधों में फूल कम आते हैं एवं जो आते भी हैं, वे झड़ जाते हैं। फल बहुत ही कम लगता हैं। पत्तियां ताम्रवत भूरी होकर झड़ जाती है।

नियंत्रण के उपाय

1. आक्रान्त फसलों में निम्नलिखित कीटनाशकों में से किसी एक दवा का प्रति हेक्टेयर की दर से छिड़काव करना चाहिए

प्रोपरगाईट 57 ई0सी0	–	500–600 मि0ली0
डायकोफाल 18.5 ई0सी0	–	500–600 मि0ली0
क्लोरफेनापीर 10 एस0सी0	–	200 मि0ली0
अवमेक्टीन 1.9 ई0सी0	–	100–125 मि0ली0

2. सल्फर घूल (10 प्रतिशत) का 20–25 किलोग्राम प्रति हेक्टेयर की दर से 15 दिन के अन्तराल पर बुरकाव प्रभावकारी पाया गया है।

5. गोभीवर्गीय सब्जियाँ (Cole crops)

गोभी की तितली (Cabbage butter fly)

वैज्ञानिक नाम : पियेरिस ब्रैसिकी (*Pieris brassicae*)

पहचान : व्यस्क कीट सफेद रंग की तितलियां होती है जिनके अगले पंखों के शीर्षस्थ कोण (Apical angle) काले रंग के होते हैं। शेष पंख पीलापन लिए हुए सफेद होते हैं। अगले पंखों पर दो काले निशान होते हैं। पिछले पंखों के सीमांत भाग में एक काला धब्बा होता है। पंखों की फैली हुई अवस्था में मादा लगभग 6.5 सें0मी0 चौड़ी होती है। नर, मादा की अपेक्षा छोटा होता है और उसके दोनों अगले पंखों की सतह पर काले धब्बे होते हैं।

पूर्ण विकसित सूंडी लगभग 40–50 मि0मी0 लम्बी तथा प्रारंम्भ में पीली नारंगी रंग की होती है। बाद में उनका रंग हरापन लिए पीला हो जाता है। इनके शरीर पर हल्के–हल्के बाल होते हैं और सिर काला होता है।

क्षति प्रकृति : इस कीट की सूंडी ही पौधों को क्षति पहुँचाती है। प्रारंम्भिक अवस्था में वे पास–पास रहकर खाती है, परन्तु बाद में इधर–उधर फैल जाती है और एक पौधे पर आने के बाद दुसरे पौधे पर चली जाती है। अधिक प्रकोप होने पर पौधे पूर्णतया नष्ट हो जाते हैं। ये बड़े पौघों के शीर्ष के आस–पास वाले पत्तों की शिराओं को छोड़कर सभी भागों को खा जाती है। ये बंधे हुए शीर्ष की उपरी पत्तियों को भी काटकर नष्ट कर देते है। इस प्रकार गोभी का बाजार भाव कम हो जाता है।

नियंत्रण के उपाय

1. प्रारम्भिक अवस्था में सूंडी एक साथ में रहकर खाती है। अतः उनको हाथ से पकड़कर नष्ट करने से इस कीट का नियंत्रण किया जा सकता है।
2. बड़ी सूंडी सुस्त होते हैं और आसानी से इधर–उधर चलती हुई दिखाई देती है। अतः इन्हें हाथ से पकड़कर कीटनाशक घोल में डालकर नष्ट किया जा सकता है।
3. कीट प्रतिरोधी किस्मों की खेती करना चाहिए।
4. प्रभावित फसल पर निम्नलिखित कीटनाशकों में से किसी एक दवा का प्रति हेक्टेयर की दर से छिड़काव करना चाहिए –

क्वीनालफास 25 ई0सी0	–	400–500 मि0ली0
नोभाल्यूरान 10 ई0सी0	–	400–500 मि0ली0
डायक्लोभास 76 ई0सी0	–	400–500 मि0ली0
कारटाप हाइड्रोक्लोराइड 50 डब्लू0पी0	–	500–600 ग्राम

हिरक पृष्ठ शलभ (Diamond back moth)

वैज्ञानिक नाम : प्लूटैला जाइलोस्टेला (*Plutella xylostella*)

पहचान : व्यस्क कीट छोटा धूसर रंग का पतंगा होता है। जब यह बैठता है, तो इसके पृष्ठ भाग पर 3 हीरे की तरह के चमकीले चिन्ह दिखाई देते हैं। इसलिए

इसे हिरक पृष्ठ शलभ (डी0वी0एम0) कहते हैं। यह लगभग 8 मि0मी0 लम्बा होता है। जब यह बैठा होता है, उस समय इसके पंख बाहर फैले हुए और दूरस्थ सिरे की ओर कुछ उठे हुए रहते हैं। पिछले पंखों में लम्बे–लम्बे बालों की धारियां होती है। इस कीट की सूंडी पीलापन लिए हुए हरे रंग की होती है। अगले सिरे पर ये भूरे रंग की होती है। पूर्ण विकसित सूंडी लगभग 8 मि0मी0 लम्बी होती है।

क्षति प्रकृति : इस कीट की छोटी सूंडी पत्तियों की निचली सतह को खाती हैं और उनमें छोटे–छोटे छिद्र बना देती हैं। तीव्र प्रकोप होने पर छोटे पौधे पूर्णतः पत्तियों रहित हो जाते है और मर जाते हैं। ये बड़े पौधों की शीर्षों में छिद्र बना देते हैं जिनमें इनका मल भरा रहता है। इस प्रकार बन्दगोभी का बाजार मूल्य कम हो जाता है तथा वह स्वास्थ्यप्रद भी नहीं रहती है।

नियंत्रण के उपाय

1. पत्तागोभी या फूलगोभी और सरसों की रोपाई एक साथ करने पर इस कीट की मादा गोभी के पौधों पर कम संख्या में अण्डे देती है। फसल लगाते समय इस बात का ध्यान रखना चाहिए कि गोभी की रोपाई सरसों की बुआई के 30 दिन बाद की जाए।
2. नासिक–1 किस्म की फूलगोभी इस कीट के प्रति प्रतिरोधी क्षमता रखती है।
3. गोभी की रोपाई के 10 दिन पश्चात् 0.5 ग्राम प्रति पौधे की दर से फ्यूराडान 3 जी से भूमि उपचारित करके हल्की सिंचाई करना कीट नियंत्रण में सहायक रहता है।
4. प्रभावित फसल पर निम्नलिखित कीटनाशकों में से किसी एक दवा का छिड़काव प्रति हेक्टेयर की दर से करना चाहिए–

क्लोरएन्ट्रानिलिप्रोल 18.5 ई0सी0	–	150 मि0ली0
इन्डोक्साकार्ब 14.5 एस0सी0	–	200–250 मि0ली0
इन्डोक्साकार्ब 15.8 ई0सी0	–	275 मि0ली0
स्पाइनोसेड 25 एस0सी0	–	600–700 मि0ली0
क्लोरफ्लूआजूरॉन 5.4 ई0सी0	–	1500 मि0ली0

गोभी अर्दकुण्डलक (Cabbage semilooper)

वैज्ञानिक नाम : ट्राइकोप्लूसिया नी (*Trichoplusia ni*)

पहचान : इस कीट का व्यस्क पतंगा सुदृढ़, भुरा होता है। इसके अगले पंखों का रंग भूरा होता है, जिन पर हल्के रंग के लहरदार निशान होते हैं और अंग्रेजी के 'वाई' अक्षर के आकार का एक निशान होता है।

क्षति प्रकृति : इस कीट की सूंडी ही क्षति पहुँचाती है। ये बड़ी संख्या में नर्सरी तथा मुख्य फसल के खेतों में दिखाई देती है और पत्तियों के हरे भाग को खा जाती है। परिणामस्वरूप पत्तियों पर केवल शिराएँ ही शेष रह जाती है। तीव्र प्रकोप होने पर फसल पूर्णतः नष्ट हो जाती है। इसके प्रकोप से लगभग 30–60 प्रतिशत तक उपज में कभी आ जाती है।

नियंत्रण के उपाय

1. जब सूंडी समूह में रहकर एक साथ खाती है तो उन्हें पकड़कर नष्ट किया जा सकता है।
2. आक्रन्त फसलों में निम्नलिखित कीटनाशकों में से किसी एक दवा का छिड़काव प्रति हेक्टेयर की दर से कर सकते हैं –

क्यूनालफास 25 ई0सी0	–	400–500 मि0ली0
प्रोफेनोफास 40 ई0सी0	–	400 मि0ली0

आरा मक्खी (Saw fly)

वैज्ञानिक नाम : एथेलिया ल्यूजेन्स प्रोक्जिमा (*Athelia lugens proxima*)

पहचान : ये मध्यम आकार की मक्खी की तरह का कीट है जो लगभग 10 मि0मी0 लम्बे होते है। इसके शरीर नारंगी, सिर काला और पंख धुएँ के रंग के होते हैं। पंख झिल्लीदार होते है और उनकी नसे स्पष्ट दिखलाई देती है। अण्डे से निकली हुई सूंडियां हरी–स्लेटी तथा काले सिर वाली होती है। ये लगभग 2 मि0मी0 लम्बी होती है। पूर्ण विकसित ग्रव 15 से 18 मि0मी0 लम्बे हरे–काले होते हैं। इनके वक्ष पर 3 जोड़ी टागें तथा उदर पर 7 जोड़ी प्रपाद (Prolegs) होते हैं जो 2 से 9 वें खण्ड तक स्थित होते हैं। प्रारंभिंक अवस्था में ग्रव समूह में खाते हैं और बाद में अलग–अलग फैल जाते हैं। ये सूबह तथा शाम के समय पौधों पर दिखाई देते हैं और दिन में पत्तियों या सूखी मिट्टी या ढेलों के नीचे छिपे रहते हैं। जरा सा छेड़ने पर ये मुड़कर कुण्डलाकार बनकर जमीन पर गिर जाते हैं। इनके पृष्ठ भाग पर पाँच विन्दीदार धारियां स्पष्ट होती है।

क्षति प्रकृति : इस कीट के ग्रव गोभी वर्गीय सब्जियों को क्षति पहुँचाते हैं। ये पत्तियों को खाकर उनमें छेद कर देते हैं। तीव्र प्रकोप होने पर पत्तियों को पूर्णतः खा जाते हैं। फलतः पौधे मर जाते हैं। बड़े पौधों में प्रकोप होने पर शीर्ष (Head) का आकार छोटा रह जाता है।

नियंत्रण के उपाय

1. प्रातः तथा सायंकाल आरा मक्खी के ग्रबों को हाथ से एकत्रित कर नष्ट किया जा सकता है।
2. मालाथियान 5 प्रतिशत या मिथाइल पैराथियान 2 प्रतिशत या क्वीनालफास 1.5 प्रतिशत चूर्ण का 25 कि0ग्रा0 प्रति हेक्टेयर की दर से भुरकाव करना चाहिए।
3. एकोरस कैलेमस (Acorus calamus) 0.05 से 1.0 प्रतिशत ईथर सत (Ether extract) में आरा मक्खी के प्रति उच्च आविषालुता (Toxicity) पायी जाती है। अतः इसे उपयोग में लाना चाहिए।
4. इमिडाक्लोप्रिड 70 डब्लू0एस0 का 3.0 ग्राम प्रति किलोग्राम बीज की दर से बीजोपचार करना चाहिए।
5. निम्नलिखित कीटनाशकों में से किसी एक का छिड़काव करना चाहिए –

क्वीनालफास 25 ई0सी0	–	1000–1200 मि0ली0 / हे0
डायक्लोराभास 76 ई0सी0	–	800–1000 मि0ली0 / हे0
फिप्रोनील 5 एस0सी0	–	800–1000 मि0ली0 / हे0

मोयला (Aphid)

वैज्ञानिक नाम : ब्रेवोकोरयने ब्रैसिकी (*Brevocoryne brassicae*)

पहचान : यह हरे पीले रंग का होता है। कीट पंखदार और पंखरहित, दोनों ही तरह के होते हैं। ये सदैव चूर्णीमोम से ढ़के रहते हैं जो कि इनका हरा रंग छिपाये रखता है। इनकी कूणिकाएँ (Corniclas) छोटी और गहरे रंग की होती है। उदर पर टूटी–फूटी, गहरे रंग की धारियां होती है जो कि मोमी आवरण में छिपी रहती है।

क्षति प्रकृति : इस कीट के शिशु एवं व्यस्क, दोनों ही पत्तियों पर हजारों की संख्या में चिपक कर रस चूसते रहते हैं। फलस्वरूप पत्तियां पीली पड़ जाती है और शीर्षो का विकास रूक जाता है। माहूँ चिपके रहने तथा बाहरी पत्तियों के पीले पड़ जाने से गोभी का बाजार भाव भी कम हो जाता है।

नियंत्रण के उपाय

1. नीम की पत्ती या निबोली का 10 प्रतिशत सान्द्रता का घोल बनाकर छिड़काव करें।
2. क्राइसोपा 50,000 प्रति हेक्टेयर परभक्षी कीट को पौधों पर तीन बार छोड़े।
3. मिथाइल पैराथियान 2 प्रतिशत या मालाथियान 5 प्रतिशत चूर्ण 20–25 मिलोग्राम प्रति हेक्टेयर की दर से बुरकाव करें।
4. कीट से प्रभावित फसल पर निम्नलिखित कीटनाशकों में से किसी एक दवा का छिड़काव प्रति हेक्टेयर की दर से करें।

डायमेथोएट 30 ई0सी0	–	800–1000 मि0ली0
सायपरमेथ्रिन 10 ई0सी0	–	500–600 मि0ली0
फेनेभोलेरेट 20 ई0सी0	–	400–500 मि0ली0

6. कद्दूवर्गीय सब्जियां (Cucurbit crops)

कद्दू भृंग (Pumpkin bettle)

इस कीट की तीन प्रजातियां पायी जाती है, जिनका वैज्ञानिक नाम निम्नलिखित है –

(I) रेफिडोपाल्पा (एल्यूकोफोरा) फोविकोलिस (लाल भृंग) (Raphidopalpa (Aulacophora) foveicollis)

(II) रेफिडोपाल्पा इन्टरमेडिया (नीला भृंग) (Raphidopalpa intermidia)

(III) रेफिडोपाल्पा सिन्कटा (काला भृंग) (Raphidopalpa cincta)

लाल कद्दू भृंग (Red pumpkin beetle)

वैज्ञानिक नाम : रेफिडोपाल्पा (एल्यूकोफोरा) फोविकोलिस (Raphidopalpa (Aulacophora) foveicollis)

पहचान : यह भृंग बहुत ही तेज चमकीले नारंगी लाल रंग का होता है। यह लगभग 7 मि0मी0 लम्बा और 4.5 मि0मी0 चौड़ा होता है। इसका सिर, वक्ष तथा उदर का निचला भाग काला होता है। वक्ष एवं उदर के निचले हिस्से पर छोटे–छोटे रोम भी पाये जाते हैं। इसका ग्रब पीलापन लिए हुए सफेद होता है तथा सिर भूरे रंग का होता है। पूर्ण विकसित ग्रब लगभग 12 मि0मी0 लम्बा होता है तथा 3.5 से 4 मि0मी0 चौड़ा होता है।

क्षति प्रकृति : इस कीट का ग्रब और प्रौढ़ दोनो ही क्षति पहुँचाते हैं। ग्रब जमीन के नीचे रहते हैं और पौधों की जड़ों तथा तनों में छेद कर देते हैं जिससे वे मर जाते हैं। जो फल जमीन के सम्पर्क में आते हैं, ग्रब उनके अन्दर भी छेद करके उन्हें खराब कर देते हैं। प्रौढ़ कीट पत्तियां खाते हैं। प्रायः यह छोटे पौधों और कोमल पत्तियों को खाना पसन्द करते हैं। इस प्रकार नये आ रहे पौधों की पत्तियों में छेद करके उन्हे खा जाते हैं और नवजात पौधों को पत्ति रहित कर देते हैं। फलतः पौधे मर जाते हैं। इस कीट का आक्रमण फरवरी से अक्टूबर तक होता है।

नियंत्रण के उपाय

1. फसल की शीघ्र बुआई (जनवरी माह में) करने से पौधों की बीज पत्ती अवस्था (Cotyledonary stage) भृंगों के आक्रमण से बच जाती है, क्योंकि शीत् वातावरण के कारण लाल भृंग सक्रिय नहीं हो पाते हैं।
2. खरपतवार रहित स्वच्छ खेती कीट नियंत्रण में सहायक होती है।
3. फसल लेने के पश्चात् बेलों के अवशेष जलाकर नष्ट कर देना चाहिए जिससे जड़ों और बेल में उपस्थित कीट की अपरिपक्व अवस्थाएँ नष्ट हो जाय।
4. फसल लेने के पश्चात् खेत की गहरी जुताई करने से भी भूमि में उपस्थित कीट की अपरिपक्व अवस्थाएँ (सूंडी, प्यूपा आदि) नष्ट हो जाती है।
5. कद्दू की 596–2 और 613 जनन द्रव्य (Germplasm) में भृंग के प्रति प्रतिरोधी क्षमता पायी जाती है। अतः इन प्रजातियों का उपयोग करना चाहिए।
6. फसल की प्रारंम्भिक अवस्था में या एक सीमित क्षेत्र में लगायी गयी फसल में भृंगों को हाथ से एकत्रित करके नष्ट किया जा सकता है। यह कार्य सुबह के समय करना चाहिए, क्योंकि इस समय भृंग सुस्त रहते हैं। भृंगों को केरोसिन युक्त पानी के बर्त्तन में डालकर मारा जा सकता है।
7. धतूरे की पत्तियों की राख से व्यस्क कीट मर जाते हैं। अतः इनका प्रयोग करना चाहिए।
8. गाय के गोबर की राख थोड़े मिट्टी के तेल में मिलाकर पौधों पर बुरकने से कीट पौधों पर कम आते हैं।
9. 5 प्रतिशत मालाथियान या 2 प्रतिशत मिथाइल पैराथियान का चूर्ण 20 किलोग्राम प्रति हेक्टेयर की दर से बुरकाव भी इस कीट का प्रभावी नियंत्रण किया जा सकता है।

10. निम्नलिखित कीटनाशकों में से किसी एक दवा का छिड़काव प्रति हेक्टेयर की दर से करना चाहिए।

डायक्लोराभास 76 ई0सी0	–	600–750 मि0ली0
साइपरमेथ्रिन 10 ई0सी0	–	400–500 मि0ली0

फल मक्खी (Fruit fly)

वैज्ञानिक नाम : डेकस कुकुरबिटी (*Dacus cucurbitae*)

पहचान : यह मक्खी लाल–भूरे रंग की होती है। इसके सिर पर काले तथा सफेद धब्बे पाये जाते हैं। वक्ष पर हरापन लिए हुए पीले रंग की लम्बाकार मुड़ी हुई धारियां होती है। इसकी मादा 6–7 मि0मी0 लम्बी होती है। नर अपेक्षाकृत छोटा होता है। मादा का उदर शंक्वाकार होता है और नुकीले अण्डनिक्षेपक (Ovipositor) में समाप्त होता है। नर का उदर गोलाकार होता है तथा इसके पंख पारदर्शी होते हैं। पंखों के बाहरी सिरे पर भूरे रंग की धारियां व स्लेटी धब्बे होते हैं। पिछले पंख हाल्टियर में बदल जाते हैं। जब मक्खी बैठती है या अण्डे देती है, तो पंख पूर्णतः फैले रहते है।

क्षति प्रकृति : इसका मैगट (पिल्लू) ही क्षति पहुँचाता है। यह फलों के अन्दर ही अन्दर गूदे को खाकर नष्ट कर देता है। क्षतिग्रस्त फल कीट के अण्डे देने के स्थान पर से टेढ़ा हो जाता है और आसानी से पहचाना जा सकता है। अधिक दिन हो जाने पर फल सड़ जाता है। कभी–कभी इस कीट से 90 प्रतिशत तक क्षति होती है। कुछ मैगट फूलों और कुछ बेल को भी खाते हैं। परिणामस्वरूप बेल में गाँठे बन जाती है। करेला, टिंडा, तोराई, लौकी, खरबूजा, तरबूजा आदि सब्जियों को यह मक्खी क्षति पहुँचाती है।

नियंत्रण के उपाय

1. क्षतिग्रस्त फलों को तोड़कर नष्ट कर देना चाहिए।
2. गरमी में खेत की गहरी जुताई करना चाहिए।
3. समय–समय पर बेलों के नीचे गुड़ाई करते रहना चाहिए, इससे भूमि में उपस्थित प्यूपा नष्ट हो जाते हैं।
4. तम्बाकू के चूर्ण या केरोसिन मिश्रित राख का भुरकाव करने से फल मक्खियां बेलों पर कम बैठती है।

5. 20 मि0ली0 मालाथियान 50 ई0सी0 + 200 ग्राम चीनी या गुड़ 20 लीटर पानी में मिलाकर कुछ चुने हुए पौधों पर छिड़काव करना चाहिए जिससे इनके व्यस्क आकर्षित होकर आते हैं एवं मर जाते हैं।
6. **विष चुग्गा रखना** : फल मक्खियों को आकर्षित करके मारने के लिए निम्नलिखित अवयव को मिलाकर घोल तैयार किया जा सकता है। घोल खेत में कई स्थानों में छिछले बर्त्तन में रखना लाभप्रद रहता है। एक प्रतिशत चीनी या मोलैसिस का घोल बनायें + 0.1 प्रतिशत मालाथियान मिश्रित करें + 1 प्रतिशत किण्वित (Fermented) ताड़ का रस मिलाएँ।
7. निम्नलिखित कीटनाशकों में से किसी एक दवा का छिड़काव प्रति हेक्टेयर की दर से करना चाहिए, परन्तु रसायनिक दवा का छिड़काव फल तोड़कर ही करना चाहिए।

क्लोरपायरीफास 20 ई0सी0	–	400–500 मि0ली0
ऐसीफेट 75 एस0पी0	–	500–600 ग्रा0
डायक्लोरभास 76 ई0सी0	–	300–400 मि0ली0

कुकरबिट माइट (Cucurbit mite)

वैज्ञानिक नाम : टेट्रानिकस निओकेलेडिनीकस (*Tetranychus neocaledonicus*)

पहचान : ये माइट सूक्ष्मदर्शी जीव है जिसकी चार जोड़ी टांगे होती है। ये पत्तियों की निचली सतह पर पायी जाती है तथा उपर से जाला द्वारा सुरक्षित रहती है। ये जाला व्यस्क माइट के द्वारा बनाया जाता है।

क्षति प्रकृति : शिशु एवं व्यस्क, दोनों ही कोमल पत्तियों एवं टहनियों का रस चूसते हैं। फलतः पत्तियों पर पीली चित्तियां पड़ जाती है जिससे वह पीली पड़कर सूख जाती है। इस प्रकार से फूलों एवं फलों की संख्या भी कम हो जाती है। अधिक प्रकोप होने पर फल नहीं लगता है और पूरा पौधा मर जाता है।

नियंत्रण के उपाय

1. माइट का प्रकोप शुरू होते ही जालेदार पत्तियों को तोड़कर नष्ट कर देना चाहिए।
2. डाइकोफाल 18.5 ई0सी0 का 1.25 मि0ली0 / ली0 पानी या क्लोरफेनापीर 10 एस0सी0 का 1.0 मि0ली0 / ली0 पानी का छिड़काव करें तथा आवश्यकतानुसार 15–20 दिनों के बाद पुनः दोहरायें।

मोयला (Aphid)

वैज्ञानिक नाम : ऐफिस गोसीपाई (*Aphis gossypii*)

पहचान : वयस्क कीट पीले–हरे या काले होते है। ये लगभग 1.25 मि0मी0 लम्बे होते हैं। इसके पृष्ठ भाग पर दो नलिका सदृश्य संरचानाएँ होती है जिन्हें कार्निकल्स (Cornicles) कहते हैं। इसके शिशु तथा व्यस्क अधिकतर पंखहीन होते है। लेकिन फसल पकने पर या पौधों पर इनकी संख्या बढ़ जाने पर पंखदार व्यस्क भी दिखाई देते हैं, जो उड़कर दुसरे पौधों पर चले जाते हैं। इनके पंख पारदर्शी होते है, जिनमें काली नसें दिखाई पड़ती है। शिशु भी व्यस्क के समान होते है। ये केवल आकार में छोटे होते हैं।

क्षति प्रकृति : इस कीट के शिशु एवं वयस्क दोनों ही नुकसान पहुँचाते है। इनके मुखांग चुभाने व चूसने वाले होते है। जिन्हें ये पत्तियों की कोशिकाओं में चुभाकर उनका रस चूसते हैं। लगातार रस चूसने से पत्तियों का रंग पीला पड़ जाता है जो बाद में सूख जाती है। इसके अलावा ये एक चिपचिपा पदार्थ निकालते हैं जिसे मधु–स्त्राव (Honey dew) कहते हैं। यह पदार्थ पत्तियों पर गिर जाता है जिसके उपर काला कवक लग जाता है। काले कवक की अधिकता से पत्तियों को प्रकाश संश्लेषण की क्रिया में कठिनाई उत्पन्न होती है। अतः पौधे कमजोर हो जाते हैं। छोटे पौधे प्रायः मर जाते हैं। यह कीट खीरे एवं तरबूज में विषाणु रोग फैलाते है। कद्दू में पर्ण कुंचन रोग भी इस कीट द्वारा फैलता है।

नियंत्रण के उपाय : इस कीट के नियंत्रण के लिए ''गोभी का मोयला कीट'' देखें।

7. आलू (Potato)

आलू का कन्द शलभ (Potato tuber moth)

वैज्ञानिक नाम : फथोरिमोइया (गनोरिमोसकेमा) अपरकुलेला (Phthorimoea (Gnorimoschema) operculella)

पहचान : प्रौढ़ कीट भूरे कत्थई रंग का 6 मि0मी0 लम्बा तथा पंख विस्तार लगभग 12 मि0मी0 होता है। इसकी श्रृंगिकाये (Antannae) धागाकार (Filiform) तथा बहुखण्डीय (Sagmented) होते हैं। अगले पंख संकरे भूरे रंग के जिन पर जहां–तहां काले धब्बे मिलते हैं तथा पिछले किनारे पर लम्बे भूरे बाल होते हैं। पिछले पंख कुछ चौड़े, नुकीले, संलेटी रंग के जिनके किनारे पर भूरे बाल होते हैं। ये रात्रिचर (Nocturnal) तथा प्रकाश की ओर आकर्षित होते हैं। अण्डे से निकलने

के पश्चात् सूंड़ी 1.5 मि0मी0 लम्बी, सफेद रंग की तथा सिर काला होता है। यह अण्डे से निकलने के पश्चात् ही पत्तियों, टहनियों व आलुओं में छेद करके सुरंग बनाना शुरू कर देती है तथा अन्दर ही अन्दर खाकर खोखला कर देती है। पूर्ण विकसित होने पर सूंड़ी लगभग 22 मि0मी0 लम्बी होती है। इस समय इसका रंग हल्का हरा होता है और पीठ पर पीली लम्बाकार मध्य रेखा होती है।

क्षति प्रकृति : इस कीट की सूंड़ी ही केवल हानि पहुँचाती है जिसके काटने तथा चबाने वाले मुखांग होते हैं। यह कीट आलू के खेतों तथा भण्डारगृहों दोनों जगह नुकसान पहुँचाता है। परन्तु खेतों की अपेक्षा भंडारगृहों में अधिक क्षति होती है। यह कीट अक्टूबर के महीने से फरवरी–मार्च तक खेतों में तथा उसके बाद भण्डारगृहों में नुकसान करता है। खेतों में सूंडी सर्वप्रथम पत्तियों की मध्य शिरा के सहारे कोमल शाखाओं तथा तनों में सुरंगे बनाती है। अधिक प्रकोप होने पर पत्तियों को खाकर नष्ट कर देती है तथा खेत में खुले हुये आलूओं (Exposd tubers) के अन्दर छेद करके यह घुस जाती है और अन्दर ही अन्दर गूदा खाकर नष्ट कर देती है, आलू सड़कर बदबू भी करने लगते हैं। इतना होने पर भी यह खेतों में ज्यादा नुकसान नहीं कर पाती इससे बास्तविक क्षति गोदामों में होती है। जिस समय आलू भण्डारगृहों में रखते हैं तो उन्हीं के साथ खेतों से ही चली आती है। अन्दर जाने पर इसे उचित तापक्रम एवं नमी मिलने पर उसकी संख्या में अधिक वृद्धि हो जाती है तथा लगभग 30 से 70 प्रतिशत आलू इसके द्वारा क्षतिग्रस्त कर दिये जाते हैं जो कि न तो बोने के और न ही खाने के उपयुक्त होते हैं। सूंडी से ग्रसित आलूओं की सतह पर काले रंग की विष्ठा लगी रहती है तथा उनमें घाव हो जाने के कारण वैक्टीरिया तथा फफूंद का भी आक्रमण हो जाता है जिससे आलू सड़ने लगते हैं और भण्डारगृहों में एक विशेष प्रकार की दुर्गन्ध आने लगती है।

नियंत्रण के उपाय

1. आलू को भण्डारगृहों में रखने से पहले क्षतिग्रस्त आलुओं को छाँटकर नष्ट कर देना चाहिए।
2. आलुओं को बालू में रखने पर उसके उपर रेत की 2.5 सें0मी0 मोटी तह विछानी चाहिए जिससे प्रौढ़ मादा आलुओं के उपर अण्डे न देने पायें।
3. बोने से पहले बीज वाले आलुओं को कुछ देर धूप में सुखा लेना चाहिए।

4. आलू के खेत में यदि प्रकोप दिखाई दे तो क्लोरपायरीफास 20 ई0सी0 36 एस0एल0 या क्वीनालफास 25 ई0सी की 1.5 लीटर मात्रा प्रति 750 लीटर पानी में घोलकर प्रति हेक्टेयर की दर से छिड़काव करना चाहिए।
5. आलू खोदने के बाद खुले नहीं छोड़ना चाहिए। उन्हें तुरन्त ही बोरियों आदि में बन्द करके रखना चाहिए। खुले रहने पर मादा कीट उनमें अण्डे दे देती है।
6. यदि आलू बीज के लिए रखा जा रहा है तो उसमें 1.5 किलोग्राम मालाथियान धूल को प्रति मैट्रिक टन की दर से मिलाना चाहिए।

मोयला (Aphid)

आलू की फसल पर कई प्रकार के मोयला (माहूँ) पाये जाते हैं,
जैसे– (i) आलू की हरी माहूँ (Green peach aphid), *माइजस परसिकी*
(ii) कपास की माँहू (Cotton aphid), *एफिस गासीपाई*
(iii) सेम की माँहू (Been aphid), *एफिस फेबी*

ये सभी आर्थिक दृष्टिकोण से अपेक्षाकृत अधिक महत्वपूर्ण है। इनमें से पहली यानि आलू की हरी माँहू सबसे अधिक हानिकारक कीट है तथा विषाणु की कई बीमारियों के संवाहक का कार्य करती है। इन विभिन्न प्रकार की एफिड में उपज की दृष्टिकोण से कोई असर पड़े या न पड़े, परन्तु आलू के बीजोत्पादन में ये अवश्य ही प्रमुख बाधक माने जाते हैं। इसलिए बीज के लिए उगाई जा रही आलू की फसल को माहूँ कीड़ों से बचाये रखना नितान्त आवश्यक है। इसके लिए फसल काल में एफिड कीटों की संख्या को क्रान्तिक स्तर (20 एफिड/100 संयुक्त पत्तियां) से नीचे रखना अनिवार्य होता है। यह कार्य तभी सम्भव हो सकता है, जबकि (1) आलू बीज की फसल उस समय में और उन स्थानों पर ही ली जाय जब/जहाँ इनकी संख्या फसल के दौरान क्रान्तिक स्तर/आर्थिक क्षति स्तर से नीचे पायी जाती हो। (2) समय पर पौध संरक्षण के उपायों का उपयोग किया जाय और (3) एफिड कीड़ों से ग्रसित वानस्पतिक भागों (पत्तियों एवं डंठलों) को काट कर हटा दिया जाय। माइजस परसिकी माहूँ का प्रकोप प्रायः दिसम्बर के आरम्भ में शुरू होती है। इनकी संख्या क्रन्तिक सीमा तक जनवरी के अन्तिम सप्ताह में पहुँचती है, और प्रायः संख्या फरवरी और मार्च के महीनों में अधिकतम होती है, इसके पश्चात् इन कीड़ों की संख्या घटने लगती हे।

क्षति प्रकृति : एफिड कीट के शिशु एवं वयस्क दोनों ही पत्तियों की सतह, कोमल डंठलों एवं टहनियों से रस चूसते हैं। आक्रान्त पत्तियां पीली पड़कर

मुरझा जाती है। इसके अतिरिक्त माहूँ पत्तियों पर मधुस्त्राव भी करता है जिससे काला–काला फफूंद का विकास होता है, परिणामतः प्रकाश–संश्लेशण की क्रिया में बाधा पहुंचती है। पंखयुक्त माहू विषाणु (Virus) रोग तिब्रता से फैलाता है।

लीफ हॉपर (Jassid)

वैज्ञानिक नाम : ऐमरास्का बिगुटुला बिगुटुला (Amrasca bigutulla bigutulla)

पहचान : यह कीट कोमल, छोटे शरीर वाले हरे रंग और चूस्त स्वभाव के होते हैं। इनके शरीर की बनावट शुण्डाकार होती है। इन कीटों द्वारा पौधों से रस चूसने के परिणामस्वरूप क्षतिग्रस्त पौधों की पत्तियां पीली पड़ जाती है। इन कीटों का प्रकोप तीव्र होने पर क्षतिग्रस्त पौधों की पत्तियां किनारों पर जल जाती हे। इस लक्षण को हॉपर वर्न के नाम से जाना जाता है।

क्षति प्रकृति : इस कीटों की कई प्रजातियां आलू की फसल पर पायी जाती है। इनके शिशु एवं प्रौढ़ दोनों ही आलू की पत्तियों से रस चूसकर फसल को नुकसान पहूँचाते है। अप्रत्यक्ष रूप से लीफ हॉपर की कुछ एक प्रजातियां ''माइकोप्लाज्मा'' की बीमारियां के संवाहक का कार्य भी करती है, जिसके फलस्वरूप बीज के लिए उगाई जा रही आलू की फसल पर गुणात्मक कुप्रभाव भी पड़ता है।

मोयला एवं जैसिड कीड़ों के नियंत्रण के उपाय

1. नाइट्रोजन, फसफोरस एवं पोटाश का संतुलित मात्रा में प्रयोग करें। अत्यधिक नाइट्रोजन के प्रयोग से पत्तियों की हरितमा बढ़ जाती है जिससे कीटों का आक्रमण अधिक हो जाता है।
2. रासायनिक कीटनाशकों का प्रयोग करने के लिए डाइमेथोएट 30 ई0सी0 का 2 मि0ली0 / ली0 पानी या ऐसीटामिप्रीड 20 एस0पी0 का 0.5 ग्रा0 / ली0 पानी की दर से घोल बनाकर आवश्यकतानुसार 10–15 दिन के अन्तराल पर 2–3 बार छिड़काव कर सकते हैं।

अध्याय 3

सब्जियों में समेकित कीट प्रबंधन

समेकित कीट प्रबंध पद्दति के अन्तर्गत कीट नियंत्रण के सरल और प्रभावी तरीकों को इस प्रकार समावेश किया जाता है कि कीट नियंत्रण प्रभावी हो और इससे सब्जी उत्पादक एवं उपभोक्ता दोनों ही लाभान्वित हो और वातावरण के साथ–साथ मानव का स्वास्थ्य भी सुरक्षित रहे। इस पद्धति में जैविक, रासायनिक, भौतिक, यांत्रिक नियंत्रण एवं सस्य क्रियाओं के समुचित चयन एवं उनके समावेश द्वारा एकीकृत/समेकित कीट प्रबंधन किया जाता है जिससे मित्र कीटों (परभक्षी एवं परजीवी कीटों) की संख्या एवं वातावरण की स्वच्छता पर बुरा व प्रतिकूल प्रभाव न पड़ सके। तुड़ाई के उपरान्त सब्जियों में रासायनिक कीटनाशकों के अवशेष अधिक मात्रा में पाये जाने के कारण मनुष्य के स्वस्थ्य पर बुरा प्रभाव पड़ता है जिससे सब्जियों में समेकित कीट प्रबंधन का महत्व बढ़ गया है।

सब्जियों में नाशक कीटों का परिवर्तनीय दृश्यावलोकन

नयी उन्नतशील किस्मों के विकास से पिछले कुछ वर्षों में सब्जियों के उत्पादन में आशातित् अधिक वृद्धि हुई है। अधिक उत्पादनशील शंकर व मुक्त परागित किस्मों के साथ–साथ अच्छी सस्य तकनीकी व अन्य उपज कारकों का सघन उपयोग सब्जियों में हानिकारक कीटों के व्यवहार में परिवर्तन लाया है। कुछ कीट अपने स्वभाव में परिवर्तन लाकर नयी सब्जियों में क्षति पहुँचाने लगे हैं जिनको पहले हानि नहीं पहुँचाते थे और कुछ कीटनाशक रसायनों के प्रति अवरोधि हो गये हैं।

नये कीटों में पर्ण सुरंगक कीट शंकर टमाटर वाले क्षेत्रों में प्रमुखता से पाये जाते हैं। इस प्रकार बैंगन की फसल में गालमिज, गोभी में शीर्ष बेधक, भिण्डी में लाल माईट एवं मिर्च में थ्रिप्स एवं पीली माईट की समस्या निरन्तर बढ़ रही है। गोभी वर्गीय सब्जी में हीरक पृष्ठ शलभ (डीबी0एम0) बहुत से कीटनाशक रसायनों के प्रतिरोधक क्षमता विकसित कर लिया है तथा कीटनाशक रसायनों के प्रयोग से इसके प्राकृतिक शत्रु (परजीवी एवं परभक्षी कीट) कीटों की संख्या में कमी हो जाने से इसकी भयावहता बढ़ गयी है।

सब्जियों में नाशक कीट प्रबंधन की वर्तमान स्थिति

नाशक कीट प्रबन्धन में रासायनिक विधि द्वारा कीट नियंत्रण ज्यादा प्रचलित व व्यवहारिक है। इसका प्रमुख कारण इनका तुरन्त एवं निश्चित प्रभाव है। भारत में कुल कीटनाशक रसायनों का लगभग 13–14 प्रतिशत में से मात्र 2.6 प्रतिशत सब्जियों में उपयोग किया जाता है। सब्जी में हरी फलियों एवं फलों की कम अन्तराल पर तुड़ाई की जाती है जिससे कि सब्जियों में कीटनाशक रसायनों के अवशेष रहने की संभावना बढ़ जाती है। बहुत से कीटनाशक रसायनों के समूह की दीर्घकालिक अवशेष के रूप में चिन्हित किया गया है जो कि ध्यान देने योग्य है। नाशक कीट प्रबंधन में जरूरत इस बात की है कि परजीवी एवं परभक्षी कीटों की कीट नियंत्रण के माध्यम के रूप में प्रयोग किया जाय। जैसे कि ट्राइकोग्रामा (अन्डा परजीवी) तथा क्राइसोपरला कारनिया, ब्रेकान और कोटिशिया प्लूटेली परभक्षी कीट को खेत में छोड़ कर अथवा उनका बचाव एवं संरक्षण करके समेकित कीट प्रबंधन में अच्छे एवं प्रभावी परिणाम प्राप्त किये जा सकते हैं। सब्जियों में जैविक नियंत्रण का प्रचलन कम है, परन्तु वर्तमान में गोभी का हीरक पृष्ठ कीट, तम्बाकू की सूंडी (स्पोडोप्टेरा) एवं टमाटर के फल छेदक के लिए विषाणुओं का प्रयोग किया जा रहा है। समेकित कीट प्रबंधन योजना में कम से कम कीटनाशक रसायनों का उपयोग करके कीट परिस्थिति को ध्यान में रखते हुए जैविक कारकों के प्रयोग को बढ़ावा देते हैं। समेकित कीट प्रबंधन के तरीकों की सफलता मुख्यतया हानिकारक कीट एवं मित्र कीटों की निगरानी के आधार पर कीट प्रबंधन के विभिन्न घटाकों के एकीकरण का सही निर्णय को लागू करने के उपर निर्भर करता है।

अ. सस्य प्रबंधन

सस्य प्रबंधन के अन्तर्गत विभिन्न सस्य क्रियाओं का चयन इस प्रकार किया जाता है कि कीटों का प्रकोप कम हो या पौधों में उनके प्रति सहनशीलता बढ़ जाय।

इस पद्दति का विकास टिकाऊ फसल सुरक्षा को ध्यान में रखकर तैयार किया गया है, जिसमें अधिक कृषि रसायन एवं उनके अवशेषों द्वारा पर्यावरणीय दुष्प्रभाव को कम किया जा सके।

सस्य क्रियाओं का समेकित नाशक कीट प्रबंधन में महत्व : कीट प्रबंधन में इस घटक के उपर कोई अतिरिक्त व्यय नहीं होता है एवं यह पर्यावण को सुरक्षित एवं टिकाऊ बनाता है, परन्तु इसकी योजना पहले बन जानी चाहिए। सस्य क्रियाओं का चयन ऐसा होना चाहिए जिससे नाशक कीटों के उपर प्रतिकूल और मित्र कीटों के उपर अनुकूल प्रभाव पड़े। इसके अन्तर्गत सही किस्मों का चयन, बुआई एवं रोपाई के समय में परिवर्तन, प्रपंच व अन्तः फसलों का सही चयन आदि शामिल है।

अवरोधी एवं सहनशील किस्मों का चयन : किसी क्षेत्र के नाशक कीटों एवं मित्र कीटों की विविधता एवं सघनता के आधार पर अवरोधी अथवा सहनशील किस्मों का चयन समेकित कीट प्रबंधन की महत्वपूर्ण कड़ी है। इस आधार पर चयनित किस्मों में अपेक्षाकृत कम कीट आक्रमण करते हैं एवं रासायनिक कीटनाशकों की खपत में भी कमी आती है। यह विधि सबसे सरल, सस्ती एवं दुष्प्रभाव रहित है।

बुआई व पौध रोपण का समय में परिवर्तन : कीटों के प्रति फसल की नाजुक अवस्था को ध्यान में रखकर फसल की बुआई व रोपाई के समय में परिवर्तन करके अत्यधिक नुकसान को बचाया जा सकता है। यह देखने में आया है कि सब्जियों की बुआई/रोपाई के समय में परिवर्तन कर लाल भृंग कीट, फल मक्खी, प्ररोह एवं फल बेधक कीट के आक्रमण से बचा जा सकता है। करेला में अक्टूबर से पहले फूलने वाली किस्मों का चयन कर फल मक्खी से बचाया जा सकता है। जून के दुसरे सप्ताह मे भिण्डी की बुआई करने पर फल बेधक कीट से क्षति को कम किया जा सकता है। अतः सब्जियों की बुआई व रोपाई ऐसे समय करना चाहिए, जबकि पौधों की नाजुक अवस्थाएं एवं नाशक कीट की निष्क्रिय अवस्था समानान्तर हो। जैसे– कद्दूवर्गीय सब्जियों को गर्मा में अगात बुआई एवं बरसात मौसम में पिछात रोपाई करने से फल मक्खी एवं लाल भृंग कीट के अत्यधिक आक्रमण से बच जाता है। उसी प्रकार टमाटर की गर्मा में अगात बुआई तथा खरीफ में पिछात फसल लगाने से फल बेधक कीटों के आक्रमण से बच जाता है। प्याज की अगात खेती करने से थ्रीप्स का आक्रमण कम होता है। भिंडी की बुआई मध्य जून से अगात बुआई करने पर जैसिड का प्रकोप अधिक होता है,

परन्तु पिछात बुआई करने से इसके आक्रमण में कमी आती है, जबकि फल बेधक कीटों का प्रकोप ज्यादा होता है।

गर्मी की जुताई : ग्रीष्मकाल (मई–जून माह) में गहरी जुताई करके सुशुप्ता अवस्था में पड़े कीटों को नष्ट करना एक प्रभावी नियंत्रण विधि है। कटाई के उपरानत खेत की गहरी जुताई करके फल मक्खी, कद्दू का लाल भृंग और कटुआ कीट के जीवन–चक्र को नष्ट कर उनकी सक्रियता को समाप्त किया जा सकता है।

अन्तः फसलीकरण : इस विधि से सब्जियों में कीटों के प्रकोप को कम किया जा सकता है। अन्तः फसलीकरण में लगाये गये भिन्न–भिन्न प्रकृति के पौधों द्वारा छोड़े जाने वाले जैव रसायन से कीटो के प्रौढ़ दूर भागते हैं एवं उनके द्वारा अण्डे देने की क्रिया भी कम हो जाती है। इस तरह के मिश्रित पौध रोपण प्रक्रिया, परभक्षी एवं परजीवी कीटों के क्रियाशीलता को बढ़ाती है।

सब्जियों के कीटों के विरूद्ध अनतः फसलीकरण

क्र. सं.	अन्तः फसलीकरण	अनुपात	लक्षित कीट
1.	टमाटर + पत्तागोभी	1 : 1	फल बेधक एवं हीरक पृष्ठ शलभ
2.	फूलगोभी + टमाटर	1 : !	हीरक पृष्ठ शलभ
3.	पत्तागोभी + गाजर	1 : 1	हीरक पृष्ठ शलभ
4.	फ्रेंच बीन + पत्तागोभी	1 : !	फल मक्खी

पाश फसल का प्रयोग : कुछ फसल को कीट मुख्य फसल की अपेक्षा अधिक पसंद करते हैं। इन फसलों को मुख्य फसल के साथ पाश फसल (जाल फसल) के तौर पर लगाया जाता है जिससे कीड़े अपेक्षाकृत ज्यादा लगते है और उन्हीं पर उनका नियंत्रण कर दिया जाता है। ताकि मुख्य फसल हानिकारक कीटों से बच जाय। आकर्षित करने वाली फसलों को मुख्य फसल में लगाकर बिना किसी कीटनाशक रसायन का छिड़काव किए प्रमुख फसल को आसानी से कम लागत में उगाया जा सकता है। पत्तागोभी और फूलगोभी में हीरक पृष्ठ कीट (डी0वी0एम0) एवं पर्ण जालक कीट के नियंत्रण के लिए सरसों का चीनी पत्तागोभी आकर्षित करने वाली फसल के रूप में प्रयोग करके, मुख्य फसल को उपरोक्त दोनों कीटों से सुरक्षित रखा जा सकता है। इसी प्रकार से टमाटर में लगनेवाले फल वेधक कीट की रोकथाम के लिए टमाटर के फसल के किनारे–किनारे या 14 पंक्तियों

टमाटर के दोनों तरफ दो पंक्ति गेंदा को लगाने से फल वेधक तथा पर्ण सुरंगक कीट द्वारा फसल को होने वाले नुकसान से बचाया जा सकता है।

प्रमुख सब्जियों में कीट प्रबंधन के लिए पाश फसल

क्र. सं.	मुख्य फसल	पाश फसल	नियंत्रित होने वाले कीट
1.	पत्तागोभी	सरसों	हीरक पृष्ठ शलभ, माहूँ, बग, पर्ण जालक कीट
2.	टमाटर	खीरा, ककड़ी	सफेद मक्खी
3.	टमाटर	गेंदा	फलबेधक
4.	कद्दू, कोहरा	मक्का	फल मक्खी
5.	फूलगोभी	गेंदा	भृंग (बीट्ल)
6.	भिंडी	कपास	जैसिड, फलवेधक, माइट
7.	पत्तागोभी	टमाटर	हीरक पृष्ठ शलभ (डी0वी0एम0)

इस प्रकार समान्यतः कीटों के अच्छे नियंत्रण के लिए मुख्य फसल का 10 प्रतिशत भाग (क्षेत्रफल) पाश फसल के लिए उपयोग किया जाता है। यह फसल 1–10 प्रतिशत तक कुल फसल के क्षेत्रफल को आच्छादित करता है और 70–85 प्रतिशत तक कीटों को आकर्षित करता है।

संतुलित उवर्रकों का प्रयोग : सामान्यतः नेत्रजन एवं फास्फोरस उवर्रकों का अधिक प्रयोग करने से कीटों के आक्रमण में वृद्धि होती है, जबकि पौटाश का प्रयोग से प्रकोप में कमी आती है। अतः आवश्यकतानुसार नेत्रजन, फास्फोरस और पोटाश उवर्रकों का प्रयोग अनुशंसित व संतुलित मात्रा में करना चाहिए।

फसल सघनता : आधुनिक सब्जी की खेती में अधिक फसल उत्पादन और कीटों के आक्रमण को कम करने के लिए फसल सघनता का प्रमुख महत्व है। पौध घनत्व और फसल के कतार का विस्तार (Width) कीटों के पलायन में सहायक होता है। जैसे टमाटर में फल बेधक, भिंडी में जैसिड एवं सफेद मक्खी, तथा पत्तागोभी में तम्बाकू की सूंडी का अधिक प्रकोप अधिक पौध सघनता में देखा गया है। अतः इन कीटों के आक्रमण को कम करने के लिए फसलों की अनुसंशित दूरी पर ही लगाना चाहिए।

गहरी जुताई : प्रायः कीट कुछ समय के लिए अपनी निष्क्रिय जीवन–चक्र (सुष्पता अवस्था) मिट्टी में व्यतित करते हैं। खेत तैयार करते समय गहरी जुताई करने से कीटों के निष्क्रिय अवस्था (अंडे, प्यूपें आदि) मिट्टी से बाहर आ जाते हैं

और वे तेज धूप या परभक्षी चिड़िया द्वारा नष्ट हो जाते हैं। इसप्रकार फल मक्खी, लाल कद्दू भृंग, कटुआ कीट आदि जो आगामी फसल के लिए सक्रिय होते तो वे नष्ट हो जाते हैं।

स्वच्छ खेती : यह क्रिया कीटों को नष्ट करने के लिए उपयोगी है जो फसलों के जीवन में निरन्तर विकास की स्थिति में बारंबार क्षति का कारण होता है। क्षतिग्रस्त पौधों एवं अवांछनीय पौधों को खेत से हटा कर नष्ट कर देना चाहिए। बैगन और भिंडी के फल एवं प्ररोह बेधक कीटों की नयी आबादी से अधिक प्रकोप को रोकने के लिए क्षतिग्रस्त फल एवं मुरझायें हुए तना को सुंडियों सहित तोड़कर नष्ट कर देना चाहिए। फल मक्खी द्वारा क्षतिग्रस्त फल सड़कर जमीन पर गिर जाता है और सूंडी मलबें में प्यूपा अवस्था में बदल जाती है। फल मक्खियों की संख्या को कम करने के लिए नियमित रूप से आक्रांत फल को सूडियों सहित तोड़कर नष्ट करने के साथ–साथ कोहड़े में फल मक्खी का जीवन–चक्र को भी विघन करते रहना चाहिए। भिंडी में नियमित रूप से खरपतवार निकालते रहने से जैसिड की संख्या को कम करने में सहायता मिलती है।

सिंचाई : फसलों को सिंचित करने के लिए सिंचाई की विधि और तीब्रता पौधों के चारों तरफ सूक्ष्म जलवायु की स्थिति का निर्वाहन और रक्षा में महत्वपूर्ण भूमिका अदा करता है। अप्रत्यक्ष रूप से सिंचाई कीटों के निवास करने की स्थिति में उनकी संख्या को नियंत्रित करता है। सामान्य रूप में दीमक प्रभावित मिट्टी में कम अन्तराल पर सिंचाई करने पर कॉलानि क्षतिग्रस्त हो जाती है। आलू में बारंम्बार अधिक सिंचाई करने से कंद शलभ कीट का प्रकोप पूरी तरह रूक जाता है। गर्मी के मौसम में बुआई की गयी भिंडी में सिंचाई माईट की वृद्धि और फैलाव को रोकता है। गोभीवर्गीय सब्जियों की स्प्रिंकलर द्वारा सिंचाई करने से हीरक पृष्ठ शलभ का अविकसित अवस्था धोने के कारण नष्ट हो जाता है।

मिट्टी चढ़ाना : यह विधि भूमि के अन्दर रहने वाले कीटों के लिए बहुत लाभदायक होता है जो रोपण की गयी फसलों को क्षति पहुँचाता है। मेढ़ (Ridge) के दोनों तरफ हलका ढाल बनाकर मिट्टी चढ़ाने से कटुआ कीट की सूंडी जो इधर–उधर घूमते हुए रोपणी की गयी फसल के कॉलर भाग को जमीन की सतह से काट कर गिरा देता है, तो उसके प्रकोप को रोक देता है। कटुआ कीट से ग्रस्त क्षेत्रों में मिर्च, फ्रेंचबीन, आलू और टमाटर के फसलों में इस प्रकार के सस्य क्रिया को अपनाकर कीट के प्रकोप को रोकना चाहिए।

फसल–चक्र : किसान अपने लम्बे अनुभव से सावधानी पूर्वक फसल–चक्र के क्रम में एक कूल के फसल को दुसरे परिवार के फसल के साथ अपनाकर कीट के प्रकोप को कम कर सकते हैं।

बीजोपचार : टमाटर और मिर्च फसल में सफेद मक्खी और थ्रीप्स का प्रकोप कम करने के लिए इमेडाक्लोप्रिड 70 डब्लू0पी0 का 2.5 ग्राम प्रति किलोग्राम बीज की दर से बीज उपचार करना चाहिए।

पौध जड़ उपचार : मिर्च में थ्रिप्स कीट के नियंत्रण के लिए पौघ जड़ को इमडोक्लोप्रिड 200 एल0एल0 (1 मि0ली0 दवा प्रति लीटर पानी में) के घोल में 30 मिनट तक डूबोकर उपचार करना चाहिए।

ब. भौतिक व यांत्रिक नियंत्रण

कीट की संख्या को कम करने व नियंत्रित करने के लिए यह नियंत्रण पद्धति अत्यधिक यांत्रिक प्रयोग या हस्त क्रियाओं का उपयोग से सम्बन्ध है। कीटों के विभिन्न अवस्थाओं को देखकर नष्ट कर देने से इनसे होने वाले प्रकोप एवं क्षति को बचाया जा सकता है। इस विधि में बहुत ज्यादा लागत नहीं लगती है एवं यह सुरक्षित भी है।

सब्जियों के फसलों में कीट नियंत्रण के लिए यांत्रिक विधि का प्रयोग

क्र. सं.	फसल	कीट	प्रबन्धन की युक्ति
1.	कद्दूवर्गीय	एपिलैकना भृंग, लाल कद्दू भृंग	पुरानी और सूखी कद्दू की लताओं एवं अन्य टुटे हुए टुकड़े व मलवे को एकत्रित करके जला देना चाहिए।
2.	भिंडी / बैंगन	प्ररोह एवं फल बेधक	आक्रान्त प्ररोह एवं फल को सूंडी सहित नियमित अन्तराल (3–4 दिन के अन्तर पर) पर हटाकर नष्ट कर देना चाहिए।
3.	टमाटर	फल बेधक	प्रभावित फल को सूंडी सहित एकत्र करके नष्ट करना या जलाना चाहिए।
4.	आलू	कन्द शलभ	सभी आक्रन्त कन्द को एकत्र करके नष्ट करना चाहिए।
5.	पत्तागोभी	बेधक कीट	आक्रण के प्रारंम्भिक अवस्था में सूंडी को हाथ के द्वारा चूनकर नष्ट करना चाहिए।
6.	कद्दूवर्गीय	फल मक्खी	आक्रान्त फल को तोड़ने के उपरान्त खेत से बाहर निकाल कर नष्ट करना चाहिए।

7.	पत्तागोभी	बटर प्लाई (तितली)	पौधों के प्रभावित भाग को काटकर नष्ट करना चाहिए।
8.	पत्तागोभी	हीरक पृष्ठ शलभ	नियमित अन्तराल (3–4 दिन के अन्तर पर) पर सूंडी सहित पुरानी पत्तियों को हटाकर नष्ट करना चाहिए। फसल कटाई के उपरान्त सभी अवशेष, खूंटी, टुटे हुए टुकड़े व मलबे इत्यादि को खेत से निकाल कर जला देना चाहिए।
9.	कद्दूवर्गीय	हड्डा भृंग	कीट के अंडसमूह, सूंडी, प्यूपा और वयस्क को हाथ के द्वारा आसानी से चूनकर नष्ट करना चाहिए।
10.	कद्दूवर्गीय	लाल कद्दू भृंग	भृंग एवं क्षतिग्रस्त फल को एकत्र कर नष्ट कर देना चाहिए।
11.	फूलगोभी, टमाटर, मिर्च	सफेद मक्खी	फसल में नायलन (40 गेज) की जाली का उपयोग करना चाहिए।
12.	बैंगन/मिर्च	पत्ती का फुदका अन्य चूसक कीट	फसल में नायलन (40 गेज) की जाली का उपयोग करना चाहिए।
13.	कद्दूवर्गीय	फल मक्खी	विषयुक्त चारा का पाश (1 ग्राम चीनी + 2 मि0ली0 मालाथियान 50 ई0सी0 + 1 मि0ली0 पानी) का प्रयोग करना चाहिए। अथवा 1 प्रतिशत मिथाइल इजेनाल से भींगा कपड़े का उपयोग करना चाहिए।
14.	टमाटर	फल बेधक	सेक्स फेरोमोन ट्रैप (100 ट्रैप/हेक्टेयर) 10 मीटर की दूरी पर प्रयोग करना चाहिए। 15 दिन के अन्तराल पर ल्यूर को बदलते रहना चाहिए।
15.	बैंगन	जैसिड/माहूँ	आक्रान्त पत्तियों को अंडसमूह के साथ एकत्रित करके नष्ट करना चाहिए।

स. वानस्पतिक कीटनाशक का प्रयोग

पौध उत्पाद के कीटनाशक का उपयोग सब्जियों के कीट नियंत्रण में सफलतापूर्वक किया जाता है और सब्जियों में प्राकृतिक शत्रुओं (परजीवी एवं परभक्षी कीटों) के संरक्षण में भी सहायता मिलती है।

सब्जियों के कीट नियंत्रण में वानस्पतिक कीटनाशकों का प्रयोग

क्र. सं.	वानस्पतिक कीटनाशक	मात्रा (प्रतिशत)	कीट	फसल
1.	नीम तेल	3.0	फल बेधक	भिंडी, टमाटर, बैंगन, फूलगोभी
2.	नीम बीज का अर्क (NSKE)	5.0	फल बेधक, जैसिड	भिंडी, टमाटर, बैंगन, फूलगोभी
3.	लेन्टाना पत्ती अर्क	5.0	पर्ण सुरंगक	आलू, बैंगन, मिर्च, फूलगोभी
4.	नीम बीज अर्क	5.0	मोहूँ	बैंगन
5.	नीम बीज अर्क	5.0	हीरक पृष्ठ शलभ	पत्तागोभी
6.	नीम तेल	3.0	जैसिड	बैंगन, भिंडी

संश्लेषित वानस्पतिक रसायन और वृद्धि नियामक रसायन को मिलाकर प्रयोग करने की विधि को समन्वित कीट नियंत्रण के अन्तर्गत रखा गया है। नीम से निर्मित वानस्पतिक रसायन का प्रयोग करके हरा फूदका, माहूँ और पर्ण सुंरगक कीटों का नियंत्रण आसानी से किया जा सकता है।

आज नीम का व्यावसायिक उत्पाद बाजार में भिन्न नामों जैसे अचूक, नीर्माक, निम्बीसिडीन, नीम्बोसोल, नीमलीन, अमृतगार्ड इत्यादि के नाम से उपलब्ध है। इन उत्पादों की सान्द्रता के अनुसार मात्रा निर्धारित की जाती है जो निम्न उल्लेखित है :–

व्यवसायिक रूप से उपलब्ध नीम उत्पाद कीटनाशक

रसायनिक नाम	व्यवसायिक नाम	नियंत्रित होने वाले कीट का नाम	मात्रा (प्रति लीटर पानी)
एजाडीरेक्टा इण्डिका	वेनगार्ड (0.3%) (3000 पी0पी0एम0)	सफेद मक्खी, माहूँ	2 मि0ली0
	वेनगार्ड (0.15%) (1500 पी0पी0एम0)	जैसिड, थ्रीप्स, हॉपर, लीफमाइनर	4 मि0ली0
	वेनगार्ड (0.03%) (300 पी0पी0एम0)	बग, भृंग, घून, माइट, पत्ती मोड़क	6 मि0ली0

द. जैविक नियंत्रण

सब्जी उत्पादन में समेकित कीट प्रबन्धन के समस्त घटकों में जैविक नियंत्रण सबसे महत्वपूर्ण है। किसी भी परिस्थिति में मित्र कीट एवं अन्य सूक्ष्मजीव मुख्य रूप से नाशक कीट की संख्या को प्राकृतिक रूप से सीमित रखते हैं। जैविक नियंत्रण में इन्हीं कारकों का प्रभावी तरिके से एकीकृत/समेकित कीट प्रबंधन में प्रयोग होता है एवं मित्र कीटों को सुरक्षित रखने का प्रयास किया जाता है।

समेकित कीट नियंत्रण में मित्र कीटों का प्रभाव : अनके प्रकार के मित्र कीट जैसे परजीवी एवं परभक्षी कीट प्राकृतिक वातावरण में पाये जाते हैं, जो नाशक कीट के विभिन्न अवस्थाओं को क्षति पहुँचाते हैं। अण्ड परजीवी ट्राइकोग्रामा टमाटर के फल बेधक के नियंत्रण के लिए उपयोग में लाया जाता है। एक हेक्टेयर टमाटर की फसल को फल बेधक कीट से सुरक्षा के लिए 2,50,000 ट्राइकोग्रामा परजीवी कीट का प्रयोग किया जाता है। इसी प्रकार क्राइसोपरला कारनिया नामक परभक्षी कीट जो कि सफेद मक्खी, जैसिड़, माहूँ आदि का भक्षण करते हैं, इस परभक्षी कीट को 50,000 प्रति हेक्टेयर की दर से खेतों में छोड़ने पर उपरोक्त कीटों से फसल को सुरक्षित रखा जा सकता है। इसप्रकार कीट के प्राकृतिक शत्रुओं को प्रयोगशाला में अधिक से अधिक उत्पादन करके उसे सफलतापूर्वक आवश्यकतानुसार फसलों पर छोडत्रकर विषैले रसायनों के उपयोग में कमी लायी जा सकती है।

सूक्ष्मजीव कीटनाशकों का प्रयोग : इन कीटनाशकों के अन्तर्गत जीवाणु, फफूंद और विषाणु का प्रयोग करके नाशक कीड़ों में रोग उत्पन्न कर दिया जाता है। यह रोग हानिकारक कीटों में महामारी की तरह फैलता है और परिणामतः

कीड़े मर जाते हैं। यह कारक रासायनिक कीटनाशकों से सस्ता एवं प्रभावी होता है। इनके प्रयोग करने की विधि भी बहुत आसान है। इस विधि द्वारा कुछ कीटों का नियंत्रण निम्न प्रकार से किया जा सकता है।

सूक्ष्मजीव कीटनाशकों में बी0टी0 का प्रयोग व्यवहारिक स्तर पर किया जा रहा है। इसके प्रयोग से गोभी का हीरक पृष्ट शलभ (डी0बी0एम0), भिण्डी का प्ररोह एवं फल वेधक, टमाटर का फल बेधक कीट का नियंत्रण संभव है। टमाटर के फल बेधक कीट एवं तम्बाकू की सूंडी के नियंत्रण के लिए एच0एन0पी0बी0 और एस0एन0जी0वी0 का 250 सूंडी समतुल्य घोल का दोपहर के बाद छिड़काव किया जाता है। कुछ सूक्ष्मजीव कीटनाशकों के प्रयोग का वर्णन सब्जियों में कीटों का नियंत्रण निम्न उल्लेखित किया गया है।

सूक्ष्मजीव कीटनाशकों के नाम एवं प्रयोग विधि

क्र. सं.	तकनीकी नाम	व्यावसायिक नाम	नियंत्रित होने वाले कीट का नाम	प्रयोग विधि	
				मिट्टी में बुरकाव	पुर्णीय छिड़काव
अ. फफूंद					
1.	वीवेरिया बेसियाना	बायोसाफ्ट लार्बोसेल, बाबा, स्पर्श दमन, बीबीगार्ड	थ्रीप्स, माहूँ, सफेद मक्खी, दहिया कीट, हॉपर	2.5 कि0 ग्रा0 एवं 100 कि0 ग्रा0 कम्पोस्ट / हे0	4.0 ग्रा0 / ली0 पानी
2.	बट्ीसिलियम लिकेनाई	वर्षा, वर्टीलेक्स, वर्टीसाफ्ट वर्टीसेल	दहिया कीट, स्केल कीट, माहूँ, सफेद मक्खी, माईट, जैसिड	2.5 कि0 ग्रा0 एवं 100 कि0 ग्रा0 कम्पोस्ट / हे0	4.0 ग्रा0 / ली0 पानी
3.	मेटाराइजिम एनीसोपीली	कालीचक्रा माइकोटोल	सफेद मक्खी, माहूँ, हॉपर, बेधक कीट, दीमक, फल मक्खी	1.0–1.5 कि0 ग्रा0 एवं 100 कि0 ग्रा0 कम्पोस्ट / हे0	4.0 ग्रा0 / ली0 पानी

क्रमशः...

4.	पेसीलोमाइसीज लीलासीनास	यारकर	नेमाटोड की विभिन्न प्रजातियाँ	2.5 कि0 ग्रा0 एवं 100 कि0 ग्रा0 कम्पोस्ट / हे0	4.0 ग्रा0 / ली0 पानी
5.	पेसीलोमाइसीज फ्यूमोसोरोसिनास	माइकोमाइट	मकड़ी	2.5 कि0 ग्रा0 एवं 100 कि0 ग्रा0 कम्पोस्ट / हे0	4.0 ग्रा0 / ली0 पानी

व. जीवाणु

1.	बैसीलास थुरेजएसिंस (बी0टी0)	हाल्ट, डाइपेल, डेलफीन	सफेद मक्खी, माहूँ, जैसिड, हॉपर, थ्रीप्स बेधक कीट	–––	1.0 ग्रा0 / ली0 पानी

स. वीषाणु

1.	एन0पी0वी0	वीरॉन–एच0 भइरोक्स, इलकर	वेधक कीट	–––	1.0 मि0ली0 / ली0 पानी
2.	जी0वी0	मडेक्स, कपेक्स, एग्रोवीर	बेधक कीट	–––	1.0 मि0ली0 / ली0 पानी

हर्बल उत्पाद कीटनाशक का प्रयोग

वर्तमान समय में विभिन्न हर्बल उत्पादों का कीटनाशक बाजार में विभिन्न नामों से उपलब्ध है जो निम्न उल्लखित है।

हर्बल उत्पाद कीटनाशकों के नाम एवं प्रयोग विधि

क्र. सं.	तकनीकी नाम/ व्यावसायिक नाम	नियंत्रित होने वाले कीट का नाम	पर्णीय छिड़काव (मात्रा)	कम्पनी के नाम
1.	नैनो	थ्रीप्स, माईट, माहूँ, सफेद मक्खी, जैसिड़, फली बेधक, तना बेधक	2.0 मि0ली0/ ली0 पानी	खुवलाल एग्रो केमिक्लस प्रा0 लि0, कंचनपुर, नालंदा (बिहार)
2.	वायो डोज (मैगनम)	सफेद मक्खी, माहूँ, थ्रीप्स, जैसिड, तना एवं फल बेधक, फली बेधक एवं अन्य बेधक कीट	1.0 मि0ली0/ ली0 पानी	ग्रेस बायो–केयर प्रा0ली0, हतसरगंज, हाजीपुर (बिहार)
3.	बुम गोल्ड	तना एवं फल बेधक, सभी प्रकार के चूसक एवं काटने व कुतरने वाला कीट	1.0 मि0ली0/ ली0 पानी	देवी क्रॉपसाइन्स प्रा0ली0, मदुरई (दक्षिण भारत)
4.	हंटर	बेधक कीट	1.5 मि0ली0/ ली0 पानी	मयंक बायो एग्रो प्रा0लि0, बोकारो स्टील सिटी, झारखंड
5.	ह्वाइट आउट	सफेद मक्खी	1.5 मि0ली0/ ली0 पानी	मयंक बायो एग्रो प्रा0लि0, बोकारो स्टील सिटी, झारखंड
6.	मेल्केनो	मकड़ी	1.5 मि0ली0/ ली0 पानी	मयंक बायो एग्रो प्रा0लि0, बोकारो स्टील सिटी, झारखंड
7.	बोफोर्स	तना एवं फल बेधक	1.0 मि0ली0/ 3 ली0 पानी	मयंक बायो एग्रो प्रा0लि0, बोकारो स्टील सिटी, झारखंड

क्रमशः...

8.	केम	तना एवं फल बेधक	1.0–1.5 मि0ली0 / ली0 पानी	महाराष्ट्रा बायो फर्टिलाइजर इण्डिया प्रा0लि0, लातुर
9.	बीग बॉस	सफेद मक्खी, मकड़ी	1.0–2.0 मि0ली0 / ली0 पानी	महाराष्ट्रा बायो फर्टिलाइजर इण्डिया प्रा0लि0, लातुर
10.	फर्टीगो	दीमक, सफेद गिडर	10 कि0ग्रा0 / हे0	महाराष्ट्रा बायो फर्टिलाइजर इण्डिया प्रा0लि0, लातुर
11.	पॉवर प्लान्ट वीरोसोल	विषाणु रोग (वाहक कीट–सफेद मक्खी, जैसिड, माहूँ)	2–3 मि0ली0 / ली0 पानी	ग्रीन प्लानेट बायो प्रोडक्ट जालंधर (पंजाब)
12.	पॉवर प्लान्ट ओरगोमाइट	लाल मकड़ी	2–3 मि0ली0 / ली0 पानी	ग्रीन प्लानेट बायो प्रोडक्ट जालंधर (पंजाब)
13.	पॉवर प्लान्ट एन0पी0	चूसक कीट, काटने व कुतरने वाले कीट, बेधक कीट	1.0–1.5 मि0ली0 / ली0 पानी	ग्रीन प्लानेट बायो प्रोडक्ट जालंधर (पंजाब)

न. रासायनिक नियंत्रण

यह सत्य है कि रासायनिक कीटनाशकों का ''कीट प्रबन्ध'' अथवा ''समेकित कीट प्रबंधन'' में कीट नियंत्रण के साथ–साथ सब्जियों की उत्पादकता बढ़ाने में भी महत्वपूर्ण योगदान है और भविष्य में भी कीट प्रबंधन का एक प्रमुख घटक रहेगा। लेकिन विगत वर्षों से रसायनों का अनियमित एवं ज्यादा प्रयोग करने से कीटों में प्रतिरोधि क्षमता का अत्यधिक विकास हुआ है और हानिकारक रासायनिक अवशेषों की वातावरण में वृद्धि हुई है। समेकित कीट प्रबन्धन में अगर दुसरे घटकों / कारकों के साथ सही सन्तुलन बनाकर सुरक्षित रसायनों की सही मात्रा एवं अन्तराल में छिड़काव हो तो कीटनाशक रसायन बहुत प्रभावी होते हैं। विभिन्न कीटनाशकों का अलग–अलग प्रतिक्षाकाल होता है। दवा छिड़कने के उपरान्त प्रतिक्षाकाल के बाद तुड़ाई करने से रासायनिक अवयवों के अवशेष नहीं रहते हैं। कीटनाशकों को आपातकालीन उपाय अथवा कोई अन्य विकल्प न रहने पर ही उपयोग में लाया जाना चाहिए, जिससे परिस्थितिकी (Ecosystem) को कम से कम नुकसान हो। विभिन्न सब्जियों में अनेकों प्रकार के कटनाशकों का प्रयोग निम्न प्रस्तूत की गयी है :

चूसने वाले कीटों के नियंत्रण हेतु रसायनिक कीटनाशकों का नाम एवं प्रयोग

क्र. सं.	रसायनिक नाम	व्यापारिक नाम	मात्रा	नियंत्रित होने वाले कीटों के नाम	फसल
1.	इमिडाक्लोप्रिड (17.8 एस0एल0)	कन्फीडोर, टाटामिडा, भीक्टर, केमिडा	100–125 मि0ली0 / हे0	सफेद मक्खी, माहूँ, थ्रीप्स, जैसिड	भिंडी, बैंगन, मिर्च, प्याज, टमाटर
2.	थाइमेथोक्साम (25 डब्लू0जी0)	एकतारा, सितारा	100 ग्रा0 / हे0	सफेद मक्खी, माहूँ, थ्रीप्स, जैसिड	टमाटर, मिर्च, बैंगन, प्याज, भिंडी
3.	एसीटामिप्रिड (20 एस0पी0)	इक्का, शार्प	200 ग्रा0 / हे0	सफेद मक्खी, थ्रीप्स, जैसिड	टमाटर, मिर्च, बैंगन, प्याज, भिंडी
4.	ऐसीफेट (75 एस0पी0)	आसाटाफ, एकटाफ, धनराज, लूसीड	500–600 ग्रा0 / हे0	सफेद मक्खी, जैसिड , माहूँ, माईट	भिंडी, बैंगन, टमाटर, मिर्च
5.	क्लोथिआनिडिन (50 डब्लू0डी0जी0)	डेन्टाप	60–75 ग्रा0 / हे0	सफेद मक्खी, जैसिड, थ्रीप्स, माहूँ	भिंडी, बैंगन, टमाटर, मिर्च, प्याज
6.	डाइफेनथ्यूरान (50 डब्लू0पी0)	पेगासस	200 ग्रा0 / हे0	सफेद मक्खी, थ्रीप्स, जैसिड	भिंडी, टमाटर, मिर्च
7.	डाइमेथोएट (30 ई0सी0)	श्रोगर, रोगोरीन, रोगोहीट	800–1000 मि0ली0 / हे0	माहूँ, सफेद मक्खी	बैंगन, भिंडी, टमाटर
8.	क्लोरफेनापीर (10 एस0सी0)	डीनापीर, ऐन्ट्राप्रीड	200 मि0ली0 / हे0	मकड़ी, सफेद मक्खी	बैंगन, टमाटर, भिंडी

क्रमशः...

9.	डाइकोफाल (18.5 ई0सी0)	केलथेन	500–600 मि0ली0/हे0	लाल माईट, पीली माईट	बैंगन, मिर्च, भिंडी
10.	प्रोपारगाईट (57 ई0सी0)	ओमाइट, सिम्बा	500–600 मि0ली0/हे0	माईट	बैंगन, मिर्च, भिंडी
11.	अवमेक्टीन (1.9 ई0सी0)	भेरटीमेंक	100–125 मि0ली0/हे0	माईट	बैंगन, मिर्च, भिंडी
12.	फेनपाइरोक्सीमेट (5 एस0सी0)	सेडना	400–500 मि0ली0/हे0	सफेद मक्खी, माईट, थ्रीप्स, जैसिड, माहूँ	बैंगन, मिर्च, भिंडी, टमाटर
13.	स्पाइरोमेसीफेन (22.9 एस0पी0)	ओवेरॉन	300–400 मि0ली0/हे0	सफेद मक्खी, माईट	बैंगन, टमाटर , मिर्च
14.	थायक्लोप्रिड (240 एस0सी0)	ऐलान्टो	200–250 मि0ली0/हे0	सफेद मक्खी, लाही, थ्रीप्स, जैसिड	बैंगन, टमाटर, मिर्च

काटने व कुतरने वाले कीटों के नियंत्रण हेतु कीटनाशकों का नाम एवं प्रयोग

क्र. सं.	रसायनिक नाम	व्यापारिक नाम	मात्रा	नियंत्रित होने वाले कीटों के नाम	फसल
1.	फेनथोएट (50 ई0सी0)	धानुसान	400–500 मि0ली0/हे0	फल एवं तना बेधक	भिंडी, बैंगन
2.	फिप्रोनिल (0.3 जी0आर0)	रीजेन्ट	25 कि0ग्रा0/हे0	दीमक, जड़ बेधक, सफेद गिडार	सभी सब्जियां
3.	कारटाप हाइड्रोक्लोराइड (4 जी)	इक्का, शार्प, कारटाप	10 कि0ग्रा0/हे0	दीमक, जड़ बेधक, सफेद गिडार	सभी सब्जियां
4.	कारटाप हाइड्रोक्लोराइड (50 एस0पी0)	सेनवेक्स कारटेक्स	500 ग्रा0/हे0	दीमक, जड़ बेधक, सफेद गिडार	सभी सब्जियां

क्रमशः...

5.	कार्बोफ्युरान (3 जी)	फ्यूराडान, फ्यूरी	32 कि0ग्रा0 / हे0	सूत्रकृमि	बैंगन
6.	ट्राइजोफॉस (40 ई0सी0)	ट्राइफॉस, टारजन, ब्लेकबेल्ट	400 मि0ली0 / हे0	फल एवं तना बेधक	बैंगन, भिंडी
7.	क्यूनॉलफॉस (25 ई0सी0)	धानुलक्स, इकालक्स	400—500 मि0ली0 / हे0	फल बेधक	बैंगन, टमाटर, भिंडी
8.	प्रोफेनोफॉस (50 ई0सी0)	प्रबल, प्रोफेक्स	400 मि0ली0 / हे0	पत्तियां कुतरने वाले एवं फल बेधक कीट	बैंगन, टमाटर, भिंडी
9.	कार्बोसल्फान (25 ई0सी0)	मार्शल, आतंक	400 मि0ली0 / हे0	पत्तियां कुतरने वाले एवं फल बेधक कीट	सभी सब्जियां
10.	क्लोरपाईरिफॉस (20 ई0सी0)	ट्रायसेल, डर्सवान, धानवान	400—500 मि0ली0 / हे0	पत्तियां कुतरने वाले एवं फल बेधक कीट	सभी सब्जियां
			1.5—2.0 ली0 / हे0	दीमक एवं सफेद गिडार (मिट्टी में प्रयोग हेतु)	सभी सब्जियां
11.	क्लोरपाईरिफासः साइपरमेथ्रिन (50:5)	केनन, लारा 909, सूपर	300—400 मि0ली0 / हे0	दीमक, बेधक कीट पत्ती काटने वाले एवं बेधक कीट	सभी सब्जियां
12.	प्रोफेनोफॉस 40: साइपरमेथ्रिन 4 ई0सी0	राकेट, प्रोफेनसुर	300—400 मि0ली0 / हे0	पत्ती खाने वाले एवं बेधक कीट	सभी सब्जियां
13.	लेम्डासाएहेलोथ्रिन (5 ई0सी0)	कराटे, रीवा, देवा	300—400 मि0ली0 / हे0	सभी प्रकार के कीट	सभी सब्जियां
14.	एल्फामेथ्रिन (10 ई0सी0)	फरसा, एल्फा, धारा	200—300 मि0ली0 / हे0	सभी प्रकार के कीट	सभी सब्जियां
15.	डेल्टामेथ्रिन (10 ई0सी0)	डेसिस	200—250 मि0ली0 / हे0	जैसिड, माहूँ, सफेद मक्खी	बैंगन, भिंडी, टमाटर, मिर्च

क्रमशः...

16	थायोडीकार्व (75 डब्लू0पी0)	लर्भीन	400–500 ग्रा0 / हे0	फल एवं तना बेधक	भिंडी, बैंगन
17.	स्पाइनोसेड (45 एस0सी0)	कनर्जव, स्पाइनोटर	125–150 मि0ली0 / हे0	तना एवं फल बेधक	भिंडी, बैंगन, टमाटर, मिर्च
18.	फिप्रोनिल (5 एस0सी0)	रीजेन्ट	800–1000 मि0ली0 / हे0	फल बेधक	टमाटर, बैंगन, भिंडी,
19.	थायक्लोप्रिड (240 एस0सी0)	एलोन्टो	100–125 मि0ली0 / हे0	सफेद मक्खी, माहूँ, थ्रीप्स	टमाटर, बैंगन, मिर्च, भिंडी
20.	लूफेनुरॉन (5.4 ई0सी0)	सिगना	400–500 मि0ली0 / हे0	फल बेधक	बैंगन, टमाटर, भिंडी
21.	नोभालूरॉन (10 ई0सी0)	रिमोन	400–500 मि0ली0 / हे0	डी0वी0एम0 (हीरक पृष्ट शलभ)	फूलगोभी एवं बन्दागोभी
22.	क्लोरफेनापीर (10 एस0सी0)	लेपिडो	500–600 मि0ग्रा0 / हे0	डी0वी0एम0, तम्बाकू की इल्ली, माईट, थ्रीप्स	सभी सब्जियां
23.	इन्डोक्साकार्व (14.5 एस0सी0)	दक्ष	600–750 मि0ली0 / हे0	फल बेधक	टमाटर, भिंडी, बैंगन
24.	बेनफ्यूराकार्व (40 ई0सी0)	ओनकोल	800–1000 मि0ली0 / हे0	पत्ती चूसक कीट फल बेधक	सभी सब्जियां
25.	क्लोरएन्ट्रानिलिप्रोल (18.5 एस0सी0)	कोराजन	150 मि0ली0 / हे0	फल बेधक	टमाटर, बैंगन, भिंडी
26.	नैनो	नैनों	600–800 मि0ली0 / हे0	चूसने वाले, काटने व कुतरने वाले कीट	सभी सब्जियां

क्रमश:...

27.	इमामेक्टीन बेनजोएट (5 एस0जी0)	प्रोक्लेम, एक्सप्लोड	100–125 ग्रा0 / हे0	काटने व कुतरने वाले कीट	सभी सब्जियां
28.	फेनभोलेरेट (20 ई0सी0)	टाटाफेन	400–500 मि0ली0 / हे0	फल बेधक एवं तना बेधक	टमाटर, बैंगन, भिंडी, लोबियाँ
29.	सयपरमेथ्रिन (10 ई0सी0)	विलसिप, सुपरकीलर	400–500 मि0ली0 / हे0	फल बेधक एवं तना बेधक	बैंगन, भिंडी, लोबिया
30.	डायक्लोरभास (76 ई0सी0)	ब्लूम	400–500 मि0ली0 / हे0	काटने व कुतरने वाले कीट	सभी सब्जियां
31.	फेनीट्रोथियोन (50 ई0सी0)	फालिथियॉन	600–750 मि0ली0 / हे0	तना एवं फल बेधक	बैंगन, भिंडी, टमाटर

अध्याय 4

कद्दूवर्गीय सब्जियों में फल मक्खी का प्रबंधन

फल मक्खियाँ सब्जियों के फलों को नष्ट करती है। मादा मक्खी सीधे सब्जी के फलों में अंडे देती है। जिस स्थान पर मक्खी अंडे देती है, उस स्थान पर छिद्र बन जाता है। इन छिद्रों से लसलसा पदार्थ निकलकर छिद्र के बाहर जम जाता है। अंडे से सूंडियां (मैंगेट) निकलकर सब्जी के गूदे को खाकर वृद्धि करते हैं। आक्रांत फलें पूर्ण रूप से सड़कर, जमीन पर गिर जाते हैं तथा खाने योग्य नहीं रहते हैं। ये मक्ख्यिाँ सब्जियों को नष्ट ही नहीं करती, साथ ही उनकी पैदावार भी कम कर देती है। इन मक्खियों की कुछ जातियाँ फूलों एवं बीजों में भी अंडे देकर उनको नष्ट कर देती है। सामान्य तौर पर ये मक्खियाँ मार्च से नवम्बर माह तक अधिक सक्रिय रहती है। इन मक्खियों की कुछ जातियाँ एक से अधिक प्रकार के सब्जियाँ पर आक्रमण करती है।

फल मक्खी का रंग लाल–भूरा होता है। वयस्क मक्खी लगभग 7 मि0ली0 लम्बी होती है। इसके सिर पर काले तथा सफेद धब्बे पाये जाते हैं। वक्ष पर हरापन लिए हुए पीले रंग की लंबाकार मुड़ी हुई धारियां होती है। मादा का उदर शंक्वाकार और नर का गोलाकार होता है। मक्खी के पंख पारदर्शी होते हैं। पिछले पंख हाल्टिर में बदल जाते हैं।

अंडे देने से पूर्व मादा मक्खी सब्जियों के फलों को भलीभांति निरीक्षण करती है। उसके बाद मक्खी अपने जननांग को फल के अंदर प्रवेश कराकर अंडे देती है। अपने जननांग से फल के अंदर मक्खी एक छोटा सा गड्ढा बनाकर उसमें 5–12 अंडे देती है। अंडे से लगभग 24 घंटे के बाद सूंडियां निकलते हैं। सूंडियां फल के गूदे को खाकर पूरी तरह उसे नष्ट कर देती हैं। अंत में ये आक्रांत फल सड़कर जमीन पर गिर जाते हैं। सूंडियां जमीन के अंदर प्रवेश कर प्यूपा में परिवर्तित हो जाती हैं।

तरबूज की मक्खी

फल मक्खियाँ अधिकतर लत्तरवर्गीय सब्जियों को आक्रांत करती है। मादा मक्खियाँ फलों के पूर्णरूपेण होने से पूर्व ही उनमें अंडे देती है। कभी–कभी ये फूलों में भी अंडे देती है। एक फल में कई मक्खियाँ एक साथ अंडे देती है। इन अंडों से एक साथ बहुत से सूंडियां निकलकर फलों में गलियाँ बनाकर उनके गूदे को खाती है। ये मक्खियाँ वर्ष भर क्रियाशील रहती है। इनके द्वारा नष्ट की जाने वाली फसलों में करेला, लौकी, तरबूज, परवल, खीरा, ककड़ी, घिउरा, खरबूजा, टमाटर आदि प्रमुख हैं।

प्रबन्धन के उपाय

फल मक्खियाँ के सफलतापूर्वक प्रबन्धन हेतु इनके जीवन की सभी अवस्थाओं को नष्ट करना आवश्यक है। इनके अंडे तथा सूंडियां फलों के अंदर तथा प्यूपा जमीन में पाये जाते हैं। वयस्क मक्खियाँ अत्यधिक क्रियाशील होती है तथा कीटनाशक रसायनों का प्रयोग करने पर उड़ जाती है। अतः इनके नियंत्रण हेतु निम्न उपाय करना चाहिए।

- खेतों की सफाई कर इनकी संख्या में कमी लायी जा सकती है। खरपतवार एवं अनावश्यक पौधों में ये मक्खियाँ आश्रय लेती हैं। अतः इनको नष्ट कर देना चाहिए।
- आक्रांत सब्जियों को तोड़कर नष्ट कर देना चाहिए। इनमें मक्खियों के अंडे एवं सूंडियां पाये जाते हैं। इनको एकत्र करके जमीन में 2 फीट से अधिक गहराई में दबा देना चाहिए।
- खेतों में कुछ सब्जियों के फल पौधों पर रह जाते हैं। ये मक्खियों की संख्या में वृद्धि हेतु अत्याधिक सहायक होते हैं। अतः कोई भी फल को पेड़ों पर नहीं छोड़ना चाहिए।

- गर्मियों में खेत की गहरी जुताई करना चाहिए।
- इनके प्यूपा जमीन में पाये जाते हैं। बुआई से पूर्व खेत में हल चलाने से प्यूपा बाहर आ जाते हैं जो पक्षियों द्वारा नष्ट कर दिये जाते हैं। अतः बुआई के समय खेत की गहरी जुताई करना चाहिए।
- सर्दियों में प्रातः काल तापक्रम कम होने के कारण फल मक्खियाँ झाड़ियों में या पत्तियों के नीचे काफी अधिक संख्या में एकत्र हो जाती है। इन मक्खियों को एकत्रकर आसानी से नष्ट किया जा सकता है।
- फल मक्खी के रासायनिक नियंत्रण हेतु लगभग 500 ग्राम गुड़ या छोआ, 50 लीटर पानी में घोलकर, इसमें 50 मि0ली0 डायक्लोरभास (76 ई0सी0) मिला दें। सात दिन के अंतराल पर दो से तीन छिड़काव कुछ चुने हुए पौधों पर करना चाहिए जिससे इनके व्यस्क मक्खी आकर्षित होकर आते हैं एवं मर जाते हैं।
- फेनथियान (50 ई0सी0) 1.5 मि0ली0 प्रति लीटर पानी की दर से घोल कर छिड़काव फायदेमंद है, लेकिन रासायनिक दवा का छिड़काव फल तोड़कर ही करना चाहिए।

अध्याय 5

सब्जियों के कीट प्रबन्धन में जैविक नियंत्रण

सब्जी में हरी फलियों एवं फलों की कम अन्तराल पर तुड़ाई की जाती है जिससे कि सब्जियों में कीटनाशक रसायनों के अवशेष रहने की संभावना बढ़ जाती है। बहुत से कीटनाशक रसायनों के समूह को दीर्घकालिक अवशेष के रूप में भी चिन्हित किया गया है। जैविक नियंत्रण में जरूरत इस बात की है कि परभक्षी/परजीवी कीटों को कीट नियंत्रण के माध्यम के रूप में प्रयोग किया जाय। जैसे कि ट्राइकोग्रामा (अण्डा परजीवी), क्राइसोपरला कारनिया, ब्रेकन और कोटिशिया प्लूटेली को खेत में छोड़कर या उनका बचाव एवं संरक्षरण करके जैविक नियंत्रण में अच्छे एवं प्रभावी परिणाम प्राप्त किये जा सकते हैं।

कीट प्रबन्धन में जैविक नियंत्रण एक सबसे महत्वपूर्ण घटक है। किसी भी परिस्थिति में मित्र कीट एवं अन्य सूक्ष्मजीव मुख्य रूप से नाशक कीट की संख्या को प्राकृतिक रूप से सीमित रखते हैं। जैविक नियंत्रण में इन्हीं कारकों का प्रभावी ढँग से प्रयोग किया जाता है एवं मित्र कीटों को सुरक्षित रखने का प्रयास किया जाता है।

जैविक नियंत्रण से लाभ

→ जैविक नियंत्रण एक तकनीक है जिसका कुप्रभाव नहीं होता है।

→ जैविक घटक सामान्यतया परभक्षी विशेष एवं वातावरण के अनुकूल होते हैं।

→ रासयनिक दवाओं के विकास के परिपेक्ष्य में जैविक नियंत्रण सस्ते पड़ते हैं।

→ जैविक घटक स्वयं में फैलने व स्थायित्व प्रदान करने वाले होते हैं। जैविक घटाकों को जब खेत में छोड़ा जाता है तो ये लम्बे समय तक खेत में रहते हैं और अपने लक्ष्य तक पहुँच जाते है, जबकि रसायनों में ऐसा नहीं होता है।

→ जैविक घटकों का कीट में कोई प्रतिरोधक क्षमता विकसित नहीं होती है।

जैविक नियंत्रण की कमजोरियाँ

→ यह एक धीमी गति का नियंत्रण है जिसमें जैविक घटकों की संख्या बढ़ने में समय लगता है जो हानिकारक कीटों पर जल्दी प्रभाव नहीं कर पाता है।

→ खेत में जैविक घटकों को छोड़ने के बाद दुसरे कीट के नियंत्रण के लिए रसायनों का प्रयोग नहीं कर सकते हैं।

→ जैविक नियंत्रण द्वारा किसी कीट को पूर्ण रूप से नियंत्रित नहीं किया जा सकता है।

→ कभी–कभी जैविक घटकों द्वारा कीट नियंत्रण नहीं हो पाता है, क्योंकि ये मौसम व पोषक पर निर्भर होते हैं, कई बार जैविक नियंत्रण की सफलता मिलती है, तो कभी नहीं मिलती है।

जैविक नियंत्रण का सिद्यान्त

→ प्राकृतिक शत्रुओं का संरक्षण।

→ प्राकृतिक शत्रुओं को नये वातावनण में ढालना।

→ जैविक नियंत्रण को बढ़ाना।

जैविक नियंत्रण में घटकों के प्रकार

परभक्षी : वह कीट जो अपने जीवन–चक्र को पूरा करने में कई कीटों का भक्षण करते हैं। जैसे लेडी वर्ड वीटिल द्वारा माहूँ व मिली बग नाशक कीटों का नियंत्रण। क्रायसोपरला परभक्षी द्वारा माहूँ व अन्य मुलायम शरीर वाले कीट एवं केराविड व व्टेफिलीनिड भृंग द्वारा कई प्रकार के नाशक कीटों का नियंत्रण।

सब्जियों के कीट नियंत्रण में ट्राइकोग्रामा प्रजाति का प्रयोग

फसल	कीट	ट्राइकोग्रामा प्रजाति	संख्या (000/हे0)	छोड़ने का अन्तराल (दिन)	छोड़ने की संख्या	बुआई/रोपाई के बाद
टमाटर	फल बेधक	ट्रा0 ब्रासिलियेन्स	50 अंडे	7	6	25
पत्तागोभी	चना की सूंडी	ट्रा0 किलोनिस	50 वयस्क	7	3–4	20
पत्तागोभी/फूलगोभी	हीरक पृष्ठ शलभ (डी0बी0एम0)	ट्रा0 किलोनिस	50 अंडे	7	6	30
भिंडी	फल बेधक	ट्रा0 ब्रासिलियेन्स	50 अंडे	7	6	45
बैंगन	फल बेधक	ट्रा0 किलोनिस	50 अंडे	7	6	40

नोट– ट्राइकोग्रामा को प्रातः या संध्या के समय खेत में छोड़ना चाहिए। अधिक गर्म, ढंड, तेज हवा अथवा वर्षा के समय प्रयोग नहीं करना चाहिए। जब पौधों पर कीटों के अंडे मजूद हो तभी ट्राइकोग्रामा का व्यस्क खेत में छोड़ना चाहिए। ट्राइकोग्राम प्रयोग के बाद कीटनाशक का छिड़काव नहीं करना चाहिए।

परजीवी : वह कीट जो अपने जीवन–चक्र एक कीट पर पूरा करते हैं। सामान्य तौर परजीवी कीट अपने पोषक से आकार में छोटे होते हैं। यह जैविक नियंत्रण में काफी लाभदायक हैं, क्योंकि यह अपने पोषक को खोजने की क्षमता रखते हैं। जैसे ट्राइकोग्रामा जो बेधक कीट के अण्डे में खाकर नुकसान पहुँचाते हैं तथा एपेन्टेलिस जाति के जैविक कीट हानिकारक सूंडियों को खाकर नष्ट करते हैं।

सब्जियों के कीट नियंत्रण में जैव नियंत्रकों का प्रयोग

फसल	कीट	जैवनियंत्रक (परजीवी / परभक्षी)	संख्या व्यस्क / हे0	प्रयोग की तीव्रता
टमाटर / फूलगोभी	तम्बाकू की सूंडी	टेलेनोमस रेमस (परजीवी)	40,000	प्रति सप्ताह, तीन बार
आलू, टमाटर, मिर्च एवं गोभीवर्गीय सब्जियां	महूँ, जैसिड, सफेद मक्खी	क्रायोसोपरला करनियां (परभक्षी)	50,000	15 दिन के अन्तराल पर दो बार
पत्तागोभी	हीरक पृष्ठ शलभ (डी0बी0एम0)	कोटेसिया प्लूटेल्लि (परजीवी)	15,000	प्रति सप्ताह, तीन बार
पत्तागोभी	बेधक कीट, पर्णजालक कीट	ब्राकोन हेवेटर (परजीवी)	15,000	प्रति सप्ताह, दो बार
बैंगन / भिंडी	महूँ, सफेद मक्खी	लेडीवर्ड बीटिल (परभक्षी)	40,000–50,000	15 दिन के अन्तराल पर दो बार
बैंगन / भिंडी	माईट	फाइटोसेइयूलस परसिमिलस (परभक्षी)	10 व्यस्क / पौधा	15 दिन के अन्तराल पर दो बार

सूक्ष्मजीव कीटनाशक : इसके अन्तर्गत जीवाणु, फफूंद और विषाणु का प्रयोग करके नाशक कीटों में रोग उत्पन्न कर दिया जाता है। यह रोग हानिकारक कीटों में महामारी की तरह फैलता है और कीड़े मर जाते हैं। आज कल बाजार में विभिन्न नामों से इनका उत्पाद उपलब्ध है जो हानिकारक कीटों की रासायनिक कीटनाशकों की तरह मार सकते हैं। उनके अन्दर बीमारी उत्पन्न करने की क्षमता होती है जैसे बी0टी0, ब्यूवेरिया बेसियाना, एन0पी0वी0। इन सूक्ष्मजीव कीटनाशकों का प्रयोग विभिन्न सब्जियों में निम्न उल्लेखित है।

विभिन्न सब्जियों के कीट नियंत्रण के लिए सूक्ष्मजीव कीटनाशकों का प्रयोग

फसल	सूक्ष्मजीव कीटनाशक	व्यापारिक नाम	मात्रा	नियंत्रित होने वाले कीट
जीवाणु (बैक्टेरिया)				
फूलगोभी / बंदगोभी	बैसिलस थुरिन्जएन्सिस (बी0टी0)	यूरिसाइड	500 ग्रा0 / हे0	हीरक पृष्ठ शलभ बटर प्लाई, माहूँ, गोभी बेधक
टमाटर	—वही—	डिपेल	1 कि0ग्रा0 / हे0	फल बेधक
भिंडी	—वही—	डेलफिन डब्लू0जी0	500 ग्रा0 / हे0	फल बेधक
मिर्च	—वही—	स्पीकटुरीन	500 ग्रा0 / हे0	तम्बाकू की सूंडी
फफूंद (कवक)				
टमाटर / भिंडी / बैंगन / गोभी	ब्यूवेरिया बेसियाना या मेटारायजिम एनीसोप्ली	बोवेरिन बायोमेक्स	1 कि0ग्रा0 / हे0	फल बेधक, हीरक पृष्ठ शलभ एवं तना एवं फल बेधक
भिंडी / बैंगन	हिरसुटेल्ला थोम्पसोनी	माइकर	1 कि0ग्रा0 / हे0	अस्टपदी माईट (लाल मकड़ी)
बैंगन / भिंडी / टमाटर	भरटिसिलियम लेकनाई	भर्टीलेक	1 कि0ग्रा0 / हे0	सफेद मक्खी, माहूँ, जैसिड
सभी सब्जियां	पेसीलोमाइसीज लीलासीनास	यारकर	1 कि0ग्रा0 / हे0	नीमाटोड की विभिन्न प्रजातियां

क्रमशः...

विषाणु (वायरस)				
टमाटर	एच0एन0पी0वी0	ईलकर	250 एल ई0 / हे0 या 500 ग्रा0 / हे0	फल बेधक
फूलगोभी / टमाटर	एच0एन0पी0वी0	वायरस	500 ग्रा0 / हे0	तम्बाकू की सूंडी एवं फल बेधक
सूत्रकृमि (नेमाटोड)				
सभी सब्जियां	स्टरनीमा ग्लेसरी	–	2.5 कि0ग्रा0 / हे0 (भूमि में प्रयोग)	भूमिगत सभी कीट (सफेद गिडार, दीमक)

नोट – सूक्ष्मजीव कीटनाशकों का छिड़काव संध्या के समय करना चाहिए। गर्म, वर्षा अथवा तेज हवा में छिड़काव नहीं करना चाहिए।

जैविक नियंत्रण कार्यक्रम की प्रारंभिक सफलता प्राकृतिक शत्रुओं / मित्र कीटों की पहचान, संरक्षण और उनकी संख्या के बर्द्धन पर निर्भर करता है जो प्रायः कृषि पारिस्थितिक तंत्र (Agro-ecosystem) में कीटों की संख्या के साथ इर्द–गीर्द पायी जाती है। प्राकृतिक शत्रुओं के द्वारा हानिकारक कीटों को बहुत नियंत्रित किया जाता है और उनकी संख्या को भी अधिक समय तक सीमित रखा जाता है, जहाँ न तो नाशक कीट और न ही प्राकृतिक शत्रुओं की संख्या एक निर्धारित स्तर से उपर तक न पहुँचा हो। बहुत अधिक ग्रहनशील किस्मों का प्रवेश या प्राकृतिक शत्रुओं के संतुलन की अव्यवस्थित रूप से मृत्यु होने पर जब भोजन विशेष प्राकृतिक संतुलन विगड़ जाता है तो नाशक कीटों की संख्या में वृद्धि हो जाती है। इस तरह के विघन कृषि पारिस्थितिक तंत्र में नाशक कीटों के नियंत्रण के लिए विशेष जैव अभिकर्त्ता (Bio-agent) और चयनित रासायनिक कीटनाशकों का विवेकपूर्ण उपयोग करना चाहिए। जैविक नियंत्रण अपेक्षाकृत अधिक स्थायी, सुरक्षित और आर्थिक रूप से कर्म खर्च में प्रयोग करने वाला विधि है। इन दिनों एक हजार से अधिक जैव अभिकर्ता (Bio-agent) मौजूद है फिर भी कृषक समुदाय के द्वारा बहुत सीमित मात्रा में व्यवहारिक रूप से प्रयोग किया जाता है। परन्तु भविष्य में जैविक नियंत्रण के प्रयोग की प्रबल सम्भावना है।

अध्याय 6

सब्जियों के कीट प्रबन्धन में वानस्पतिक कीटनाशकों का उपयोग

सब्जी उत्पादन के क्षेत्र में उन्नत किस्मों के प्रमाणित बीजों तथा आधुनिक तकनीकों के साथ–साथ रासायनिक कीटनाशकों की अह्म भूमिका है। सब्जियों में लगभग 30 प्रतिशत नुकसान कीट–व्याधियों से होता है। इनके नियंत्रण हेतु देश में उपयोग होने वाले सम्पूर्ण कीट–व्याधि–नाशक रसायनों का लगभग 20 प्रतिशत हिस्सा सब्जियों में उपयोग हो रहा है। इन हानिकारक रसायनों के अधिक प्रयोग के कारण इनके अवशेष सब्जियों में विद्यमान हो जाते हैं। इनके अणु आकार में अति सूक्ष्म होते हैं और जब ये मानव शरीर में प्रवेश करते हैं तो शरीर के रोगों से लड़ने वाले तंत्र इनकी पहचान नहीं कर पाते है, जिसके कारण ये मानव स्वस्थ्य पर बहुत से तात्कालिक और दुरगामी प्रभाव भी डाल रहे हैं। साथ ही इन रासयानिक कीटनाशकों का प्रभाव पर्यावरण (भूमिगत जल श्रोतो, मिट्टी आदि) पर भी देखा जा रहा है। उदाहरणस्वरूप किसी ग्रेणुलर (कणीय) कीटनाशकों का प्रयोग मिट्टी जनित कीटों के नियंत्रण के लिए सीधे मिट्टियों में किया जाता है तो ये कीटनाशक, कीड़ों के साथ–साथ मिट्टी में उपस्थित असंख्य लाभदायक सूक्ष्म जीवाणुओं (राइजोवीयम, टाइकोडर्मा, माइकोराइजा इत्यादि) पर भी अपना दुष्प्रभाव डालते हैं, जिससे मिट्टी में इन जीवाणुओं द्वारा होने वाली आवश्यक रासायनिक क्रियाऐं शिथिल पड़ जाती है। जैसे– वायुमण्डलीय नाइट्रोजन का भूमि

में स्थिरीकरण पर प्रभाव, मिट्टी में अघुलनशील फास्फेट का घुलनशील अवस्था में परिर्वतित करना, कार्बनिक पदार्थों का विघटन तथा भूमि के अन्य सूक्ष्म जीवों की गतिविधियों पर इसका प्रभाव पड़ता है। परिणामतः मिट्टी की उवर्रा शक्ति पर बुरा प्रभाव पड़ता है।

इन रसायनों के उपयोग से भू–गर्भीय जल भी प्रदूषित होने लगा है, क्योंकि इनके अवशेष सिंचाई तथा वर्षा जल के साथ निक्षालित होकर भूमिगत जल श्रोतों में पहूँच जाते हैं। उदाहरणार्थ पश्चिम बंगाल के मालदा क्षेत्र में, जो आम के बगान के रूप में जाना जाता है, रसायनों के अधिक प्रयोग के कारण वहाँ का भूमिगत जल प्रदूषित हो गया है, जिससे पीने के शुद्व पानी को लेकर समस्या उत्पन्न हे गई है। 'चूनीडो' की एक रिपोर्ट के अनुसार आन्ध्र प्रदेश के गुण्टूर जिले के किसानों के खून में रासायनिक कीटनाशकों की मात्रा अधिक पायी गयी है।

रासायनिक कीटनाशकों के अधिक तथा लगातार प्रयोग से आज अधिकांशतः कीटों में निषेध क्षमता का विकास हो जाने के कारण इन रसायनों का इन पर कोई प्रभाव नहीं पडता है। इन रसायानों का विघटन आसानी से न हो पाने के कारण इनके अवशेष लम्बे समय तक पौधों के साथ–साथ मिट्टी में उपस्थित रहते हैं और वातावरण तथा मानव स्वास्थ्य पर इनका प्रतिकूल प्रभाव पड़ता है। ये परागण कर्ता कीटों खासकर मधुमक्खियों तथा अन्य लाभदायक जीवों को भी हानि पहुँचा रहे हैं। इन उपरोक्त समस्याओं को ध्यान में रखते हुए आज विश्व वैज्ञानिक समुदाय द्वारा समन्वित कीट प्रबन्धन पर जोर दिया जा रहा है, जिसमें वानस्पतिक (पौध जनित) कीटनाशक भी एक महत्वपूर्ण घटक है। इसके अन्तर्गत विभिन्न कीटनाशक गुणों वाले पौधों के आवश्यक भाग जैसे जड़, तना, पत्ती व बीज आदि से सक्रिय तत्व निकालकर इनका प्रयोग कीट नियंत्रण में किया जा रहा है। इस कार्य में आजकल वैज्ञानिकों द्वारा अधिकांशतः नीम आधारित कीटनाशकों के प्रयोग की संस्तुति की जा रही है जो पर्यावरण एवं मानव स्वस्थ्य के परिप्रेक्ष्य में सराहनीय कदम है।

समय की मांग को ध्यान में रखते हुए चीन सरकार ने वर्ष 2001 में नीम के लगभग 14 लाख पौधों का रोपण कर अगले दो दशकों में नीम के कीटनाशक उत्पादकों के रूप में उभरने के लिए पहला ऐतिहासिक कदम रखा है। इससे यह परिलक्षित होता है कि अब विश्व समुदाय इन घातक रसायनों से मुक्ति चाहता है।

परीक्षण के तहत् निम्न उल्लेखित कुछ स्थानीय पौधों के उपयोगी भाग को इकट्ठा कर, सुखाकर एवं महीन पाउडर/हरी अवस्था से निष्कर्षण प्राप्त कर इनका प्रभाव प्रयोगशाला में पत्तागोभी की तीतली (पाईरिस ब्रासिकी) की द्वतीय

अवस्था की सूंडियों पर देखा गया है, जिनमें कुछ पौधें इनके विरूद्ध प्रभावी पाये गये।

अतः रासायनिक कीटनाशकों के घातक दुष्परिणामों से बचने के लिए हमें हमेशा सावधानी बरतनी होगी। इसप्रकार किसानों द्वारा इन स्थानीय पौधों का उपयोग कर आर्थिक, शारीरिक, पर्यावरणीय आदि क्षति को एक सीमा तक बचाया जा सकता है।

कीटनाशक प्रभाव वाले पौधे एवं उनका उपयोगी भाग

क्र0 सं0	पौधों के नाम	उपयोगी भाग
1.	बच	प्रकंद
2.	पोदीना	पत्तियां
3.	जंगली गैंदा	पत्तियां
4.	बिच्छु घास	पत्तियां
5.	नीम	पत्तियां एवं बीज
6.	बकायन	पत्तियां एवं बीज
7.	राम बांस	पत्तियां
8.	पाइरेथम	अधखिले फूल
9.	हेराकुलम	बीज
10.	नागदौना	पत्तियां
11.	समेव	जड़

अध्याय 7

सब्जियों में रोग नियंत्रण

खद्यान्न फसलों की अपेक्षा सब्जियों में बीमारियों का संक्रमण अधिक होता है जो इसके उत्पादन के लिए एक जटिल एवं गम्भीर समस्या है। नर्सरी से लेकर मुख्य फसल उत्पादन, भण्डारण एवं विपणन तक सभी जगह इसके रोगाणु सब्जी उत्पादन में मुख्य वाधक है। विश्व में कुल सब्जी उत्पादन का लगभग 10.5 प्रतिशत क्षति प्रति वर्ष बीमारियों से होती है। सब्जियों में मुख्य बीमारियां के लक्षण तथा उनके नियंत्रण के उपाय निम्नलिखित है।

सब्जियों के प्रमुख रोग

फसल	प्रमुख बीमारियां
1. टमाटर (Tomato)	अगात झूलसा (Early blight)
	पिछात झूलसा (Late blight)
	पद गलन (Foot rot)
	तना/धड़ गलन (Stem rot)
	जीवाणु उकठा (Bacterial wilt)
	मोजैक (Mosaic)
	बंगुरापन/गुरचा/पर्ण कुंचन (Leaf curl)

2. बैगन (Brinjal)	आर्द्र गलन/पद गलन (Foot rot)
	पत्र लांक्षण (Leaf spot)
	फोमोप्सिस अंगमारी एवं फल सड़न (Phomopsis blight and fruit rot)
	जीवाणु उकठा/सुखा रोग (Bacterial wilt)
	लघु पत्रक रोग (Little leaf)
	तना विगलन (Stem rot)
	मोजैक (Mosaic))
	मूलग्रंन्थि/जड़ गांठ रोग (Root knot nematode)
3. भिण्डी (Okra)	पर्ण चित्ती/पत्र लाक्षण (Leaf spot)
	चूर्णिल आसित (Powdery mildew)
	जड़ विगलन (Root rot)
	फल सड़न (Fruit rot)
	श्यामवरण (Anthracnose)
	पीत सिरा मोजैक (Yellow vain mosaic)
4. मिर्च (Chillies)	शीर्षमरण या फल सड़न (Die back)
	पत्र लांक्षण एवं आर्द्र गलन (Leaf spot)
	पर्ण कुंचन/बंगुरापन (Leaf curl)
	चूर्णिल आसित (Powdery mildew)
	जीवाणु पर्ण चित्ती (Bacterial leaf spot)
	अगेती झुलसा (Early blight)
	आर्द्र पतन (Damping off)
	पका विगलन (Ripe rot)
5. प्याज (Onion) एवं लहसून (Garlic)	बैंगनी धब्बा (Purple bloch)
	पर्ण झुलसा (Leaf blight)
	मृदुरोमिल आसिता (Downy mildew)
	झुलसा (Blight)
	कंड (Smut)
	सफेद गलन (White rot)

6. गोभी वर्गीय सब्जिया (Crucifers vegetables)	काला सड़न (Black rot)
	सफेद गलन/फूल विगलन (White rot/curd rot)
	आर्द्र पतन/आर्द्र गलन (Damping off)
	अल्टरनेरिया पर्ण दाग/पत्र लांछन (Leaf spot)
	मृदुरोमिल आसिता (Downy mildew)
	तना गलन (Stem rot)
7. कद्दूवर्गीय सब्जियां (Cucurbit vegetables)	चूर्णिल आसिता (Powdery mildew)
	मृदुरोमिल आसिता (Downy mildew)
	फल विगलन (Fruit rot)
	(अ) सुखा गलन (Dry rot)
	(ब) मृदु गलन (Soft rot)
	रूक्ष रोग/श्यामवरण रोग (Anthracnose)
	उकठा एवं जड़ विगलन (Wilt and root rot)
	मोजैक (Mosaic)
8. मटर (Pea)	चूर्णिल आसिता (Powdery mildew)
	उकठा एवं जड़ विगलन (Wilt and root rot)
	रतुआ (Rust)
	जीवाणु झुलसा (Bacterial blight)
	असकोचाइटा झुलसा एवं फली सड़न (Ascochyta blight and pod rot)
9. लोबिया (Cowpea)	पर्ण धब्बा (Leaf spot)
	मोजैक (Mosic)
10. आलू (Potato)	अगेती झूलसा (Early blight)
	पिछेती झूलसा (Late blight)
	काली खुरण्ड (Black scurf)
	पत्ती मोड़क विषाणु (Leaf roll virus)
11. मूली (Radish)	श्वेत हरदा (White rust)
	अल्टरनेरिया झूलसा (Alternaria blight)

12. गाजर (Carrot)	सफेद गलन (White rot)
एवं सूरन (Ol)	पट्टा गलन (Collar rot)
13. पत्तेदार सब्जियां	पर्ण दाग (Leaf spot)
(Leafy vegetables)	सफेद गलन (White rot)
14. चूकन्दर	पत्र लांछन (Leaf spot)
	जड़ सड़न (Root rot)
15. सेम (Bean)	श्यामवरण (Anthracnose)
	राइजोक्टोनिया अंगमारी (Rhizoctonia blight)
	कोणिय पत्ती धब्बा (Angular leaf spot)
	जीवाणु झूलसा (Bacterial blight)

टमाटर (Tomato)

अगात झूलसा (Early blight)

रोगजनक : अल्टरनेरिया सोलेनाई (*Alternaria solani*)

लक्षण : इस रोग में पत्तियों के किनारे के भाग पर अनियमित एवं त्रिकोणीय धब्बे दिखाई देते हैं। इन धब्बों के बाहरी किनारे पीलापन लिए होते हैं जो कि रोगकारक फफूंद के द्वारा विष उत्पन्न होने के कारण होता है। इस झूलसा के लक्षण जमीन के उपर पौधों के सभी भागों पर दिखाई देते हैं। पौधों की क्यारी में अंकूरण पूर्व और पश्चात् आर्द्र गलन भी आता है जिससे तने का एक तरफ का भाग भूरा तार जैसा हो जाता है। रोग सामान्यतः तने के एक तरफ होता है जो फैलकर सिकुड़ जाता है। आर्द्र मौसम में धब्बे बढ़े हुए दिखाई देते हैं। सर्वप्रथम संक्रमण कलियों पर आता है। फल पर लक्षण डंठल से प्रारम्भ होता है। फल पर धब्बे गहरे, भूरे, दबे हुए, अस्पस्ट लगातार घेरे के रूप में दिखाई देता है।

नियंत्रण के उपाय

→ रोग के संक्रमण को प्रभावित रूप से कम करने के लिए सोलेनेसी कुल को छोड़कर अन्य फसलों का फसल–चक्र आवश्यक है।

→ रोगमुक्त फलों से बीज एकत्रित करना चाहिए।

→ बीजोपचार कैप्टान (50 डब्लू0पी0) से 2.5 ग्राम प्रति किलोग्राम बीज की दर से करना चाहिए।

→ नीचे की प्रभावित पत्तियों तथा संम्पूर्ण संक्रमित पौधों को जलाकर खेत साफ रखना चाहिए।

→ रोगकारक और पौधों के संक्रमित भाग को नष्ट करने के लिए गर्मी की जुताई करना चाहिए।

→ रोग के नियंत्रण हेतु क्लोरोथैलोनिल (75 डब्लू0पी0) 2 ग्राम/लीटर पानी की दर से घोल बनाकर आठ दिन के अन्तराल पर फूलों में संक्रमण के बाद छिड़काव शुरू करना चाहिए।

पिछेती झूलसा (Late blight)

रोगजनक : फाइटोफ्थोरा इनफेस्टान्स (*Phytophthora infestans*)

लक्षण : रोग सर्वप्रथम पत्तियों के अग्र भाग से प्रारंम्भ होता है। झुलसी पत्तियों पर प्रायः हल्के भीगें उत्तक दिखते हैं। रोगकारक तेजी से बढ़ते रहते हैं जब तक कि पूरी पत्ती मर नहीं जाती है। झूलसा से प्रभावित कच्चे व पके फलों पर हरे एवं भूरे रन्ध्र गद्देदार उत्तक हो जाते हैं, जिसको काटने पर दुर्गन्ध आती है।

नियंत्रण के उपाय

→ खेत में टमाटर लगाने से पूर्व 2.0 किलोग्राम ट्राइकोडरमा प्रति 60–70 किलोग्राम कम्पोष्ट या सड़ी गोबर में मिलाकर प्रति हेक्टेयर की दर से भूमि में प्रयोग करें।

→ पौधे के संक्रमित भाग और फलों को एकत्रित करके जला देना चाहिए।

→ प्रायः रोगुमुक्त क्षेत्रों से इकट्ठा किए हुए स्वस्थ और प्रमाणित बीजो का प्रयोग करें।

→ झूलसा रोग का संक्रमण कम करने के लिए पौधों को सहारा देकर उपर चढ़ाना अधिक फायदेमंद होता है तथा खेत से जल निकास की समुचित व्यवस्था रहनी चाहिए।

→ ठंडे, बदली और धुंध मौसम में बचाव के रूप में मैकोजेव 75 डब्लू0पी0 या प्रोपिनेव 70 डब्लू0पी0 का 2.5 ग्राम/लीटर पानी की दर से घोल बनाकर छिड़काव करना चाहिए, लेकिन छिड़काव का अन्तर 5–6 दिन का होना चाहिए।

→ मेटालाक्सिल 8 प्रतिशत + मैंकोजेब 64 प्रतिशत डब्लू0पी0 की 2.5 ग्राम/लीटर पानी की दर से घोल बनाकर सिर्फ एक बार छिड़काव से रोग का अच्छा नियंत्रण होता है, लेकिन इसका छिड़काव दोबारा नहीं करना चाहिए।

शिखर विगलन (Collar rot)

रोगजनक : स्केलेरोसियम रोल्फसाई (*Sclerotium rolfsii*)

लक्षण : रोग का प्रथम लक्षण जमीन से सटे पौधे के तने की छाल के उत्तकों का क्षय होना है। संक्रमित भाग पर सफेद रूई जैसी कवकजाल की वृद्धि स्पस्ट रूप से दिखाई देती है। बाद में उसी भाग पर सफेद हल्के व भूरे सरसों जैसे स्कलेरोसिया दिखाई पड़ते हैं। धीरे–धीरे पौधा पीला पड़कर सूख जाता है।

नियंत्रण के उपाय

→ अनाजों जैसे मक्का, बाजरा और मोटे धान्य वाली फसलों का फसल–चक्र में समावेश करना चाहिए।

→ खेत में संक्रमित गोबर की खाद, मिट्‌टी और कम्पोस्ट की खाद का प्रयोग नहीं करना चाहिए।

→ गर्मी में खेत से स्क्लेरोसिया फफूंद के अंकुरण को नष्ट करने के लिए खेत में सिंचाई करके हल चलाना चाहिए।

→ खेत में हरि खाद की जुताई के एक सप्ताह के अन्दर ट्राइकोडरमा पिरिडि का पावडर 5 किलोग्राम प्रति हेक्टेयर की दर से प्रयोग करना चाहिए।

→ पौध लगाने से पूर्व जड़ को ट्राइकोडरमा (4–5 ग्राम / लीटर पानी) के घोल में 10 मिनट तक डुबो कर रोपाई करना चाहिए तथा 20 दिन के बाद पुनः उस भाग को उपरोकत घोल से भिंगोना (Drenching) चाहिए।

→ शीघ्र नियंत्रण के लिए 0.3 प्रतिशत कॉपर ऑक्सीक्लोराईड 50 डब्लू0पी0 (3 ग्राम दवा प्रति लीटर पानी) या 0.1 प्रतिशत कार्बेन्डाजीम 50 डब्लू0पी0 (1 ग्राम दवा लीटर पानी) के घोल से तने का कॉलर (जमीन से लगा हुआ) भाग को भींगों देना चाहिए। भिगोंने का कार्य शाम के समय करना चाहिए।

पत्ती का काला झुलसा (Black leaf blight)

रोगजनक : *सूडोसरकोस्पोरा फ्यूजीलेना* (*Pseudoscercospora fusilena*)

लक्षण : पत्तियों के उपरी सतह पर काले से गहरे काले रूप में कवक की वृद्धि होती है। प्रभावित पत्तियों के ठीक निचली सतह पर हल्के पीले से गहरे भूरे रंग के धब्बे बनते हैं। संक्रमण के बाद जल्द ही पत्तियां गिर जाती है। रोग के लक्षण पत्ती के डण्ठल, दलपूंज और तने पर देखे जा सकते हैं।

नियंत्रण के उपाय

→ संक्रमित पत्तियों को इकट्ठा करके जला देना चाहिए।

→ आक्रान्त फसलों पर निम्न उल्लेखित फफूंदनाशकों में से किसी एक का 400–500 लीटर पानी प्रति हेक्टेयर की दर से छिड़काव करना चाहिए –

हेक्साकोनाजोल 5 एस0सी0	–	500 मि0ली0 / हे0
ट्राइडेमेफान 25 डब्लू0पी0	–	150 ग्राम / हे0
विटरेटेनॉल 25 डब्लू0पी0	–	2500 ग्राम / हे0

सफेद गलन (White rot)

रोगजनक : *स्केलेरोटिनया स्केलेरोशियोरम* (*Sclerotinia sclerotiorum*)

लक्षण : इस रोग का संक्रमण दिसम्बर–जनवरी के महीने में कम तापमान, बदली का मौसम, अधिक वातावरणीय आर्द्रता एवं उच्च मिट्टी की नमी में होता है। संक्रमण फूल आने की अवस्था में शुरू होता है। तना, पत्तियों, फूलों और फलों पर मुलायम एवं गीली सड़न होती है तथा बाद में इनके उपर सफेद फफूंद की वृद्धि होती है। सूखने के बाद कड़े स्केलेरोशिया के रूप में दिखाई देती है।

नियंत्रण के उपाय

→ सुबह के समय संक्रमित भाग को कुछ स्वस्थ भाग के साथ काटकर पालिथीन में एकत्रित करके खेत से बाहर लाकर जला देना चाहिए।

→ फूल आने की अवस्था में कार्बेन्डाजिम 50 डब्लू0पी0 का 1.0 ग्राम प्रति लीटर पानी तथा बाद में मेंकोजैब 75 डब्लू0पी0 का 2.5 ग्राम प्रति लीटर पानी की दर से घोल बनाकर पर्णीय छिड़काव ठंडे, बदली तथा आर्द्र मौसम की स्थिति में करना चाहिए।

फल सड़न (Fruit rot)

रोगजनक : राइजोक्टोनिया सोलानई (*Rhizoctonia solani*)

लक्षण : राइजोक्टोनिया फल सड़न खरीफ मौसम वाले टमाटर की सबसे खतरनाक बीमारी है। इस रोग का लक्षण, फल के निचली सतह पर गोलाकार सड़न जो आगे की ओर बढ़ती जाती है। बाद में इस सड़े हुए भाग पर दरारें पड़ जाती है। माइरोथिसियम फल सड़न हरे तथा पके हुए फल पर सड़न की तरह गोलाकार छल्ले के रूप में होती है। सफेद एवं काले रंग के असंख्य स्पोरोडोकिया इन छल्लों पर दिखाई पड़ते हैं, जो गीले होते हैं।

नियंत्रण के उपाय

→ टमाटर की खेती हमेशा लकड़ी क. खूंटी के सहारे चढ़ाकर करें।

→ खेत में समुचित जल निकास का प्रबंध करें तथा पौधे की रोपाई उँची मेड़ बनाकर करें।

→ हरी खाद पलटने के बाद 5 कि0ग्रा0/हे0 ट्राइकोडरमा पाउडर का मिट्टी में प्रयोग फल गलन के नियंत्रण में बहुत सहायक होता है।

→ प्रारम्भिक रोगाणु की संख्या कम करने के लिए फल गलन से प्रभावित फलों को एकत्र करके उन्हें जला देना चाहिए।

→ रोग के संक्रमण की स्थिति में निम्न उल्लेखित फफूंदनाशकों में से किसी एक का दी गयी मात्रा का 400–500 लीटर पानी में घोल बनाकर प्रति हेक्टेयर की दर से पर्णीय छिड़काव करना चाहिए।

बेनोमिल 50 डब्लू0पी0	–	200 ग्राम/हे0
टेबुकोनाजोल 25.9 ई0सी0	–	500–750 मि0ली0/हे0
कैप्टान 75 डब्लू0पी0	–	2000 ग्राम/हे0
क्लोरोथैलोनिल 75 डब्लू0पी0	–	800 ग्राम/हे0

जीवाणु पर्ण दाग (Bacterial leaf spot)

रोगजनक : जैन्थोमोनस कैम्पेस्ट्रीस पी0वी0 भेसीक्टोरिया (*Xanthomonas compestris* P.V. *Vasictoriya*)

लक्षण : पौधशाला के ही पौधों में छोटे गहरे रंग के धब्बे पत्तियों एवं तनों पर दिखाई देने लगते हैं। रोग का प्रकोप मुख्यतया जुलाई से अक्टूबर तक रहता है। धब्बों के किनारे पीले पड़ जाते हैं। फलों पर छोटे–छोटे जलीय गोल धब्बे प्रायः खुले हुए फल के भागों पर बनने शुरू हो जाते हैं। ये धब्बे कुछ उभरे हुए एवं खुरदुरे दिखते है। इस बीमारी का प्रकोप अधिकांशतः आर्द्र एवं गरम मौसम में होता है।

नियंत्रण के उपाय

→ संक्रमित बीज को 100 पी0पी0एम0 स्ट्रेप्टोसाइक्लीन के घोल (100 मि0ली0/ली0 पानी) में 30 मिनट डुबोकर बुआई करें।

→ पौधशाला में संक्रमण का नियंत्रण के लिए नर्सरी की मिट्टी का सौर्यीकरण (Solerisation) एक प्रभावी उपाय है।

→ स्ट्रेप्टोसाइक्लीन 1 ग्रा0/5–6 लीटर पानी में घोलकर एक बार पर्णीय छिड़काव करें।

→ स्ट्रेप्टोसाइक्लीन से छिड़काव के 15 दिन बाद एक छिड़काव कॉपरऑक्सीक्लोराइड 50 डब्लू0पी0 की 3.0 ग्रा0/ली0 पानी का घोल बनाकर करें।

जीवाणु झुलसा (Bacterial blight)

रोगजनक : स्यूडोमोनास साइरिन्जी पी0वी0 टोमैटो (*Pseudomonas syringae* P.V.*Tomato*)

लक्षण : पर्ण धब्बे सामान्यतया गोलाकार होते हैं। फलों पर बने धब्बे के चारों ओर का भाग फसल पकते समय बहुत दिनों तक हरा बना रहता है, जबकि बांकी भाग लाल होने लगता है। पत्ती एवं फलों के डन्ठलों पर काले छोटे–छोटे धब्बे बनते हैं, जबकि तनों पर अनियमित एवं अण्डाकार धब्बे बनते हैं। ठण्ड एवं नम मौसम में तापमान 15–25 डिग्री सेन्टीग्रेट और नम मौसम इस रोग के लिए अनुकूल होता है। यह बिमारी प्रायः फल बनने के बाद ठण्डे मौसम में लगती है।

नियंत्रण के उपाय

जीवाणु पर्ण दाग में बातये गये नियंत्रण को ही अपनायें।

जीवाणु उकठा (Bacterial wilt)

रोगजनक : स्यूडोमोनास सोलानासेरियम (*Pseudomonas solanacearum*)

लक्षण : इस रोग में पौधे बिना पीला हुए अचानक मुरझा जाते हैं। तने को चीर कर देखने पर भूरा दिखाई देता है। यह एक जीवाणुजनित बीमारी है।

नियंत्रण के उपाय

→ हमेशा रोगमुक्त और स्वस्थ पौधों की रोपानी करना चाहिए।

→ संक्रमित क्षेत्र में तीन वर्ष का फसल–चक्र जैसे धान, गेहूँ, मक्का व लत्तीदार सब्जियों को अपनाएें।

→ आक्रांत फसलों पर स्ट्रोप्टोसाइक्लीन 1 ग्रा0/5–6 लीटर पानी में घोलकर पर्णीय छिड़काव करें।

गुरचा/पर्ण कुंचन विषाणु (Leaf curl virus)

रोगजनक : विषाणु (*Virus*)

लक्षण : इस रोग से ग्रसित पौधों की पत्तियां नीचे की ओर या कभी–कभी उपर की ओर मुड़ी हुई, अनियमित गुरचन या ऐंठन लिए हुए होती है। पौधे में दो गाठों के बीच की दुरी कम हो जाने से पौधा छोटा एवं झाड़ीनुमा दिखाई देता है और बाद में इस तरह से संक्रमित पौधों में फूल एवं फल नहीं बनते हैं। रोगकारक विषाणु सफेद मक्खी के द्वारा फैलता है।

नियंत्रण के उपाय

→ रोपाई के समय कार्बोफ्यूरान (3 जी) 32 कि0ग्रा0 प्रति हेक्टेयर की दर से मिट्टी में बुरकाव करना चाहिए जिससे सूत्रकृमि का भी नियंत्रण हो सके।

→ सफेद मक्खी से बचाव के लिए पौधशाला में नाइलन जाली के अन्दर पौध तैयार करना चाहिए।

→ रोपाई के समय पौधों के जड़ को इमिडाक्लोप्रीड 17.8 एस0एल0 का 0.25 प्रतिशत घोल (2.5 मि0ली0 प्रति लीटर पानी) में 10 मिनट तक डूबोकर रोपाई करना चाहिए।

→ जहाँ तक सम्भव हो सके अगेती फसल न लें एवं सितम्बर माह के पूर्व रोपाई न करें।

→ संक्रमित पौधों को यथाशीघ्र उखाड़कर जला दें।

→ फूल आने तक निम्न उल्लेखित अन्तःप्रवाही कीटनाशकों की दी गयी मात्रा को 400–500 लीटर पानी में घोलकर प्रति हेक्टेयर की दर से पर्णीय छिड़काव करना चाहिए।

इमिडाक्लोप्रीड 17.8 एस0एल0	–	100–125 मि0ली0
थियोमेथोक्जाम 25 डब्लू0एस0जी0	–	100 ग्राम
ऐसीटामिप्रीड 20 एस0पी0	–	500 ग्राम
डाइमेथोएट 30 ई0सी0	–	2000 मि0ली0

→ रोग शहनशील प्रजातियों का प्रयोग करना चाहिए।

बैगन (Brinjal)

लघुपत्रक रोग (*Little leaf*)

रोगजनक : यह रोग माइकोप्लाजमा द्वारा उत्पन्न होता है जो जैसिड (*सिस्टियस फाइसाइटिस*) कीट द्वारा फैलाता है।

लक्षण : रोगी पौधों की पत्तियां आकार में काफी छोटी तथा गुच्छेदार हो जाती है। ऐसे पौधों की पत्तियां पतली, मुलायम, चिकनी और पीली रंग की हो जाती है। तने की गांठों वाला भाग छोटा हो जाता है। नयी पत्तियों का आकार और भी छोटा हो जाता है। अधिकांश अक्रान्त पौधों में पुष्प नहीं बनते और बनते भी हैं तो हरे रहते हैं तथा पौधे भारी जैसे हो जाते हैं। रोगाक्रान्त पौधों में बुहत कम, अपुष्ट या साधारण फल भी नहीं लगते। इससे नुकसान लगभग 100 प्रतिशत तक हो सकता है।

नियंत्रण के उपाय

→ रोगग्रस्त पौधों को उखाड़ कर नष्ट कर देना चाहिए।

→ सहनशील प्रजाति जैसे पूसा पर्पल लौंग का चयन करना चाहिए।

→ रोग फैलाने वाले जैसिड (Leaf hopper) कीट का नियंत्रण के लिए निम्न उल्लेखित कीटनाशकों का पर्णी छिड़काव 400–500 लीटर पानी प्रति हेक्टेयर की दर से करना चाहिए।

डाइमेथोएट 30 ई0सी0	–	2000 मि0ली0
थियोमेथोक्जाम 25 डब्लू0एस0जी0	–	100 ग्राम
थियाक्लोप्रीड 21.7 एस0सी0	–	100–125 मि0ली0
बुप्रोफेजिन 25 एस0सी0	–	1000 मि0ली0

फोमोप्सिस झूलसा एवं फोमोप्सिम फल सड़न (Phomopsis blight and phomopsis fruit rot)

रोगजनक : फोमोप्सिस भेरूसेन्स (***Phomopsis virucence***)

लक्षण : यह बैगन की प्रमुख बीमारी है, जिसका प्रभाव पौधे के प्रत्येक भाग पर होता है। पौधों की पत्तियों के निचली सतह पर गोलाकार, हल्के भूरे धब्बे दिखाई पड़ते हैं। धब्बे के बीच का भाग हल्के रंग का होता है। पुराने धब्बे के उपर बहुत छोटे–छोटे काले धब्बे दिखाई पड़ते हैं। निचले तने की गाँठों के पास भूरी धँसी हुई सूखी सड़न देखने को मिलती है। कुछ टहनियां सूख जाती है। पुराने फलों

के उपर हल्के भूरे धँसे हुए धब्बे बनते हैं, प्रभावित फल सड़ने लगता है और धीरे–धीरे सम्पूर्ण फसल नष्ट हो जाता है।

नियंत्रण के उपाय

→ रोगरहित व स्वस्थ बीज की बुआई करें, बीजों को कार्बेन्डाजीम 50 डब्लू0पी0 (2.5 ग्राम दवा प्रति किलोग्राम बीज) से उपचारित करके बुआई करें।
→ रोगरोधी किस्मों का चयन करें तथा उपयुक्त फसल–चक्र अपनावें।
→ संक्रमित फसल अवशेष को एकत्रित करके जला दें।
→ बीज की फसल में पहली तुड़ाई करने के बाद ही फलों को बीज के लिए छोड़े।
→ फसल में मैंकोजेव 75 डब्लू0पी0 या प्रोपिनेव 70 डब्लू0पी0 या जिनेव 75 डब्लू0पी0 या कैप्टान 75 डब्लू0पी0 का 2.5 ग्राम प्रति लीटर पानी की दर से पर्णीय छिड़काव करना चाहिए।

जीवाणु उकठा (Bacterial wilt)

रोगजनक : स्यूडोमोनस सोलेनेसियरम (***Pseudomonas solanacearum***)

लक्षण : इस रोग का प्रकोप पहले पूरे पौधों पर एक साथ मुरझान के रूप में दिखाई पड़ता है। तना को काट कर देखने पर भूरे रंग का जमा हुआ पदार्थ दिखाई देता है। इसमें से सफेद लसलसेदार छोटी–छोटी बूंद उस पर आ जाती है।

नियंत्रण के उपाय

→ रोगरोधी किस्मों का चयन इस रोग का सबसे कारगर उपाय है।
→ लम्बी अवधि का फसल–चक्र अपनायें जिसमें सोलेनेसी कुल (टमाटर, बैगन, मिर्च) की फसल न हो।
→ खेत का पी0एव0 मान अम्लीय नहीं होने देना चाहिए।
→ बीजों को कैप्टान 50 डब्लू0पी0 (2.0 ग्राम दवा प्रति किलोग्राम बीज) से उपचारित करके बुआई करें।
→ पौधों की जड़ों को रोपण से पूर्व स्ट्रेप्टोसाइक्लिन (1 ग्राम दवा/6 लीटर पानी) के घोल में आधे मिनट तक डुबोने के पश्चात् रोपाई करें।

भिण्डी (Okra)

पीत सिरा मोजैक (Yellow vein mosaic)

रोगजनक : विषाणु (***Virus***)

लक्षण : इस रोग के लक्षण दूर से ही स्पस्ट प्रतीत होते हैं। पत्तियों की शिरायें चमकीली और पीले रंग की हो जाती है तथा पत्तियों का शेष भाग हरी रह जाती है। इस तरह पत्तियों में हरे व पीले भाग जाल की भांति बने हुए नजर आती है। अधिक प्रकोप होने पर नयी पत्तियां पीली, छोटी और सिकुड़कर मुड़ जाती है तथा शिराएँ मोटी हो जाती है। पौधों की वृद्धि रूक जाती है और पौधे बौने हो जाते हैं। फल छोटे, सख्त, रेशेदार एवं पीली हो जाती है। ये फल खाने योग्य नहीं रहते। इस रोग का प्रसार मुख्यतः सफेद मक्खी तथा अंशतः पर्ण फुदका (जैसिड) के द्वारा होता है। सफेद मक्खी इस रोग का व्यापक संचरण का वाहक कीट है।

नियंत्रण के उपाय

→ इस रोग से बचाव के लिए बहुत सारी अवरोधी किस्में (परभनी क्रांति, आर्का अभय, आर्का अनामिका, पी0–7 एवं दप्तरी) उपलब्ध है, जिसके प्रयोग से यह रोग आसानी से रोका जा सकता है।

→ बीज को इमिडाक्लोप्रीड 70 डब्लू0एस0 (2.5 ग्राम दवा प्रति किलोग्राम बीज) से शोधित करके लगाना चाहिए।

→ प्रारम्भ में रोगग्रस्त पौधों को उखाड़कर जला देने से रोग की सम्भावना कम हो जाती है।

→ भिण्डी की आगात बुआई (जून के प्रथम सप्ताह) करने पर मोजैक रोग से कम क्षति होने की सम्भावना रहती है।

→ बुआई के समय कार्बोफ्यूरान (3 जी) 32 किलोग्राम प्रति हेक्टेयर की दर से मिट्टी में बुरकाव करने से भी इस रोग के संक्रमण की सम्भावना कम रहती है।

→ रोग के प्रारंम्भिक अवस्था में लक्षण दिखाई पड़ने पर निम्न उल्लेखित अन्तर प्रवाही कीटनाशकों की दी गयी मात्रा को 400–500 लीटर पानी की दर से प्रति हेक्टेयर पर्णीय छिड़काव 15 दिन के अन्तराल पर 3 बार इनमें से बदल–बदल कर करना चाहिए

डाइमेथोएट 30 ई0सी0	–	2000 मि0ली0
एसीटामिप्रिड 20 एस0पी0	–	500 ग्राम
डाईफेनथूरान 50 डब्लू0पी0	–	600 ग्राम
थियाक्लोप्रिड 21.7 एस0सी0	–	500–600 मि0ली0

चूर्णिल आसिता (Powdery mildew)

रोगजनक : ईरीसीइफी सीकोरासेरम (***Erysiphe cichoracearum***)

लक्षण : रोग के लक्षण सबसे पहले पौधों की पुरानी पत्तियों पर सफेद चकते के रूप में दिखाई देते हैं। पत्तियों की निचली सतह पर उजले–भूरे रंग की धूल–सा रोग के चिन्ह दीखते हैं। ये चकते एवं चिन्ह कुछ ही दिनों में उपर की ओर अन्य पत्तियों पर फैलते हैं। सभी आक्रान्त पत्तियों पर सफेद–सफेद पाउडर जैसा धूल फैल जाता है जो पत्तियों की दोनो तरफ तथा पौधों के अन्य भागों पर भी देखा जा सकता है। रोग का प्रकोप अधिक होने पर पत्तियां पीली पड़कर झड़ जाती है, परिणामतः उपज में भारी कमी आती है।

नियंत्रण के उपाय

→ भिण्डी की आगात बुआई करना चाहिए। इससे बिना किसी खर्च के रोग से प्राकृतिक/स्वाभाविक रूप से बचाव होता है।

→ फसल पर सल्फर 80 डब्लू0पी0 (30 किलोग्राम/हेक्टेयर) का धूलिकरण (Dusting) करने से प्रभावी नियंत्रण होता है।

→ डिनोकेप (48 ई0सी0) अथवा ट्राइडेमाफ (80 ई0सी0) 1 मि0ली0 प्रति लीटर पानी का तीन छिड़काव 15 दिनों के अन्तराल पर काफी प्रभावकारी पाया गया है।

पर्ण चित्ती (Leaf spot)

रोगजनक : सरकोसपोरा हीवीस्की, सरकोसपोरा मालायेनसीस एवं सरकोसपोरा अवेलमोस्की (***Cercospora hibisci, cercospora malayensis* and *C. abelmoschi***)

लक्षण : पत्तियों पर भूरे रंग की अनियमित आकार की चित्तियां होती है। चित्ती के बीच का भाग धूसर और इसके किनारे का भाग नीला हो जाता है। पत्तियों पर अनेक चित्ती बनने के कारण वे पीली पड़ जाती है और टूटकर नीचे गिर जाती है।

नियंत्रण के उपाय

→ खेतों से जल निकास का समुचित व्यवस्था करना चाहिए।

→ रोगग्रस्त पौधों को नष्ट कर देना चाहिए।

→ संतुलित मात्रा में उर्वरकों का प्रयोग करना चाहिए।

→ फसल में कार्बेन्डाजीम (50 डब्लू0पी0) 500 ग्राम या मैंकोजेव (75 डब्लू0पी0) 2.5 किलोग्राम / 500–600 लीटर पानी में प्रति हेक्टेयर की दर से 15 दिनों के अन्तराल पर 2–3 पर्णीय छिड़काव आवश्यकतानुसार करना चाहिए।

मिर्च (Chillies)

शीर्षमरण / फल सड़न (*Die-back/Fruit rot*)
एवं
श्यामवरण / पका गलन (*Anthracnose/Ripe rot*)

रोगजनक : कोलेटोट्राइकम केपस्की (***Colletotrichum capsici***)

लक्षण : इस रोग में पौधों का उपरी भाग सुखना प्रारंम्भ होता है और नीचे तक सुखता जाता है। प्रारंम्भिक अवस्था में आक्रान्त टहनियां गिली होती है और उस पर रोऐंदार कवक दिखाई देता है। पौधों के पुष्प एवं फल पकने से पहले ही सड़कर सूखने एवं झड़ने लगते हैं। फलों पर गोल–गोल सिकुड़े, भूरे धब्बे हरे या पके स्थानों पर दिखाई पड़ते हैं। लाल फलों पर इस रोग का प्रकोप अधिक होता है।

नियंत्रण के उपाय

→ स्वस्थ पौधों से ही बीज लेकर बुआई करें।

→ इस रोग से बचाव के लिए कार्बेन्डाजीम (50 डब्लू0पी0) 2.5 ग्राम दवा प्रति किलोग्राम बीज की दर से उपचारित करके बोयें।

→ क्षतिग्रस्त टहनी को सुबह के समय कुछ नीचे से काट करके एकत्रित कर लें एवं जला दें।

→ अधिक रोग से ग्रस्त पौधों को एकत्र करके नष्ट कर दें।

→ कैप्टान 50 डब्लू0पी0 (2 ग्राम दवा प्रति लीटर पानी) तथा कार्बेन्डाजीम 50 डब्लू0पी0 (1 ग्राम दवा / लीटर पानी) का छिड़काव बदल–बदल कर से दो–तीन बार करना चाहिए।

पत्र लांक्षण, आर्द्र गलन एवं पर्ण कुंचन (Leaf spot, foot rot and leaf curl)

इस रोगों के लक्षण और नियंत्रण टमाटर की फसल में दर्शाया गया है।

प्याज एवं लहसून (*Onion and Garlic*)

बैगनी धब्बा एवं पर्ण झुलसा (Purple bloch and leaf blight)

रोगजनक : अल्टरनेरिया पोरी (***Alternaria porri***)

लक्षण : प्रभावित पत्तियों और तनों पर छोटे–छोटे गुलाबी रंग के धब्बे पड़ जाते हैं। पौधों की पत्तियां एक तरफ पीली तथा दुसरी तरफ हरी रहती है। झूलसा से प्रभावित पत्तियां शीर्ष से सूखना प्रारम्भ करती है। अन्ततः रोगग्रस्त पौधों की गांठे भी प्रभावित हो जाती है और उनमें सफेद दाग पड़ जाते हैं।

नियंत्रण के उपाय

→ बुआई से पूर्व कैप्टान (50 डब्लू0पी0) या कार्बेन्डाजीम (50 डब्लू0पी0) 3 ग्राम दवा प्रति किलोग्राम बीज की दर से उपचारित करें।

→ इस रोग से बचाव के लिए क्लोरोथेलोनील 75 डब्लू0पी0 या मैकोजेव 75 डब्लू0पी0 का 2.5 ग्राम दवा प्रति लीटर पानी में घोलकर 10 दिन के अन्तराल पर छिड़काव करें। घोल में ट्राइटोन या सैन्डोविट चिपचिपा पदार्थ 1.0 मि0ली0 प्रति लीटर पानी के दर से अवश्य मिलायें।

मृदुरोमिल आसिता (*Downy mildew*)

रोगजनक : परनोसपोरा डिस्ट्रक्टर (***Pernospora distructor***)

लक्षण : इस रोग में पत्तियों तथा पुष्पदंडो की सतह पर बैगनी रोयेंदार वृद्धि होती है जो बाद में हरा रंग लिए पीली हो जाती है तथा अन्त में पत्तियां एवं पुष्पदंड सूखकर गिर जाते हैं।

नियंत्रण के उपाय : उपरोक्त भांति की तरह।

गोभीवर्गीय सब्जियां (*Crucifers vegetables*)

मृदुरोमिल आसिता (*Downy mildew*)

रोगजनक : पेरोनोसपोरा पैरासिटिका (***Peronospora parasitica***)

लक्षण : यह बिमारी पौधों में फूल बनने तक कभी भी लग सकती है। लक्षण प्रायः पत्तियों पर ही दिखता है। सूक्ष्म, पतले बाल जैसे सफेद कवकतन्तु पत्ती की निचली सतह पर दिखते हैं। पत्तियों की निचली सतह पर जहाँ कवकतन्तु दिखते हैं, उन्हीं के उपर पत्तियों के उपरी सतह पर भूरे मृत उत्तक (Nectrotic)

धब्बे बनते हैं, जोकि रोग के तीब्र हो जाने पर आपस में मिलकर बड़े विक्षत बन जाते हैं।

नियंत्रण के उपाय

→ पूर्व फसल के अवशेषों को जलाकर खेत की सफाई, रोगमुक्त बीजों का चयन एवं फसल–चक्र अपनाना इस रोग के रोगाणु की प्रारंम्भिक संख्या को कम करने में बहुत सहायक है।

→ मैंकोजेब 75 डब्लू0पी0 के 0.25 प्रतिशत जलीय घोल (2.5 ग्राम दवा प्रति लीटर पानी) का रोग की प्रारंम्भिक अवस्था में पर्णीय छिड़काव एवं 6–8 दिन के अन्दर इसे पुनः दुहराना चाहिए। कवकनाशक के जलीय घोल में पत्तियों पर चिपकने के लिए 0.5–1.0 मि0ली0 मात्रा प्रति लीटर पानी की दर से टीपोल या ट्रीटान स्टीकर का प्रयोग अवश्य करें।

अल्टारनेरिया पर्ण दाग (*Alterneria leaf spot*)

रोगजनक : अल्टरनेरिया ब्रेसिकी तथा अल्टरनेरिया ब्रैसिसिकोला (***Alterneria brsici and Alterneria Brasicicola***)

लक्षण : यह रोग फूलगोभी में बढ़वार की प्रारंम्भिक अवस्था में, जबकि पत्तागोभी में बाद की अवस्थाओं में आता है। अल्टरनेरिया पर्ण दाग पौधों की निचली पत्तियों में ही आता है। संकर किस्मों में मुक्त परागित किस्मों की अपेक्षा यह रोग ज्यादा लगता है। इस रोग में पत्तियों पर गोल भूरे धब्बे बनते हैं। धब्बों में गोल छल्ले स्पष्ट दिखते है। बीज की फसल में पुष्पक्रम तथा कलियां भारी मात्रा में प्रभावित होती है। पत्तागोभी के उत्तकों में इस रोग का विस्तार ज्यादा नहीं होता है, लेकिन उपरी सभी पत्तियां सक्रंमित हो जाती है।

नियंत्रण के उपाय

→ सक्रंमित निचली पत्तियों को सुबह के समय पौधों से तोड़कर एकत्रित करके जला देने पर इस रोग का अधिक प्रभावी नियंत्रण होता है।

→ शाम के समय क्लोरोथैलीन 75 डब्लू0पी0 (2 ग्राम दवा प्रति लीटर पानी) का जलीय घोल स्टीकर के साथ मिलाकर एक बार छिड़काव करना चाहिए।

→ स्वस्थ पौधों से ही बीज का चुनाव करें तथा फल बनने के समय एक बार उपरोक्त दवा या मैंकोजेब 75 डब्लू0पी0 (2.5 ग्राम दवा प्रति लीटर पानी) का प्रयोग करें।

सफेद गलन (*White rot/stalk rot*)

रोगजनक : स्केलेरोटिनिया स्कलेरोसिओरम (***Sclerotinia sclerotiorum***)

लक्षण : फूलगोभी के फूल, पर्णवृन्त इत्यादि में जलीय मृदु गलन इसके लक्षण है। संक्रमण के बाद शीघ्र ही सभी सक्रंमित भागों पर सफेद कवकतन्तु दिखाई देते हैं और पूरा पुष्पक्रम मुरझा जाता है। पौध उत्तकों के पूर्ण संक्रमण के बाद कवकजालों के उपर जलीय बिन्दु बनते हैं। पूरा सक्रंमित भाग घने कवकजाल से ढक जाता है और यही बाद में काले रंग के कड़े स्कलेरोसिया बन जाते हैं जो आगामी फसल में संक्रमण करते हैं।

नियंत्रण के उपाय

→ संक्रमित पुष्पवृन्तों, पत्तियों इत्यादि को थोड़े स्वस्थ भाग सहित सुबह के समय काट कर सावधानीपूर्वक एकत्रित करें जिससे कि स्कलेरोसिया जमीन पर न गिरे। इन्हें खेत से बाहर ले जाकर जला देना चाहिए।

→ ठण्डे, नम एवं बादलयुक्त मौसम में प्राथमिक संक्रमण के अवलोकन के लिए फूलगोभी एवं पत्तागोभी फसलों का नियमित निरीक्षण करना चाहिए।

→ फूल आने की अवस्था में कार्बेन्डाजीम 50 डबलू0पी0 (1 ग्राम दवा प्रति लीटर पानी) का पर्णीय छिड़काव एवं उसके बाद मैन्कोजैव 75 डब्लू0पी0 (2.5 ग्राम दवा प्रति लीटर पानी) का पर्णीय छिड़काव करें। साथ ही उपरोक्त दवा के घोल में स्टीकर 1.0 ग्राम प्रति लीटर पानी की दर से मिलाना न भूलें। छिड़काव का घोल पौधों की निचली पत्तियों एवं तनों तक अवश्य ही पहुँचना चाहिए।

काला गलन (*Black rot*)

रोगजनक : जैन्थोमोनस कम्पेसट्रिस पी0वी0 कम्पेसट्रिस (*Xanthomonas compestris* PV *compestris*)

लक्षण : रोग का प्रारंम्भिक लक्षण वी (V) आकार में पीलापन लिए होता है। अधिक संक्रमण की स्थिति में पत्तियां बीच की तरफ से पूरी पीली पड़ जाती है। खेत में मुख्य फसल के दौरान यदि आँधी के साथ ओलावृष्टि हो जाती है तो रोग की प्रबलता बहुत बढ़ जाती है। रोग का लक्षण पत्ती के किसी किनारे या केन्द्रीय भाग से शुरू हो सकता है। पौधों में यह रोग, पत्तियों के किनारों पर स्थित जल निकास छिद्रों द्वारा, कीट जनित घावों के द्वारा, संक्रमित मिट्टी के द्वारा, ओला

वृष्टि के बाद घावों के द्वारा, अन्तःसस्य कृषि क्रियाओं के दौरान एवं रोपाई के लिए प्रयुक्त संक्रमित पौधों के पौध द्वारा फैलता है।

नियंत्रण के उपाय

→ अगले वर्ष प्रयोग के लिए स्वस्थ पौधों के अन्तःसस्य से बीज का चुनाव करें।
→ बीजों को स्ट्रेप्टोसाइक्लिन के (1.0 ग्राम दवा प्रति 10 लीटर पानी) घोल में 30 मिनट तक डूबोकर उपचारित करें।
→ पौधशाला के स्थान को प्रत्येक वर्ष बदलते रहना चाहिए तथा सरसों वर्गीय सब्जियों को फसल–चक्र में नहीं शामिल करना चाहिए।
→ संक्रमित निचली पत्तियों को शाम के समय जब जीवाणुयुक्त ओस की बूंदे सूखी रहती है, तब तोड़कर, एकत्रित करके जला देना चाहिए।
→ 10–15 दिन के अन्तराल पर स्ट्रोप्टोसाइक्लिन (1.0 ग्राम दवा प्रति लीटर पानी) या कासुगामायसिन 3 एस0एल0 (2.0 ग्राम दवा प्रति लीटर पानी) का पर्णीय छिड़काव करना चाहिए।
→ स्ट्रेप्टोसाक्लिन एवं कॉपरआक्सीक्लेराइड 50 डब्लू0पी0 की मात्रा क्रमशः 1.0 ग्राम और 30 ग्राम प्रति 10 लीटर पानी में घोलकर स्टीकर के साथ घोल में मिलाकर पर्णीय छिड़काव प्रभावी पाया गया है।

कद्दूवर्गीय सब्जियां (Cucurbit vegetables)

चूर्णील आसिता/चूर्णी फफूंद (*Powdery mildew*)

रोगजनक : इरासिफे सिक्रोरासेरियम एवं स्फाइराथेरा फुलिगेनिया (***Erysiphe cichoracearum and Sphaerothera fuliginea***)

लक्षण : यह विशेष रूप से जाड़े वाली लौकी और कुम्हरा पर लगने वाला सामान्य रोग है। प्रथम लक्षण पत्तियों और तनों की सतह पर सफेद या धुंधले धुसर धब्बों के रूप में दिखाई देता है। कुछ दिनों के बाद ये धब्बे चूर्णयुक्त हो जाते हैं। सफेद चूर्ण पदार्थ अंत में समूचे पौधे की सतह को ढ़क लेता है। उग्र प्रकोप के कारण पौधे का असमय ही निष्पत्रण हो जाता है। इसके कारण फलों का आकार छोटा रह जाता है।

नियंत्रण के उपाय

→ रोगग्रस्त फसल के अवशेष को एकत्रित करके खेत में ही जला देना चाहिए।
→ फसल उत्पादन के लिए रोगरोधी किस्मों का चयन करें।

→ ट्राइडोमाफ (80 ई0सी0) 0.5 मि0ली0 दवा एक लीटर पानी में घोल बनाकर सात दिन के अन्तराल पर आवश्यकतानुसार 2–3 पर्णीय छिड़काव करना चाहिए।

→ उपरोक्त दवा के उपलब्ध न होने पर पेनकोनाजोल (10 ई0सी0) 1 मि0ली0 दवा को प्रति 4 लीटर पानी में घोल बनाकर दस दिन के अन्तराल पर आवश्यकतानुसार 2–3 पर्णीय छिड़काव करना चाहिए।

मृदुरोमिल आसिता (Downy mildew)

रोगजनक : स्यूडोपरोनोसपोरा कूवेनसिस (***Pseudoperonosporu cubensis***)

लक्षण : यह रोग मुख्यतः खीरा, खरबूजा, करेला और परवल पर पाया जाता है। रोग वर्षा ऋतु के उपरान्त जब तापमान 20–22 डिग्री सेन्टीग्रेड होता है, तेजी से फैलता है। इस रोग में पत्तियों पर कोणीय धब्बे बनते हैं, जो शिराओं द्वारा सीमित होते हैं। ये पत्ती के उपरी सतह पर पीले रंग के होते हैं। अधिक आर्द्रता की उपस्थिति में इन भागों के नीचे पत्ती की निचली सतह पर मृदुरोमिल फफूंद की वृद्धि दिखाई देती है।

नियंत्रण के उपाय

→ रोग रोधी किस्मों का चयन करना चाहिए।

→ बीजों को कार्बेन्डाजीम 50 डब्लू0पी0 (2.0 ग्राम दवा प्रति किलोग्राम बीज) से उपचारित करके बोना चाहिए।

→ मैकोजेब 75 डब्लू0पी0 या कैप्टान 50 डब्लू0पी0 की 2.5 ग्राम दवा प्रति लीटर पानी के घोल से छिड़काव करना चाहिए।

→ पूरी तरह रोगग्रस्त लताओं को निकाल कर जला देना चाहिए।

→ रोग रहित बीज उत्पादन करने के लिए गर्मी की फसल से बीज उत्पादन करें।

मूलग्रन्थि/जड़गांठ रोग (Root knot nematod)

रोगजनक : मेलाइडोगाइनी प्रजाति (***Meloidogyne species***)

लक्षण : यह रोग गोलकृमि/सूत्रकृमि के जड़ों पर आक्रमण से होता है। यह रोग प्रायः खरबूजा, कुम्हरा एवं परवल में बहुत अधिक पाया जाता है। इसके संक्रमण से पौधों का विकास अवरूद्ध हो जाता है। पत्तियां कुछ पीले रंग की हो जाती है। मुख्य एवं पार्श्व जड़ों पर गोलाकार ग्रन्थियां बन जाती है। रोगग्रस्त पौधों में

फल बहुत कम लगते हैं। इस रोग का नियंत्रण के लिए रासायनिक दवाओं का प्रयोग काफी खर्चीला पड़ता है। अतः निम्न उपाय करना चाहिए।

नियंत्रण के उपाय

→ गर्मी में जुताई करें तथा साथ में एक बार सिंचाई करके पुनः गर्मी में ही जुताई करें।

→ रोग प्रतिरोधी जतियों को लगाना चाहिए।

→ धान के साथ सब्जियों का फसल–चक्र अपनाना चाहिए। टमाटार, बैगन और मिर्च का फसल–चक्र में समावेष नहीं करना चाहिए।

→ खेत में एक साल गेंदा फूल की खेती करना चाहिए।

→ खेत मे 25 क्विंटल प्रति हेक्टेयर की दर से नीम या अरंडी की खली का प्रयोग करना चाहिए।

→ मिट्टी में बहुत अधिक सूत्रकृमि का प्रकोप हो जाने पर नेमागोन नामक दवा 12 लीटर प्रति हेक्टेयर की दर से मृदा धूमक के रूप में प्रयोग करना चाहिए।

ग्लानि एवं जड़ विगलन (Wilt and root rot)

रोगजनक : फ्यूजेरियम सोलेनाई एवं फ्यूजेरियम कूकूरबिटेई (***Fusarium solani* and *Fusarium cucurbitae***)

लक्षण : यह रोग आमातौर पर खीरा एवं खरबूजा में पाया जाता है। बीजपत्र सड़ने लगता है। बीजपत्र तथा नए पत्ते हल्के पीले होकर मरने लगते हैं। रोगग्रसित पत्तियां एवं पूरा पौधा मुरझा जाता है। नई पौधों का तना अन्दर की तरफ भूरा होकर सड़ने लगता है। पौधे के जड़ भी सड़–गल जाता है जिसके कारण पौधा धीरे–धीरे सूख जाता है।

नियंत्रण के उपाय

→ खेत की गर्मी में जुताई करें तथा हरी खाद का प्रयोग करके ट्राइकोडरमा 3–5 किलोग्राम प्रति हेक्टेयर की दर से भूमि में मिलायें।

→ रोगग्रस्ति पौधों को खेत से निकालकर जला देना चाहिए।

→ बीज को कार्बेन्डाजीम (50 डब्लू0पी0) 2.5 ग्राम दवा प्रति किलोग्राम बीज की दर से उपचारित करके बोना चाहिए।

→ धान एवं मक्का के साथ 4 साल तक का फसल–चक्र अपनाना चाहिए।

फल विगलन (Fruit rot)

(अ) सुखा गलन (Dry rot)

(ब) मृदु गलन (Soft rot)

रोगजनक : रइजोपस प्रजाति एवं इरविनिया प्रजाति (***Rhizopus species* and *Erwinia species***)

लक्षण : यह रोग प्रत्येक स्थान तथा प्रत्येक खेत में पाया जाता है। मुख्य रूप से चिचिण्डा, परवल, लौकी एवं करेला के फलों पर फफूंद की अत्यधिक वृद्धि हो जाने से फल सड़ने लगता है। धरातल पर पड़े फलों का छिलका नरम एवं गहरे हरे रंग का हो जाता है। आर्द्र वातावरण में इस सड़े हुए भाग पर रूई के समान घने कवकजाल विकसित हो जाते हैं। भण्डारण और परिवहन के समय भी फलों में यह रोग फैलता है।

नियंत्रण के उपाय

→ खेत की गर्मी में जुताई करें तथा हरी खाद का प्रयोग करके ट्राइकोडरमा 5 किलोग्राम प्रति हेक्टेयर की दर से खेत में डालें।

→ खेत में समुचित जल निकास की व्यवस्था करें।

→ फलों को भूमि के स्पर्श से बचाने का प्रयत्न, मल्च लगाकर तथा उलट–पुलट करके करना चाहिए।

→ फसल को तार एवं खम्बे के उपर चढ़ाकर खेती करने से इस रोग का अच्छा नियंत्रण होता है।

→ भण्डारण एवं परिवहन के समय फलों मे चोट लगने से बचाएं तथा हवादार एवं खुली जगह पर रखें।

रूक्ष रोग (Anthracnose)

रोगजनक : कोलेटोट्राइकम लगनेरियम (***Colletotrichum lagenarium***)

लक्षण : पत्तियों पर भूरे अथवा हल्के रंग के धब्बे पाये जाते हैं। पत्तियां सिकुड़ कर सूख जाती है। ये धब्बे तने तथा फलों पर भी पाये जाते हैं। यह बीमारी खरीफ मौसम में अधिक होती है।

नियंत्रण के उपाय

→ बीज को कार्बेन्डाजीम (50 डब्लू0पी0) 2.5 ग्राम दवा प्रति किलोग्राम बीज की दर से उपचारित करके बोना चाहिए।

→ खेत में रोग के लक्षण शुरू होने पर कार्बेन्डाजीम (50 डब्लू0पी0) 1.0 ग्राम दवा प्रति लीटर पानी का घोल बनाकर 10 दिन के अन्तराल पर पर्णीय छिड़काव करना चाहिए।

→ रोगरोधी किस्मों को ही लगाना चाहिए। यथासम्भव शंकर किस्मों का प्रयोग कम करना चाहिए।

→ फसल अवशेष को जला दें।

खीरा मोजैक विषाणु

रोगजनक : विषाणु (***Virus***)

लक्षण : यह रोग विशेषकर नयी पत्तियों में चितकबरापन और सिकुड़न के रूप में प्रकट होता है। पत्तियां छोटी व हरी–पीली हो जाती है और उनकी वृद्धि रूक जाती है। इसके आक्रमण से पत्तियां छोटी हो जाती है और पुष्प छोटी पत्तियों में बदले हुए दिखाई पड़ते हैं। कुछ पुष्प गुच्छों में बदल जाते हैं। ग्रसित पौधा बौना रह जाता है और उसमें फलत बिल्कूल नहीं होती है। इस प्रकार की समस्या लगभग सभी कद्दूवर्गीय सब्जियों में आती है।

नियंत्रण के उपाय

→ खेत में से रोगग्रस्त पौधों को उखाड़कर जला देना चाहिए।

→ खेत के आस–पास से जंगली खीरा एवं उस कूल के अन्य खरपतवारों का उन्मूलन कर देना चाहिए।

→ रोगरोधी किस्मों का चयन करना चाहिए तथा शंकर किस्मों का प्रयोग कम करें।

→ रोगवाहक कीटों (माहूँ एवं जैसिड) से बचाव करने के लिए मैलाथियान 50 ई0सी0 या डायमेथोएट 30 ई0सी0 (2 मि0ली0 दवा प्रति लीटर पानी) का घोल बनाकर दस दिन के अन्तराल में 2–3 बार छिड़काव फूल आने तक करें। इन कीटनाशक दवाओं के छिड़काव से कीट के द्वारा रोग का संक्रमण की संभावना बिल्कूल कम हो जाती है।

लोबिया, मटर एवं राजमा (Cowpea, pea and Rajama)

चूर्णिल आसिता (Powdey mildew)

रोगजनक : इरईसीफे पोलीगोनी (***Erysiphe polygoni***)

लक्षण : यह बीमारी पत्ती, तना तथा फलियों को प्रभावित करती है। सर्वप्रथम पत्तियों की उपरी सतह पर गोल तथा सफेद धूल से ढके हुए छोटे–छोटे धब्बे

दिखाई पड़ते हैं। यह रोग पुरानी निचली पत्तियों से ही आरंम्भ होता है। बाद में पौधे का सम्पूर्ण भाग (पत्ती, तना तथा फलियां) ही धूल से ढँके धब्बों से भर जाता है। हाथ से छूने पर यह चूर्ण अंगुलियों में सट जाता है।

नियंत्रण के उपाय

→ 2 किलोग्राम घुलनशील गंधक का चूर्ण (3 ग्राम दवा प्रति लीटर पानी) लगभग 600–700 लीटर पानी में घोलकर प्रति हेक्टेयर की दर से छिड़काव करें।

→ रोगरोधी किस्मों का चयन करना चाहिए।

→ रोग का प्रकोप होने पर पेन्कोनाजोल 10 ई0सी0 (1 मि0ली0 दवा प्रति 4 लीटर पानी) या ट्राइडेमार्क 80 ई0सी0 (0.5 मि0ली0 दवा प्रति लीटर पानी) के घोल का 10 दिन के अन्तराल पर 2–3 बार छिड़काव करें।

उकठा एवं जड़ सड़न (Wilt and foot rot)

रोगजनक : फ्यूजेरियम ऑक्सीपोरियम एफ0स्पे0 पिसि (***Fusarium oxysporium* f.sp. pisi**) एवं असकोकाइटा पिसि (*Ascochyta* pisi)

लक्षण : यह फफूंद जनित बीमारी है जिससे प्रभावित पत्तियां पीली पड़ जाती है तथा पौधा सूख जाता है। फलियां पूरी तरह भरती नहीं है। यदि रोग का प्रकोप अधिक हो जाय तो फलियों में बीज नहीं बनते और तने के नीचे के भाग का रंग बदल जाता है। पौधों की जड़े सड़ जाती है और निचली पतितयां पीली पड़ने लगती है। इससे पौधा सूख जाता है।

नियंत्रण के उपाय

→ फसल–चक्र को अपनाना चाहिए जिसमें ज्वार, बाजरा एवं गेहूँ की ही फसल लें सकते हैं।

→ खेत में हरी खाद की जुताई के एक सप्ताह के अन्दर ट्राइकोडरमा 5 किलोग्राम प्रति हेक्टेयर की दर से प्रयोग करना चाहिए।

→ बुआई से पूर्व बीज को कार्बेन्डाजीम 50 डब्लू0पी0 (2.5 ग्राम दवा प्रति किलोग्राम बीज) से उपचारित कर लेना चाहिए।

गेरूई (Rust)

रोगजनक : यूरोमाइसेस पिसि एवं यूरोमाइसेस फेवई (***Uromyces pisi and uromyces pabae***)

लक्षण : इस रोग के प्रकोप से पौधे जल्दी सूख जाते हैं तथा उपज कम हो जाती है। यह रोग भी फफूंद के द्वारा ही फैलती हे। प्रारंम्भ में पत्तियों की निचली सतह पर छोटे–छोटे गेरूई या पीले रंग के उठे हुए धब्बे बनते हैं। धीरे–धीरे धब्बों का रंग भूरा लाल पड़ने लगता है। कई धब्बों के आपस में मिलने से पत्तियां सूख जाती है।

नियंत्रण के उपाय

→ रोग से प्रभावित पौधों के अवशेषों को एकत्रित करके जला देना चाहिए।

→ संक्रमित फसल पर हेक्साकोनोजोल 5 ई0सी0 (1 मि0ली0 दवा प्रति लीटर पानी) या विटरटानाल 25 डब्लू0पी0 (1 ग्राम दवा प्रति लीटर पानी) का घोल बनाकर 1–2 बार छिड़काव करें।

श्यामवरण (Anthracnose)

रोगजनक : कोलेटोट्राइकम लीन्डेमुथियानम (***Colletotrichumlindemuthianum***)

लक्षण : इस रोग में पत्तियों के उपर पीले से लाल रंग के सिकुड़े हुए धब्बे बन जाते हैं जो बाद में पूरी पत्ती को ढक लेते हैं। छोटे फलों पर काले रंग के धब्बे आने लगते हैं, तथा रोगी फलियां सिकुड़ कर मर जाती है। यह बीमारी बीज के माध्यम से एक मौसम से दुसरे मौसम में जाती है।

नियंत्रण के उपाय

→ बुआई से पहले बीज को कोर्बोन्डाजीम 50 डब्लू0पी0 (2.5 ग्राम दवा प्रति किलोग्राम बीज) से उपचारित करना चाहिए।

→ रोगरोधी किस्मों का चयन करें।

→ फूल आने के बाद कार्बेन्डाजीम (50 डब्लू0पी0) 1.0 ग्राम दवा प्रति लीटर पानी की दर से घोल बनाकर छिड़काव करें।

पर्ण दाग (Leaf spot)

रोगजनक : सरकोसपोरा प्रजाति (***Cercospora* spp.**).

लक्षण : पुरानी पत्तियों में कोणीय भूरे रंग के धब्बे बन जाते हैं। धब्बे के बीच का रंग धुसर रंग का तथा किनारे का भाग लाल रंग का होता है। रोग से आक्रान्त भाग सूख कर गिर जाता है।

नियंत्रण के उपाय

→ फसल–चक्र अपनायें तथा खेतों में फसल अवशेष को एकत्र कर नष्ट कर दें।

→ थियोफेनेट मिथाइल 70 डब्लू0पी0 (हेक्साटाप) को 1.0 ग्राम दवा प्रति लीटर पानी की दर से घोल बनाकर फसलों पर परर्णीय छिड़काव करें।

मृदुरोमिल आसिता (Downy mildew)

रोगजनक : पेरोनोसपोरा पिसि (*Peronospora pisi*)

लक्षण : सर्वप्रथम पत्तियों के नीचले भाग पर पीले या भूरे रंग के धब्बे पड़ जाते हैं। कलियां भी इससे प्रभावित होती है और उन पर भी पीले रंग के धब्बे बन जाते हैं, जो बाद में गहरे भूरे रंग के हो जाते हैं।

नियंत्रण के उपाय

→ स्वस्थ एवं निरोग बीज का चयन करें। बीज का उपचार कार्बेन्डाजीम 50 डब्लू0पी0 (1.0 ग्राम दवा प्रति किलोग्राम बीज) से करके बुआई करें।

→ रोग आरम्भ होने के समय कापरऑक्सीक्लोराइड 50 डब्लू0पी0 या ट्रियाडिमेफान 25 डब्लू0पी0 (3 ग्राम दवा प्रति लीटर पानी) से छिड़काव करें। ऐसे दो पर्णीय छिड़काव 10–12 दिन के अन्तराल पर करें।

जीवाणु अंगमारी (Bacterial blight)

रोगजनक : स्यूडोमोनास साइरिनजई पी.पिसि (***Pseudomonas syringae* P. pisi**)

लक्षण : जलीय धब्बे पत्तियों, तनों और फलियों पर दिखाई पड़ता है। पत्तियों पर 3 मि0मी0 व्यास तक का धब्बा बनता है तथा बाद में इस धब्बे का आकार बढ़ते जाता है। फसलों के अन्तिम अवस्था में इस रोग का संक्रमण होने पर 25 प्रतिशत तक क्षति होती है, परन्तु प्रारंम्भ में संक्रमण होने पर सभी पौधे मुरझा कर पूर्णरूपेण मर जाते हैं।

नियंत्रण के उपाय

→ स्वस्थ्य पौधों से बीजो का चयन करें।

→ बुआई से पूर्व कारर्बेन्डाजीन 50 डब्लू0पी0 (2.0 ग्राम दवा प्रति किलोग्राम बीज) से बीज उपचारित करें।

→ रोग के संक्रमण होने पर कापरऑक्सीक्लोराइड 50 डब्लू0पी0 (3 ग्राम दवा प्रति लीटर पानी) से फसलों पर पर्णीय छिड़काव करें। ऐसे 2–3 छिड़काव 10–12 दिनों के अन्तराल पर आवश्यकतानुसार करें।

पीला विषाणु (Yellow mosaic)

रोगजनक : विषाणु (***Virus***)

लक्षण : इस बीमारी के प्रभाव से पत्तियों का आकार विगड़ कर पीला तथा सिकुड़ा हुआ हो जाता है जिससे बढ़वार रूक जाती है व पैदावार मारी जाती है। यह विषाणु जनित बीमारी है जिससे लोबिया की फसल को काफी नुकसान होता है। शुरू में नवविकसित पत्तियों पर लक्षण दिखाई पड़ता है जो धीरे–धीरे पौधे पर फैल जाता है। सफेद मक्खी और माहूँ कीट इस बीमारी को फैलाने में मदद करते हैं।

नियंत्रण के उपाय

→ रोग मुक्त बीज की बुआई करें तथा प्रभावित पौधे को उखाड़कर जला दें।

→ सफेद मक्खी या माहूँ जो इस रोग को फैलाते हैं, के नियंत्रन के लिए अन्तःप्रवाही कीटनाशक डायमेथोएट 30 ई0सी0 (2 मि0ली0 दवा प्रति लीटर पानी) या इमेडाक्लोप्रिड 17.8 एस0एल0 (0.25 मि0ली0 दवा प्रति लीटर पानी) के घोल का पर्णीय छिड़काव करें।

आलू (Potato)

अगेती झुलसा (Early blight)

रोगजनक : अल्टरनेरिया सोलानाई (***Alternaria solani***)

लक्षण : इस रोग का लक्षण फसल बोने के 4–5 सप्ताह बाद दिखाई पड़ता है, परन्तु अनुकूल परिस्थितियां मिलने पर कभी–कभी रोग के लक्षण बहुत छोटे पौधों पर भी दिखाई दे जाते हैं। रोग के प्रारम्भिक अवस्था में सबसे पहले पौधों की पुरानी व निचली पत्तियों पर छोटे–छोटे, गोल एवं भूरे रंग के धब्बे बनते हैं। कई धब्बे एक साथ मिलने पर पत्तियां मुरझा जाती है। शीघ्र ही ये धब्बे उपर की पत्तियों पर भी बन जाते हैं। तने पर भी लम्बवत धब्बा बनता है। इस रोग से प्रभावित पौधों में बने कंद आकार में छोटे एवं संख्या में कम होते हैं तथा उनमें स्टार्च की कमी भी हो जाती है।

नियंत्रण के उपाय

→ क्लोरोथैनील 75 डब्लू0पी0 या 2 ग्राम/लीटर या मैंकोजेब 75 डब्लू0पी0 या 2.5 ग्राम/लीटर या कॉपरआक्सीक्लोराइड 50 डब्लू0पी0 या 2.5 ग्राम/लीटर की दर से घोल बनाकर पर्णीय छिड़काव करें।

→ दवा का छिडकाव पत्तियों पर लक्षण आने के प्रारंम्भिक अवस्था से ही प्रारम्भ करना चाहिए। आवश्यकतानुसार 10–15 दिनों के अन्तराल पर 2–3 छिड़काव करना चाहिए।

→ जमीन पर गिरे हुए संक्रमित पत्तियों को एकत्रित करके उनको जला दें। फसल समाप्त हो जाने के बाद पौधों के अवशेष एक जगह एकत्रित करके उन्हें जला दें।

→ बीज का चुनाव हमेशा स्वस्थ एवं रोग रहित फसल से ही करें।

पछेती झूलसा (Late blight)

रोगजनक : फाइटोपथोरा इन्फेस्टैन्स (***Phytophthora infestans***)

लक्षण : यह आलू की सबसे भयानक बिमारी है और दो–तीन दिन में ही पूरी फसल झुलस जाती है। बदली मौसम में इस बिमारी का प्रकोप ज्यादा बढ़ जाता है। पहले पत्तियां किनारे से हल्की भूरी होकर गलने लगती है। सुबह के समय पत्तियों के किनारे पर फफूंद का सफेद घेरा दिखाई देता है जो दिन में सूख जाता है। रोग उग्ररूप धारण करने पर पत्तियां काली पड़ने लगती है और बाद में पूरी पत्ती, तना और अन्त में आलू सड़ने लगते हैं। झूलसा से संक्रमित खेतों में पत्तियों एवं आलूओं के सड़ने से चारों ओर एक विशेष प्रकार की दुर्गन्ध आने लगती है, जो इस रोग के पहचान की विशेषता है।

नियंत्रण के उपाय

इस रोग के नियंत्रण के लिए टमाटर में पछेती झुलसा के लिए बताए गये तरीकों को अपनायें।

काली खुरन्ड (Black scurf/common scab)

रोगजनक : राइजोक्टोनिया सोलेनाई (***Rhizoctonia solani***) एवं स्ट्रेप्टोमाइसिस प्रजातियां (Streptomyces *spp.*)

लक्षण : ब्लैक स्कर्फ में आलू के कन्दों के उपर काली खुरदरी परत जम जाता है। यह किसी भी चीज से खुरचने पर छिलके से निकल जाती है। यह रोग राइजोक्टोनिया सोलेनोई नामक कवक से होती है। इस कवक के कारण कभी–कभी तना गलन बिमारी भी लग जाती है, जो जमीन के पास से ही तना गलकर गिर जाता है।

कामन स्कैब में आलू के कन्दों के उपर पहले सफेद, भूरे धब्बे वाली आकृति बनती है जो सूख कर खुरदरी प्रतीत होती हे। यह बीच में फटी रहती है। स्कैव

बिमारी एक विशेष प्रकार के स्ट्रेप्टोमाइसिस प्रजातियों (*Streptomyces* spp.) नामक फफूंद से होता है।

नियंत्रण के उपाय

→ रोगमुक्त आलू के बीज (कन्द) का प्रयोग करें तथा खेत में पोटाश वाली खाद का संतुलित मात्रा में प्रयोग करें।
→ खेत का पी0एच0 मान उदासीन होना चाहिए।
→ खेत में हरी खाद अथवा पर्याप्त मात्रा में कम्पोस्ट डालकर ट्राइकोडरमा (5 किलोग्राम/हेक्टेयर) का प्रयोग करें।
→ बुआई के पहले आलू के कन्दों को बोरिक अम्ल (3 मि0ली0/ली0 पानी) के घोल में 30 मिनट तक डुबोयें या घोल बनाकर कन्दों के उपर अच्छी तरह छिड़काव करें और छायें में सुखा कर खेत में बुाआई करें।
→ आलू तैयार होने पर खेत की सिंचाई न करें अन्यथा यह रोग तैयार कन्दों पर भी लग जाता हे।

विषाणु जनित मोजैक रोग (Mosaic diseases)

लक्षण : आलू मे कई तरह की विषाणु जनित बिमारियां लगती है जिसमें पत्ती मरोड़, पॉटी, पेटैटो–एस, पोटैटो–एक्स, पोटैटो–वाई, कई तरह के विषाणु पाये जाते हैं, लेकिन इनका संक्रमण बहुत कम अथवा नगण्य ही है।

नियंत्रण के उपाय

→ हमेशा आलू का स्वस्थ व प्रमाणित बीज ही प्रयोग करें।
→ खेत में अगर माहूँ कीट दिखे तो किसी भी अन्तःप्रवाही कीटनाशक रसायनों जैसे– डायमेथोएट 30 ई0सी0 (2.0 मि0ली0 दवा/ली0 पानी) या इमेडाक्लोप्रीड 17.8 एस0एल0 (0.25 मि0ली0 दवा /ली0 पानी) या ऐसीटामिप्रीड 20 एस0पी0 (1.0 ग्राम दवा/ली0 पानी) का छिड़काव करें जिससे रोग बाहक कीट मर जाएँ।

मूली (Radish)

पर्ण धब्बा (Leaf blight)

रोगजनक : अल्टरनेरिया रेफनी (***Alternaria raphanee***)

लक्षण : यह मूली की गंभीर रोग है। पर्ण धब्बा अल्रनेरिया रेफनी नामक फफूंद के कारण होता है। यह रोग जनवरी से मार्च के दौरान बीज वाली फसल पर

ज्यादा लगता है। सभी पर्णीय भाग रोगकारक से ग्रसित होते हैं। पत्तियों पर छोटे घेरेदार (Circle) गहरे काले धब्बे बनते हैं। पुष्पक्रम व फल (Siliqua) पर अण्डाकार से लम्बे धब्बे दिखाई देते हैं। बीज की फलभित्ति भी रोगकारक से गंभीर रूप में संक्रमित हो जाती है।

नियंत्रण के उपाय

→ रोगमुक्त बीज की बुआई करें।
→ कैप्टान 50 डब्लू0पी0 (2.5 ग्राम दवा/किलोग्राम बीज) से बीज उपचारित कर बुआई करें।
→ नीचे की संक्रमित पत्तियों को तोड़कर जला देना चाहिए।
→ पत्ती तोड़ने के उपरान्त मैंकोजेब 75 डब्लू0पी0 (2.5 ग्राम दवा/लीटर पानी) के घोल का छिड़काव करें।

भवेत हरदा (White rust)

रोगजनक : अलबूगो कनडिडा (***Albugo candida***)

लक्षण : पत्तियों एवं तनों पर उजले उठे हुए हरदा के उजला पिडिक (Pustule) यत्र–तत्र दिखाई पड़ते हैं। आकार में ये पिडिक 1–2 मि0मी0 व्यास के होते हैं। संक्रमण प्रायः पत्तियों के निचली सतह में होता है, परन्तु कभी–कभी पत्तियों के उपरी सतह में भी संक्रमण पाया गया है। रोग की उग्रावस्था में पत्तियों, तनों और कलियों का रूप विकृत एवं विदूप–सा दिखता है। परिणामतः उनकी जड़ों में बहुत पतली मूली बनकर रह जाती है।

नियंत्रण के उपाय

→ पौधों के संक्रमित भाग को काट कर जला दें।
→ गोभीवर्गीय सब्जियां एवं अन्य अतिसंवेदनशील फसलों को छोड़कर फसल–चक्र अपनाना चाहिए। धान, गेहूँ, मक्का आदि का फसल–चक़ में शामिल कर सकते हैं।
→ रोग के प्रारंम्भिक अवस्था में फसल पर मैकोजेव 75 डब्लू0पी0 या जिनेव 75 डबलू0पी0 या कॉपरआक्सीक्लोराइड 50 डब्लू0पी0 (2.5 ग्राम दवा प्रति लीटर पानी) के घोल का 15 दिनों के अन्तराल पर दो छिड़काव करना चाहिए।

मूली के अन्य महत्वपूर्ण रोग

	रोग	रोगजनक
1.	पर्ण धब्बा (Leaf spot)	अल्टरनेरिया ब्रासिकेई (*Alternaria brassicae*)
2.	आर्द्र पतन (Damping off)	पायथियम अफनीडेरमटम (*Pythium aphanidermatum*)
3.	मृदुरोमिल आसिता (Downy mildew)	पेरोनोसपोरा पारासिटिका (*Peronospora parasitica*)
4.	कन्द का मृदु गलन (Soft rot of tubers)	इरविनिया करोटोभोरा (*Erwinia carotovora*)

गाजर (Carrot)

सफेद गलन (White rot)

रोगजनक : स्केलेरोटिनया स्केलेरोसियोरम (***Selerotinia sclerociorum***)

लक्षण : सामान्यतः यह रोग ठण्डे और आर्द्र मौसम में होता है। यह मृदाजनित रोग है। रोग के लक्षण ठूँठ और कॉलर के भाग पर गलन के साथ प्रकट होते हैं जो पत्तियों की निचली सतह तक फैले रहते हैं। संक्रमण के बाद जल्द ही सभी भागों पर सफेद कवकजाल की वृद्धि हो जाती है। यह कवकजाल एक जटिल कवकीय चटाई के रूप में बदल जाता है। बाद में पूरा का पूरा संक्रमित भाग काले, कठोर और लम्बे स्केलेरोसियम में परिर्वतित हो जाता है। इस रोग की शुरूआत फूलों में प्राथमिक संक्रमण के कारण होती है।

नियंत्रण के उपाय

→ सुबह के समय संक्रमित गाजर के पौधों को सावधानीपूर्वक जड़ से उखाड़े जिससे स्केलेरोसिया गिरने न पाये तथा उसे पालीथीन बैग में रखकर खेत से दूर ले जाकर जला दें।

→ बदली और नम मौसम में बीज की फसल को समय–समय पर ठूंठ और कालर क्षेत्र में प्राथमिक संक्रमण के लिए देखते रहना चाहिए।

→ कार्बेन्डाजीम 50 डब्लू0पी0 (1 ग्राम दवा प्रति लीटर पानी) से छिड़काव करें उसके 10–12 दिनों के बाद मैंकोजेब 75 डब्लू0पी0 (2.5 ग्राम दवा प्रति लीटर पानी) से पर्णीय छिड़काव करें।

→ छिड़काव फूल आने की अवस्था में गाजर के सभी निचले भागों को आच्छादित करके करना चाहिए।

पट्टा गलन (Collar rot)

रोगजनक : स्कंलेरोसियम रोल्फसाई (***Sclerotium rolfii***)

लक्षण : रोग के प्रारम्भिक अवस्था में गाजर की जड़ में गीली और मुलायम गलन के रूप में दिखाई पड़ती है। यह गलन ठूंठ और पट्टे के क्षेत्र की पत्तियों सहित पूरे जड़ को आच्छादित कर लेती है। रोग के लक्षण जड़ पर सफेद रूई की तरह के कवक की वृद्धि के रूप में दिखाई पड़ते हैं। धीरे–धीरे यह कवकजाल, सरसों जैसे छोटे स्कलेरोसिया में परिर्वतित हो जाते हैं जो भूमि में उत्तरजीवी होते हैं।

नियंत्रण के उपाय

→ धान और अन्य अनाज वाली फसलों के साथ फसल–चक्र अपनाना चाहिए।

→ खेत की सफाई के लिए सभी संक्रमित पौधों को उखाड़ कर जला देना चाहिए।

→ गर्मी में सिंचाई करके गहरी जुताई करें जिससें मिट्टी में व्याप्त स्कलेरोसिया को कम किया जा सके।

→ खेत में हरी खाद या कम्पोस्ट के साथ ट्राइकोडरमा (5 कि0ग्रा0 / हे0) का प्रयोग करें।

पत्तेदार सब्जियाँ (Leafy vegetables)

पर्ण दाग (Leaf spot)

रोगजनक : सरकोसपोरा प्रजाति (*Cercospora* spp.)

अल्टरनेरिया प्रजाति (*Alterneria* spp.)

लक्षण : यह रोग सभी पत्तेदार सब्जियों (पालक, चौलाई) की एक प्रमुख समस्या है। हल्के भूरे गोल धब्बे जिसके किनारे लाल होते हैं। पालक को छोड़कर अन्य पत्तीदार सब्जियों में बहुत स्पष्ट नहीं दिखाई देते हैं। यह रोग सामान्यतया सरकोसपोरा प्रभेद के कवकों द्वारा होता है। यह रोग सलाद, सेलरी एवं चाइनीज पत्तागोभी में अल्टरनेरिया प्रभेद के कवकों द्वारा होता है। अल्टरनेरिया के धब्बे हल्के भूरे, गोल और पत्ती की पूरी सतह पर फैले होते हैं। चौलाई में सफेद गेरूआ (White rust) नामक बीमारी तेजी से फैल रही है जिसमें पत्तियों पर सफेद एवं बहुत छोटा धब्बा बनता है। इसका संक्रमण दक्षिण भारत में सबसे अधिक होता है।

नियंत्रण के उपाय

→ घनी बुआई न करें

→ पौधों की निचली पत्तियों को तोड़कर जला देना चाहिए।

→ बहुत अधिक संक्रमण की अवस्था में क्लेरोथैलोनिल 75 डब्लू0पी0 (2 ग्राम दवा प्रति लीटर पानी) घोल का एक बार छिड़काव करना चाहिए।

→ खेत में संतुलित उर्वरक तथा कम्पोस्ट का प्रयोग करना चाहिए।

सफेद गलन (White rot)

रोगजनक : स्कलेरोटीनिया स्कलेरोसियोरम (*Sclerotinia sclrociorum*)

लक्षण : रोग सामान्यतया ठण्डे एवं नम मौसम में अधिक होता है। रोग के लक्षण जलीय मृदु गलन के रूप में पर्णवृन्त, पुष्पवृन्त एवं तनें पर शुरू होता है और पत्ती के कुछ भाग तक फैल जाता है। संक्रमण के बाद कवकजाल घना हो जाता है एवं कवक के तन्तुओं पर जल बिन्दु दिखने लगता है। बाद में संक्रमित भागों के उपर कवकजाल बहुत घना हो जाता है और काले रंग की कवक संरचना (स्कलेरोसिया) से ढँक जाता है।

नियंत्रण के उपाय

→ संक्रमित पत्तियों, फूलों व तनों इत्यादि की कुछ स्वस्थ भाग के साथ सुबह के समय काटकर सावधानी पूर्वक पोलीथीन बैग में एकत्रित करना चाहिए, ताकि स्कलेरोसिया जमीन पर न गिर सकें और फिर खेत के बाहर दुर ले जाकर जला देना चाहिए।

→ प्राथमिक संक्रमण का निरीक्षण के लिए ठन्डे, आर्द्र एवं बादलयुक्त मौसम में फसल का नियमित अवलोकन करना चाहिए।

→ कार्बेन्डाजीम 50 डब्लू0पी0 (1 ग्राम दवा प्रति लीटर पानी) के घोल का पर्णीय छिड़काव करना चाहिए और इसके 6–10 दिनों के बाद मैमोजेब 75 डब्लू0पी0 (2.5 ग्राम दवा प्रति लीटर पानी) के घोल का छिड़काव करना चाहिए।

→ छिड़काव निचली पत्तियों एवं तने तक अवश्य ही पहूँचना चाहिए।

बेबी कार्न (Baby corn)

पर्ण झूलसा (Leaf blight)

रोगजनक : यूसिकम एवं हेलमिन्थोसपोरियम (*Ucicum* and *Helminthosporium*)

लक्षण : इस रोग में पत्तियों पर ही धब्बा बनता है। यह धब्बा इतना विनाशकारी होता है कि पूरी पत्ती ही झूलस जाती है। इसमें यूसिकम और हेलमिन्थोपोरियम दो प्रमुख फफूंद है जिनके कारण पूरी पत्ती झुलस जाती है।

नियंत्रण के उपाय

→ बीज का चुनाव स्वस्थ्य एवं रोग रहित पौधों से ही करें।

→ खेत में संतुलित उर्वरक की मात्रा का प्रयोग करें।

→ बेवीकार्न की फसल बहुत घनी नहीं बोनी चाहिए।

→ नीचली संक्रमित पत्तियों को तोड़कर जला दें।

→ पौधों पर मैकोजेब 75 डब्लू0पी0 या क्लोरोथेंलोसनील 75 डब्लू0पी0 (2.5 ग्राम दवा प्रति लीटर पानी) के घोल का छिड़काव आवश्यकतानुसार 1 या 2 बार करें। दो छिड़काव के बीच 10–15 दिन का अन्तराल रखें।

अध्याय 8

सब्जियों में समेकित रोग प्रबंधन

भारत में सब्जी का उत्पादन लगातार बढ़ रहा है, परन्तु इसके साथ ही रोग की समस्याएँ भी लगातार बढ़ती जा रही है। जब से सब्जियों में शंकर बीजों का आदान–प्रदान खुले राष्ट्रीय एवं अन्तर्राष्ट्रीय बाजार में होने लगा है, तब से सब्जियों में बीमारियों की समस्या और भी अधिक बढ़ गई है। खाद्यान्न फसलों की अपेक्षा सब्जियों में रोग ग्राहयता अधिक होती है। इसमें लगने वाली बीमारियां इसकी पैदावार के लिए एक जटिल समस्या है। पौधशाला से लेकर फसल उत्पादन, भण्डारण एवं विपणन तक सभी जगह ये रोगकारक सब्जी उत्पादन में मुख्य बाधक है। सम्पूर्ण विश्व में केवल रोगों के कारण लगभग 650 लाख टन सब्जी उत्पादन में क्षति होती है जो कि कुल उत्पादन का 10.5 प्रतिशत है। सब्जियों में उत्पादनोपरान्त हानि भी महत्वपूर्ण है, क्योंकि सूक्ष्मजीवों के प्रभाव से ये सब्जियां शीघ्र सड़ने योग्य होती है। सब्जियों में सबसे अधिक नाशीजीव रसायन का प्रयोग हो रहा है।बहुत सारे किसान बिना जरूरत के भी दवाओं का प्रयोग सिर्फ दुकानदारों के कहने पर करते हैं। कुछ अनभिज्ञ किसान अप्रभावी रसायनों का प्रयोग करते हैं, जो कि फसल में लगे रोग की रोकथाम के लिए बिल्कूल ही फायदेमन्द नहीं है। नाशीजीव रासायनों का दिन–प्रतिदिन बढ़ते मूल्य एवं परोक्ष दुष्प्रभावों के कारण प्रत्येक किसान सब्जियों पर इसका प्रयोग कम करना चाहता है। रोगकारकों में रसायनों के लिए प्रतिरोधी क्षमता विकसित होने से अधिकांशतः दवाओं की प्रभावनशीलता कम होती जा रही है। रोगनाशक दवाओं के उपयोग से

एवं उनके लक्ष्य विहीन प्रभाव के कारण, वर्ष दर वर्ष रोगजनक के प्रभेदों में वृद्धि होती जा रही है। सब्जियों में तुड़ाई जल्दी–जल्दी की जाती है, अतः रसायनों का कम और सावधानीपूर्वक प्रयोग की आवश्यकता है। नई पीढ़ी के सभी अंतःप्रवाही रसायन कुछ न कुछ मात्रा में सब्जियों पर अपना अवशेष छोड़ देते हैं। अतः अधिक और बिना वैज्ञानिक सलाह के रसायनों का प्रयोग उचित नहीं है। किसी भी रोग के समुचित प्रबन्धन के लिए यह जानना बहुत जरूरी है कि रोगकारक कहाँ से आता है और कहाँ पर जीवित रहता है। सब्जियों में अधिकांशतः रोग बीज एवं मिट्टी से ही फैलते हैं। बीज में रोग का संक्रमण कई प्रकार से होता है। इसमें फूल, फल, पुष्पवृन्त, जायांग, बीजांग इत्यादि मुख्य है। इसके अतिरिक्त पौधों में बहुत सारे प्राकृतिक छिद्र होते हैं जैसे–स्टोमेटा, लेन्टीसेल एवं हाइडेथोड जिसके द्वारा रोगकारक के बीजाणु (Spore) प्रवेश करते हैं। सब्जियों में रोग उत्पन्न करने के लिए बहुत से जैविक कारक जैसे फफूंद, जीवाणु, विषाणु, फाइटोप्लाज्मा एवं सूत्रकृमि जिम्मेदार है, जिनके कारण से सब्जी उत्पादन एवं उसकी गुणवत्ता में कमी आती है। अधिकतर सब्जियों में रोग कवकों के द्वारा उत्पन्न होते हैं। सब्जियों में शंकर किस्मों का प्रयोग न सिर्फ विभिन्न नयी रोग संबन्धी समस्यायें खड़ी कर रहा है, बल्कि कुछ रोगकारकों की संख्या में भी वृद्धि कर रहा है।

बीज द्वारा फैलने वाली बीमारियाँ मुख्य रूप से तीन प्रकार की होती है जिनके आधार पर उपयुक्त प्रबन्धन की विधि अपनानी चाहिए –

1. आन्तरिक बीज जनित बीमारियों में रोगकारक बीजांग के अन्दर जीवित रहता है जैस– बैंगन का फोमोप्सिस झूलसा, मिर्च का एन्थ्रेकनोज, गोभी का जीवाणु काला सड़न।
2. बाह्य बीज जनित बीमारियां जिसमें रोगकारक बीज के छिलके के उपर रहता है जैसे– अल्टरनेरिया झूलसा, मृदुरोमिल आसित (डाउनी मिल्ड्यू)।
3. बीज में संक्रमित फसल अवशेष, रोग संरचना और स्कलेरोसिया का मिश्रण जैसे–बैंगन का स्कलोरोटिनिया झूलसा।

सब्जियों के फफूंद एवं जीवाणु जनित बीजों में पाये जाने वाले रोगः

सब्जियां	रोग का नाम	रोगकारक की जगह
बैंगन	फमोप्सि झूलसा	आन्तरिक
टमाटर	जड़ सड़न, तना गलन	आन्तरिक एवं वाह्य
	सफेद सड़न	आन्तरिक एवं वाह्य
	अगेती झूलसा	वाह्य
	जीवाणु झूलसा	आन्तरिक एवं वाह्य
	सेप्टोरिया पर्णदाग	आन्तरिक
मिर्च	एन्थ्रेकनोज	आन्तरिक
	भूरा धब्बा	आन्तरिक
गोभीवर्गीय सब्जियां	अल्टरनेरिया झूलसा	आन्तरिक
	ब्लैक लैग	आन्तरिक
	जीवाणु काला सड़न	आन्तरिक एवं वाह्य
	मृदुरोमिल आसिता	वाह्य
प्याज एवं गाजर	अल्टरनेरिया झूलसा	आन्तरिक एवं वाह्य
आलू	अगेती झुलसा	आन्तरिक एवं वाह्य
	पिछेती झुलसा	आन्तरिक एवं वाह्य
	भूरा गलन	आन्तरिक एवं वाह्य

सब्जियों के फफूंद एवं जीवाणु जनित मिट्टी में पाये जाने वाले रोग :

सब्जियां	रोग का नाम	रोगकारक की जगह
पपीता	तना विगलन, जड़ विगलन एवं कॉलर सड़न	आन्तरिक एवं वाह्य
	पनामा रोग	आन्तरिक एवं वाह्य
अदरख	कंद विगलन	आन्तरिक
टमाटर	फ्यूजेरियम उकठा	आन्तरिक एवं वाह्य

सब्जियों के बीज एवं मिट्टी में पाये जाने वाले रोग

सब्जियां	रोग का नाम	रोगकारक की जगह
मटर	चूर्णिल आसिता	वाह्य
गोभीवर्गीय सब्जियाँ, बैंगन, मिर्च, टमाटर, भिंडी	आर्द्रपतन (डम्पिंग ऑफ)	आन्तरिक एवं वाह्य
आलू	भूरागलन	आन्तरिक एवं वाह्य
टमाटर	तना एवं जड़ विगलन	आन्तरिक एवं वाह्य
गोभीवर्गीय सब्जियाँ	पर्ण धब्बा	वाह्य
मिर्च	फल एवं तना सड़न (डाई बैक)	आन्तरिक एवं वाह्य
शकरकन्द	कंद सड़न	आन्तरिक एवं वाह्य

सब्जियों के विषाणु जनित बीजों के रोग

सब्जियां	रोग का नाम	रोगकारक की जगह
लोबिया / सेम	बीन मोजैक	आन्तरिक एवं वाह्य
खीरा	ग्रीन मोटिल मोजैक	आन्तरिक एवं वाह्य
टमाटर	मोजैक	वाह्य
राजमा / टमाटर	बीन कामन मोजैक	आन्तरिक
आलू	पत्ती मोड़क मोजैक	वाह्य
भिंडी	पीत सिरा मोजैक	वाह्य
बैंगन	मोजैक	वाह्य

किसी भी बीमारी का समुचित प्रबन्धन के लिए यह जानना बहुत आवश्यक है कि रोगकारक (फफूंद, जीवाणु एवं विषाणु) कहाँ से आता है और कहाँ पर जीवित रहता है, चूँकि सब्जियों में बीमारियों के नियंत्रण के लिए रसायनों का प्रयोग सबसे अधिक होता है। सब्जियों में तुड़ाई बहुत कम दिनों के अन्तराल (2–3) पर की जाती है। अतः रसायनों का प्रयोग कम से कम करने पर भी बहुत अधिक सावधानी की आवश्यकता पड़ती है। इसलिए रोग नियंत्रण की सफलता के लिए निम्न उल्लेखित कुछ विशेष बिन्दुओं पर ध्यान देने की जरूरत हैं।

→ कई रसायनों, वृद्धि नियामकों तथा सूक्ष्म पोषक तत्वों, इन सभी को मिलाकर नहीं छिड़कना चाहिए।

→ मिट्टी में संतुलित उर्वरकों का प्रयोग करना चाहिए।
→ हमेशा स्वच्छ एवं रोग रहित बीज का प्रयोग करना चाहिए।
→ खेत से फसल अवशेष एवं अवांछित खरपतवार को निकाल कर हमेशा खेत को साफ–सूथरा रखना चाहिए।
→ फसल–चक्र तथा मिश्रित खेती को प्रोत्साहित करना चाहिए।
→ सब्जियों की खेती के लिए हमेशा अवरोधी एवं सहिष्णु किस्मों का चयन करना चाहिए।
→ रोग नियंत्रण के लिए जैव नियंत्रक का यथा संभव प्रयोग को प्राथमिकता देना चाहिए।
→ सही एवं सुरक्षित रसायन, सही मात्रा, सही जगह पर सही समय में एवं सही छिड़काव के बूंद पर विशेष ध्यान देना चाहिए।

उपरोक्त संदर्भ को ध्यान में रखते हुए समेकित रोग प्रबन्धन पद्दति सब्जियों में अति आवश्यक है। समेकित रोग प्रबन्धन तकनीक द्वारा ही सब्जियों में बीमारियों का समाधान सम्भव है तथा भविष्य के लिए अधिक फायदेमेंद भी है।

समेकित रोग प्रबन्धन के मुख्य घटक

(क) सस्य प्रबन्धन
(ख) यांत्रिक/प्रत्यक्ष प्रबन्धन
(ग) जैविक नियंत्रण
(घ) रोग अवरोधिता
(ड़) रासायनिक नियंत्रण

समेकित रोग प्रबन्धन के कार्यान्वयन का मुख्य तत्व

(i) मिट्टी लाभदायक एवं हानिकारक दोनों तरह के सूक्ष्म जीवों का भण्डार है। अतः मिट्टी के स्वास्थ्य का निम्न क्रियाओं द्वारा समुचित प्रबन्धन करना चाहिए। जैसे –

- समय से भूपरिष्करण।
- गर्मी की जुताई।
- हरी खाद का प्रयोग।
- अनुकूल कार्बन–नाइट्रोजन के अनुपात की रक्षा करना।
- संतुलित पोषक तत्व का प्रयोग।
- भूमि में समुचित वायु प्रवाह का संचरण सुनिश्चित करना।

(ii) समेकित रोग प्रबन्धन का विवेकपूर्ण प्रयोग करना चाहिए तथा अमिश्रणीय जीवनाशकों, पादप वृद्धि नियामकों एवं सूक्ष्म पोषक तत्वों को एक साथ नहीं मिलाना चाहिए।

(iii) बीज का स्वास्थ्य आवश्यक रूप से मानक स्तर तक होना चाहिए। सुनिश्चित तौर पर बीज वाह्य एवं आन्तरिक बीजोद्भिद रोगकारकों, संक्रमित फसल अवशेषों एवं सकलेरोसियम से मुक्त होना चाहिए।

(iv) संक्रमित फसल अवशेषों को एकत्र करके जला देना चाहिए, एकान्तरित एवं सजातीय खरपतवार नियंत्रण की समुचित व्यवस्था करना चाहिए जिससे खेत में रोग कारक का उन्मूलन हो सके।

(v) मिट्टी से उत्पन्न रोगों के प्रबन्धन के लिए फसल–चक्र एक महत्वपूर्ण युक्ति है, इसके लिए किसी रोग कारक विशेष के लिए अपोषक फसलों का चयन करना चाहिए।

(vi) बैमौसमी सब्जी की खेती को निरूत्साहित करना चाहिए, क्योंकि ऐसा नहीं करने पर रोगकारकों का जीवन–चक्र टूटता नहीं है और उनकी उत्तरजीविता बढ़ जाती है।

(vii) समेकित रोग प्रबन्धन के विभिन्न उपायों के समुचित एवं अनुकूल प्रयोग करने के लिए रोगकारक का जीवन–चक्र का ज्ञान होना महत्वपूर्ण है। अधिकतम लाभ के लिए प्रबन्धन के उपायों का प्रयोग जीवन–चक्र की क्रान्तिक अवस्था पर किया जाय।

(viii) विस्तृत प्रभाव वाली फफूंदनाशकों का चयन, उचित मात्रा, छिड़के जाने वाले पौधों का भाग, छिड़काव की विधि एवं बूदों का आकार इत्यादि का ज्ञान रखा जाय, क्योंकि यह फफूंदनाशकों को प्रभावशीलताा को प्रभावित करते हैं।

(ix) हरी खाद, सड़ी गोबर की खाद के साथ या अन्य किसी कार्बनिक तत्व के साथ जैविक फफूंदनाशकों का मिट्टी में प्रयोग को बढ़ावा देना चाहिए। साथ ही इन जैव फफूंदनाशकों के लिए अनदुष्प्रभावी फफूंदनाशकों का भी प्रयोग करना चाहिए।

(x) हमेशा रोग सहनशील शंकर किस्मों को उगाना चाहिए। शंकर प्रजाजियों में रोग सहनशीलता एवं बीजजनित रोगों का सही ज्ञान/जानकारी प्राप्त करके ही लगाना चाहिए।

(xi) तुड़ाई के पश्चात् सब्जियों का समुचित प्रबन्धन करना चाहिए जिससे सब्जियों को सड़ने एवं उनके बीजों को संक्रमण से बचाया जा सके।

(xii) समेकित प्रबन्धन की सफलता तभी संभव है, जब सभी सब्जी उत्पादक/ किसान सामूहिक रूप से मिलकर उपरोक्त सभी प्रबन्धन क्रियाएं आसपास के सभी खेतों में एक साथ करे।

1. पौधशाला में समेकित रोग प्रबन्धन

पौधशाला में लगने वाली बीमारियों में आर्द्रगलन सभी सब्जियों का प्रमुख रोग है। बीज गलन, जीवाणु झूलसा, मृदुरोमिल आसिता, काला विगलन और सूत्रकृमि का संक्रमण पौधशाला में लगने वाले अन्य प्रमुख रोग है। पौधशाला की क्यारी में मिट्टी एवं बीज जनित फफूंद, अंकुर तथा प्राकुंर को नरम अवस्था में नष्ट कर देते हैं। नर्सरी में पौध कम होने का व्यवहारिक कारण अंकुरण पूर्व आर्द्रगलन एवं बीज की सड़न होती है। इस तरह का आर्द्रगलन से छुपा हुआ नुकसान होता है, परन्तु अंकुरण के पश्चात् की आर्द्रगलन एक गम्भीर समस्या होती है। पौध में संक्रमण, अंकुरण के बाद जमीन की सतह पर होता है जिससे तार जैसे लक्षण दिखाई देते हैं। उत्तकों के मुलायम, भींगे तथा कमजोर होने के कारण पौघ उपर से गिर जाता है और बाद में मर जाता है। यह पूरी प्रक्रिया बहुत ही जल्द होती है। बीज के अकुंरण के 20 दिन बाद जमीन की सतह (कालर) के पास से तना का गलना एक दुसरी गंम्भीर समस्या होती है। सब्जियों में आर्द्रगलन भूमि में उपस्थित फफूंद (कवक) के विभिन्न प्रजातियों जैसे राइजोक्टोनिया, पिथियम, फ्यूजेरियम, स्क्लेरोशियम फोमा और अल्टरनेरिया से होती है। जिवाणु झुलसा (Bacerial blight) टमाटर, मिर्च, शिमला मिर्च और गोभी के पौध की अन्य महत्वपूर्ण रोग है। इसके लक्षण पौधे के उपरी भाग पर बहुत छोटे गहरे धब्बे के रूप में दिखाई देते हैं। पत्तियां पीली पड़ने लगती है तथा बाद में नीचे गिर जाती है। पौधशाला के रोगों का प्रबन्धन सस्य क्रियाओं, भौतिक, जैविक और रासायनिक विधियों के एकीकृत समन्वयन से ही संभव है।

सस्य क्रियान्वयन द्वारा प्रबन्धन

भारी मिट्टी, अधिक वर्षा, अधिक मिट्टी में नमी, सघन बीजाई, कम प्रकाश, तीव्र प्रकाश और नत्रजन की अधिक मात्रा पौधशाला की बीमारी को बढ़ावा देता है। अतः इन सभी कारकों का समुचित प्रबंध करना चाहिए। इसके लिए पालीथीन, एग्रोनेट, मसलीन की पतली जाली या छाया के लिए हरी जाली का मेहरावदार संरचना बनाकर आवश्यकतानुसार ढँकना चाहिए।

पौधशाला परिवेश

भारी मिट्टी, अधिक वर्षा, अधिक मिट्टी में नमी, सघन बीजाई, कम प्रकाश, तीव्र प्रकाश और नत्रजन की अधिक मात्रा पौधशाला की बीमारी को बढ़ावा देता है। अतः इन सभी कारकों का समुचित प्रबंध करना चाहिए। इसके लिए पालीथीन, एग्रोनेट, मसलीन की पतली जाली या छाया के लिए हरी जाली का मेहरावदार संरचना बनाकर आवश्यकतानुसार ढँकना चाहिए।

स्वस्थ्य पौध उगाने के लिए निम्नलिखित विन्दुओं पर ध्यान देना चाहिए –

- पौधशाला का स्थान आसापास के क्षत्र से थोड़ा उँचा (4–5 ईंच) होना चाहिए तथा जहाँ पर पानी नहीं लगता हो।
- पौधशाला खुली जगह पर होना चाहिए, जहाँ पर सूर्य का प्रकाश पूरे दिन उपलब्ध हो।
- सिंचाई की सुविधा उपलब्ध हो।
- पौधशाला की मिट्टी हल्की दोमट या बलूई दोमट तथा पी.एच. मान 7.0 के आसपास होना चाहिए।

लाभ : पौध स्वस्थ्य उगते हैं तथा इनमें रोग अवरोधिता का विकास होता है। परिणमतः पौधों में रोग संक्रमण की संभावना कम रहती है या नगन्य रहती है।

भूमि शोधन : हानिकारक जवाणुओं से बचाव के लिए भूमि शोधन अत्यन्त आवश्यक है, अन्यथा मिट्टी में पहले से उपस्थित हानिकारक जवाणु पौधों को क्षति पहुँचाते हैं जो न केवल पौध तैयार करने तक ही सीमित रहती है, बल्कि खेत में रोपण के पश्चात् भी पौधों को हानि पहुँचाते हैं। भूमि शोधन निम्न कई प्रकार से किया जा सकता है :

- मृदा शोरीकरण (सोलेराइजेशन)।
- जैविक विधि।
- फार्मलीन द्वारा।
- फफूंदनाशक दवाओं द्वारा।
- कीटनाशक दवाओं द्वारा।
- गर्म भाप द्वारा।

मृदा शौरीकरण : मिट्टी को सूर्य के प्रकाश में शोधन करने की क्रिया को शौरीकरण (सोलेराइजेशन) कहते हैं। इसमें पौधशाला की क्यारी (बेड) बनाकर उसमें हल्का पानी डालकर थोड़ा गीला कर लेते हैं, ताकि मिट्टी अच्छी भुरभुरी अवस्था में रहे। इसको सफेद पालीथीन से ढ़ककर चारों तरफ से मिट्टी से दबा

देते हैं (सील कर देते हैं) ताकि पालीथीन के अन्दर से हवा तथा वाह्य न निकले। इस तरह इसे लगभग 40–45 दिनों तक मई–जून के महीने में छोड़ देते हैं उसके बाद सफेद पोलीथीन हटाकर बीज की बुआई कर देते हैं।

लाभ : यह विधि उन स्थानों पर अधिक फायदेमंद हैं जहाँ पर गर्मी के महीने में सूर्य के प्रकाश की तीव्रता अधिक होती है और दिन का तापमान 45 डिग्री सेल्सीयस तक जाता है तथा इसके साथ ही साथ शुष्क गर्मी की अवधि लम्बी होती है। यदि पोलीथीन के अन्दर का तापमान 48 से 52 डिग्री सेल्सीयस तक बना रहता है तो यह पौधशाला के रोग से बचाव अच्छी तरह कर सकता है। उसमें रोग कारक मर जाते है तथा बहुत से मित्र जैविक नियंत्रक फफूंदों का बढ़वार हो जाता है। मिट्टी का शौरिकरण करने के उपरान्त टमाटर में कर्की जड़ बीमारी के कारण के बचाव से पैदावार में 100 से 350 प्रतिशत की वृद्धि पायी गयी है। सोलेराइजेशन का सबसे बड़ा फायदा नर्सरी में खरपतवार नियंत्रण में होता है जिसमें द्विपत्रीय घास लगभग 15 दिन तक बिल्कूल नहीं दिखाई देती । सोलेराइजेशन से मिट्टी में उपस्थित मूलग्रन्थि सूत्रकृमि (Root knot nematode) की संख्या में काफी कमी हो जाती है। पौधशाला में जीवाणु धब्बा बीमारी से लगभग पूर्णरूप से मुक्ति मिल जाती है। सोलेराइजेशन से मिट्टी में फिक्स फसफोरस, पोटाश तथा अन्य सूक्ष्म तत्वों की उपलब्धता पौध को बहुत अधिक हो जाती है जिससे पौध की बढ़वार अच्छी हो जाती है।

जैविक विधि द्वारा उपचार : इस विधि का उपयोग आर्द्र गलन बीमारी (Damping off) से बचाव के लिए किया जाता है। इस विधि में मुख्यतया 3 प्रकार के जीवाणुओं का उपयोग किया जाता है, जिनमें ट्राइकोडरमा की विभिन्न प्रजातियां, सुडोमोनास फ्लोरोसेन्स एवं एसपरजिलस नाइजर प्रमुख है। इस विधि से मिट्टी उपचार हेतु 10–25 ग्राम जैव नियंत्रक प्रति वर्गमीटर क्षेत्रफल की दर से उपयोग करना चाहिए।

प्रयोग विधि : पौधशाला को अच्छी तरह तैयार करके उसमें तैयार किया गया मिश्रित जैव नियंत्रक पदार्थ (10–25 ग्राम प्रति वर्ग मीटर क्षेत्रफल) मिट्टी में अच्छी तरह मिला दें। उसके एक दो दिन बाद बीज की बुआई करें।

सावधानियां : जैव नियंत्रकों द्वारा उपचार के समय पौधशाला में कम्पोस्ट तथा अन्य कार्बनिक खाद पर्याप्त मात्रा में उपलब्ध होने चाहिए। जैव नियंत्रक में जीवित एवं सक्रिय जीवाणु पर्याप्त मात्रा में हो। जैव नियंत्रक मिलाते समय पौधशाला की मिट्टी में पर्याप्त नमी होनी चाहिए, लेकिन पूरी मिट्टी गीली अवस्था में भी न रहे। जैव नियंत्रकों द्वारा उपचार के उपरान्त कुछ दिन तक

पौधशाला में वर्षा एवं धूप से बचाव करने की व्यवस्था होनी चाहिए। उस नर्सरी बेड़ में अन्य किसी भी रसायन (कवकनाशक व जीवाणुनाशक) का प्रयोग बिना तकनीकी जानकारी के नहीं करना चाहिए।

लाभ : जैविक विधि के प्रयोग करने से पौध की बढ़वार स्वस्थ्य रूप में बहुत जल्दी हो जाती है।

फार्मलीन द्वारा उपचार : यदि पैधशाला में लगने वाले रोग की समस्या का निदान किसी विधि से न हो पाया हो तो भूमि शोधन का कार्य फार्मलीन से भी कर सकते हैं, क्योंकि फार्मलीन गैस से मिट्टी में उपस्थित सभी जीवाणु नष्ट हो जाते हैं।

प्रयोग विधि : फार्मलीन से उपचार के लिए बीज बुआई के 15–20 दिन पूर्व करना चाहिए। 1.5–2.0 प्रतिशत फार्मलीन के घोल की 4.5 लीटर मात्रा प्रति वर्ग मीटर क्षेत्रफल की दर से क्यारी में इस प्रकार डाले की मिट्टी 15–20 से0 मी0 की गहराई तक गीली हो जाय। इसके बाद क्यारी को पोलीथीन की चादर से ढक देते हैं। पालीथीन की चादर को चारो तरफ से गीली मिट्टी से अवश्य दवा दें, ताकि फार्मलीन गैस बाहर न निकल पाये। उपचार के 24 घंटे बाद चादर हटा लें और 15 दिनों तक खुला छोड़ दें, ताकि गैस क्यारी से बाहर निकल जाये। इसके बाद निकाई–गुड़ाई कर बीज की बुआई करते हैं।

यदि बीज की बुआई का समय निकट आ गया हो और 15 दिन इन्तजार करने का समय न हो तो फार्मलीन धूल की 15 भाग मात्रा लेकर 85 भाग सड़ी हुई गोबर की बारीक खाद या कम्पोस्ट खाद में अच्छी प्रकार मिलाकर 400–500 ग्राम मात्रा प्रति वर्ग मीटर क्षेत्रफल की दर से क्यारी की मिट्टी में 15–20 सें0मी0 गहराई तक अच्छी प्रकार मिलाकर क्यारी बनायें तथा बीज की बुआई करें।

फफूंदनाशक दवाओं से उपचार : मिट्टी उपचार के लिए कैप्टान की 5 से 6 ग्राम या कार्बेन्डाजीम (50 डब्लू. पी.) की 2 ग्राम मात्रा प्रति वर्गमीटर क्षेत्रफल की दर से पौधशाला की मिट्टी में डालकर 15 से 20 सें0मी0 की गहराई तक अच्छी प्रकार मिला दें। यदि दवा को सीधे मिट्टी मे मिलाने में असुविधा हो रही हो तो दवा की मात्रा कम्पोस्ट खाद या सड़ी गोबर की खाद में मिला कर सर्वत्र एक समान (क्यारी में) डालकर मिट्टी में मिला दें। यदि इस प्रकार से भी असुविधा हो रही हो और दवा सर्वत्र एक समान न पड़ रही हो तो 5–6 ग्राम दवा प्रति लीटर पानी की दर से घोल बनाकर क्यारी की मिट्टी को तर कर दें तथा मिट्टी भुरभुरी हो जाने पर गुड़ाई करके क्यारी में बीज की बुआई करें।

कीटनाशक दवाओं से उपचार : भूमि में अनेक प्रकार के सूक्ष्म जीव, कीड़े–मकोड़े विद्यमान रहते हैं जो अनुकूल वातावरण मिलने पर सक्रिय हो जाते हैं। इनसे पौधों को बचाव के लिए फ्यूराडान या फ्रीप्रोनील की 3 ग्राम मात्रा प्रति वर्गमीटर क्षेत्रफल की दर से पौधशाला की क्यारी में डालकर मिट्‌टी में अच्छी प्रकार मिलाने के बाद क्यारी में बीज की बुआई करते हैं।

गर्म भाप द्वारा उपचार : जितने क्षेत्र में पौध उगाने के लिए क्यारी बनानी हो उसके आकार के अनुसार पालीथीन की चादर से मिट्‌टी को चारो तरफ से ढककर वायु अवरूद्ध कर दें, ताकि कहीं से हवा बाहर न निकल सके। अब इसके अन्दर मशीन द्वारा पाइप की सहायता से गर्म भाप 4–6 घन्टे तक लगातार प्रवाहित करें। इससे भी सभी हानिकारक जीवाणु व कीटाणु मर जाते हैं। मिट्‌टी को ढ़की हुई अवस्था में इसी प्रकार दो–तीन घंटे तक रहने दें। तत्पश्चात् मिट्‌टी गुड़ाई योग्य हो जाय तो क्यारी की मिट्‌टी तैयार कर बीज की बुआई करें।

बीज शोधन :

बहुत सी बीमारियों के कारक (फफूंद, जीवाणु व सूत्रकृमि) बीज के साथ, बीज की सतह पर या बीज के अन्दर विद्‌दमान रहते हैं तथा ये कारक बीज को अस्वस्थ कर देते हैं जिसके परिणमस्वरूप रोगी बीज का अंकूरण कम होता है तथा अंकूरण होने पर भी कमजोर एवं रोगग्रस्त रहते हैं। बीज के साथ रोग के जनक एक स्थान से दुसरे स्थान तक आसानी से पहुँच जाते हैं। अतः बीजोपचार द्वारा प्रारंम्भिक अवस्था में ही बीज व मृदा जनित बीमारियों से सुरक्षा मिलती है तथा स्वस्थ अंकूरण के साथ अंकुरित बीजों का विकास तेजी से होता है। बीज उपचार निम्न दो विधियों के द्वारा किया जाता है।

- जैविक विधि।
- रसायनिक विधि।

जैविक विधि द्वारा उपचार : पौधशाला में ट्राइकोडरमा की विभिन्न प्रजातियां, सुडोमोनास फ्लोरोसेन्स तथा एसपरजिलस नाइजर का प्रयोग बीज शोधन एवं भूमि में प्रयोग किया जाता है। बीज शोधन के लिए 6–10 ग्राम तैयार मिश्रित जैव पदार्थ प्रति किलोग्राम बीज की दर से इस तरह बीज में लपेटे की अच्छी प्रकार से बीज की सतह पर चिपक जाय। उसे ठण्डे/छाया में सुखाकर तब बीज की बुआई करें।

ट्राइकोडरमा (विभिन्न प्रजातियां)	–	5–6 ग्राम / किलोग्राम बीज
एसपरजीलस नाइजर (काली सोना एस0डी0)	–	6–10 ग्राम / किलोग्राम बीज
सुडोमोनस फ्लोरोसेन्स	–	6 ग्राम / किलोग्राम बीज

रासायनिक विधि द्वारा उपचार : बीज शोधन कैप्टान (50 डब्लू. पी.) नामक दवा की 3–4 ग्राम मात्रा प्रति किलोग्राम बीज की दर से करना चाहिए। दवा को बीज में अच्छी प्रकार मिलाने के लिए मिट्टी या लकड़ी के ढक्कनदार बर्तन का प्रयोग करना चाहिए। दवा एवं बीज बर्तन में डालकर ढक्कन बंद कर दें और अच्छी प्रकार से हिलाएं ताकि दवा बीज के चारो तरफ अच्छी प्रकार से चिपक जाय। इस प्रकार उपचारित बीज को बर्तन से बाहर निकाल कर तैयार क्यारी में बुआई करना चाहिए।

कुछ सब्जियों जैसे टिण्डा, करेला, तरबूज इत्यादि में छिलके कठोर होते हैं। अतः इनको कैप्टान के 0.02 प्रतिशत (2 ग्राम दवा प्रति लीटर पानी में) घोल में भिगोंकर बुआई करने से फफूंद जनित बीमारियों का प्रकोप कम हो जाता है। भिगोने की अवधि करेला में 24 से 36 घण्टे, चिचिण्डा, तरबूज और टिण्डा में 10 से 12 घंटे, खीरा, ककड़ी, खरबूजा, कोहरा इत्यादि में 3 से 4 घण्टे एवं लौकी, नेनुआ, तोरई व पेठा में 6 से 8 घण्टे है। कद्दूवर्गीय सब्जियों में अगेती फसल के लिए नर्सरी तैयार की जाती है।

पौधशाला में सब्जियों के बीमारियों का रासायनिक नियंत्रण

फसल	नियंत्रित होने वाले बीमारियों के नाम	फफूंदनाशकों के नाम	मात्रा (प्रति लीटर पानी)
टमाटर, बैंगन, मिर्च एवं गोभीवर्गीय सब्जियां	आर्द्रगलन (राइजोक्टोनिया, पीथियम, फाइटोप्थोरा, फ्यूजेरियम, स्कर्लेरोटियम फफूंद)	कैप्टान कार्बेन्डाजिम	2.0 ग्राम / लीटर 1.5 ग्राम / लीटर
टमाटर	कालर रॉट	कॉपरऑक्सीक्लोराइड	3 ग्राम / लीटर
	अगेती झुलसा	क्लोरोथेलोनील	2 ग्राम / लीटर
	जीवाणु झुलसा	स्ट्रेप्टोसाइक्लीन	1.5 ग्राम / 10 लीटर
		कासुगामायसीन	2 मि0ली0 / लीटर

क्रमशः...

बैंगन	फोमोप्सिस झुलसा	कार्बेन्डाजिम	1.5 ग्राम / लीटर
	सफेद गलन	साफ (मैंकोजेब 64% + कार्बेन्डाजिम 8%)	2.5 ग्राम / लीटर
	तना विगलन	कॉपरऑक्सीक्लोराइड	3 ग्राम / लीटर
	(राजइजोक्टोनिया एवं स्केलेरोसियम का फफूंद, सफेद दिखाई देने पर अथवा तना का छिलका गीला रहने पर)	कार्बेन्डाजिम	1.5 ग्राम / लीटर
मिर्च	डाइबैक	साफ (मैंकोजेब 64% + कार्बेन्डाजिम 8%)	2.5 ग्राम / लीटर
	जीवाणु झूलसा	कॉपरऑक्सीक्लोराइड	3 ग्राम / लीटर
		स्ट्रेप्टोसाइक्लीन	1.5 ग्राम / 10 लीटर
		कासुगामायसीन	2 मि0ली0 / लीटर
गोभीवर्गीय सब्जियां	अल्टरनेरिया पर्ण दाग	क्लोरोथेलोनील	2 ग्राम / लीटर
		दुसरा छिड़काव मैंकोजेब	3 ग्राम / लीटर
	काला सड़न	स्ट्रेप्टोसाइक्लीन	1.5 ग्राम / 10 लीटर
	मृदुरोमिल फफूंद / सफेद दाग	साफ (मैंकोजेब 64% + कार्बेन्डाजीम 8%)	3 ग्राम / लीटर

बीज बुआई के बाद पौधशाला का किसी वाह्य प्रतिकूल प्रभाव से वचाव : कभी–कभी ऐसा देखा गया है कि प्रतिकूल वातावरण जैसे कई दिनों तक रूक–रूक कर वर्षा होने, तेज धूप व तेज ठंड में बीज के जमाव के साथ–साथ उनके वृद्धि एवं विकास में कठिनाई होती है तथा रोग के संक्रमण की संभावना बनी रहती है। पौधशाला में बीज डालने के बाद जब रूक–रूक कर या तेजी से वर्षा हो रही हो तो ऐसी परिस्थितियों में पौधशाला को बांस की वत्ती / करची को धनुषकार अवस्था में '⌒' के रूप में 1.0–1.0 मीटर की दूरी पर क्यारियों के उपर गाढ़ कर सफेद पारदर्शी पोलीथीन से ढक दें। जब तेज धूप हो तो पौधशाला के उपर छाया की व्यवस्था कर दें एवं मिट्टी में हमेशा नमी बरकरार रखें। जब तेज ठंड हो तो वैसे परिस्थिति में भी बांस की बत्ती / करची की सहायता से सफेद

पारदर्शी पोलीथीन से ढक दें, ताकि अनुकूल वातावरण पाकर पौधे जल्दी तैयार हो जाय, क्योंकि बाहर का तापमान इतना कम रहता है कि बीज के जमाव व वृद्धि पर प्रतिकूल प्रभाव पड़ता है।

पौधशाला में विषाणु रोग का प्रबन्धन

पत्तीमोड़ विषाणु (लीफ कर्ल) : विषाणु रोग स्वंय नहीं फैलता, बल्कि इसको फैलाने वाला दुसरा वाहक कीट होता है जिसे सफदे मक्खी के नाम से जाना जाता है। यह अत्यन्त छोटी कम दिखाई पड़ने वाली सफेद रंग की मक्खी है जो विषाणु रोग के किटाणु को एक पौधे से दुसरे पौघे पर फैलती है। इस रोग से प्रभावित पत्तियां सिकुड़कर टेढ़ी–मेढ़ी, मोटी, घुमावदार व छोटी हो जाती है। इससे बचाव के लिए पौधशाला में बुआई से पहले फ्यूराडान (3 जी0) 3 ग्राम प्रति वर्गमीटर क्षेत्रफल की दर से पौधशाला की मिट्टी में समान रूप से छिड़कर मिला देते हैं। बीज जमने के बाद डायमेथोएट (30 ई0सी0) 2 मि0ली0 / ली0 पानी या इमेडाक्लोप्रिड (17.8 एस0एल0) 0.25 मि0ली0 / ली0 पानी में घोलकर छिड़काव करने के बाद क्यारी को एग्रोनेट (जाली) से ढकते हैं। ढकने के लिए आस–पास उपलब्ध बांस की पतली डालियां या लोहे को 3 सूत मोटी छड़ को धनुषाकार अवस्था में ' ' के रूप में 1.0–1.0 मीटर की दूरी पर क्यारियों के उपर गाढ़ देते हैं तथा उसके उपर एग्रोनेट को फैलाकर चारो तरफ से किनारों को मिट्टी में दबा देते हैं, ताकि कोई कीट या सफेद मक्खी जाली के अन्दर प्रवेश न कर सके। यदि सम्भावना हो कि कोई मक्खी अन्दर रह गयी होगी तो 2 से 3 दिन बाद उपरोक्त कीटनाशक दवा का छिड़काव पुनः कर दें। सिंचाई इत्यादि जाली के उपर से ही हजारे की सहायता से करते रहे।

2. मुख्य फसल में समेकित रोग प्रबन्धन

विगत डेढ़ दशकों में सब्जी उत्पादन में दो गुण वृद्धि हुई है। किन्तु इसके साथ ही कई प्रकार के रोगों का प्रकोप भी बढ़ा है। सब्जियों के शंकर किस्मों के उपयोग, बैमोसमी सब्जियों का उत्पादन, रासायनिक रोगरोधी दवाओं के प्रति प्रतिरोधी क्षमता विकसित होने तथा नये प्रकार के रोगों के उत्पन्न होने के कारण रोगों की समस्या ज्यादा बढ़ गयी है। ये रोगकारक सब्जियों के पौधशाला से लेकर भण्डारण एवं विपणन तक हानि पहुँचाते हैं। रासायनिक दवाओं के अंधाधुंध उपयोग से रोग के प्रकोप में तो कमी आयी है, किन्तु साथ ही पर्यावरण प्रदुषण, मित्र सूक्ष्मजीवों का विनाश एवं खाद्य पदार्थों में रोगनाशकों के अवशेष रह जाने के कारण पर्यावरण असंतुलन एवं मानव स्वास्थ्य के लिए गंभीर संकट पैदा हो गया

है। इस संदर्भ को ध्यान में रखते हुए समेकित रोग प्रबन्धन का उपयोग सब्जियों में अति आवश्यक है। समेकित रोग प्रबन्धन में उन सभी नियंत्रण विधियों जैसे भौतिक/यांत्रिक, जैविक एवं रासायनिक का समुचित समावेश किया जाता है जो प्रभावी, लाभदायक तथा वातावरण एवं विभिन्न लाभदायक सूक्ष्मजीवियों के लिए सुरक्षित हो। किसी भी रोग के एकीकृत/समेकित प्रबंधन के लिए यह जानना अति आवश्यक है कि रोगकारक कहाँ से आता है और कहाँ पर जीवित रहता है। सस्य प्रबंधन, जैविक एवं रासायनिक नियंत्रकों का चयन करके समेकित रोग प्रबन्धन किया जा सकता है जो निम्न उल्लेखित हैः

(क) सस्य प्रबन्धन :

इस प्रबन्धन के अन्तर्गत विभिन्न सस्य क्रियाओं का चयन इस प्रकार किया जाता है कि रोग का प्रकोप कम हो या रोग के प्रति सहनशीलता बढ़ जाय।

1. **खेतों की साफ–सफाई** : सब्जियों को खेत में लगाने के पूर्व खेत में पहले से लगी फसल के अवशेष को अच्छी प्रकार हटा देना चाहिए जिससे खेत में उपस्थित फफूंद तथा अन्य जीवाणुओं के निवेशद्रव्य नष्ट हो जाय और रोगों का मृदा द्वारा फैलाव न होने पाय तथा उस खेत में बुआई फसल पर लगने वाले रोग भी काफी कम हो जाय। जैसे मटर के मृदुरोमिल आसिता रोग, आलू की अगेती व पिछेती झूलसा रोग इत्यादि।
2. **खेत के मिट्टी की जाँच** : फसल लगाने के पूर्व खेत की मिट्टी की जाँच अवश्य ही करना चाहिए। चूँकि खेत की मिट्टी में अम्लीयता बढ़ने से रोगों का प्रकोप अधिक होता है। जैसे टमाटर में झूलसा रोग, मिर्च में श्यामवरण रोग आदि।
3. **गर्मी की जुताई** : गृष्म काल में गहरी जुताई करके सुषुप्तावस्था में पड़े हुए कवक के निवेशद्रव्य को ज्यादा तापक्रम से नष्ट करना एक प्रभावी नियंत्रण है। यह कार्य मई–जून माह में करना चाहिए।
4. **स्वस्थ एवं प्रमाणित बीज का चयन** : अच्छी सब्जी उत्पादन का मूल आधार स्वस्थ बीज है। सब्जियों में लगने वाले रोग मुख्यतया बीज या मिट्टी के द्वारा ही फैलते हैं। जैसे बैगन का फोमोप्सिस झूलसा, मिर्च का एन्थ्रेकनोज, गोभी का जीवाणु काला सड़न इत्यादि। अतः बीज खरीदते समय सदैव प्रमाणित बीज ही किसी शोध संस्थान या कृषि विश्वविद्यालय अथवा प्रतिष्ठित कम्पनियों से ही खरीदें। जहाँ तक संभव हो रोग अवरोधी या सहनशील किस्मों का चयन करें। इस आधार पर चयनित किस्मों में

अपेक्षाकृत कम रोग लगते हैं एवं रासायनिक दवाओं के उपयोग की मात्रा में भी कमी आती है।

5. **फसल की बुआई एवं रोपाई के समय में परिवर्तन** : रोग के प्रति फसल की नाजुक अवस्था को ध्यान में रखकर फसल की बुआई तथा रोपाई के समय में परिवर्तन करके कई प्रकार के बीमारियों से बचा जा सकता है। अगेती बुआई करके मटर की चूर्णिल आसिता तथा पछेती बुआई करके चुकन्दर के आर्द्र पतन रोग को कम किया जा सकता है।

6. **फसल सघनता** : फसल की सघनता भी रोग को प्रभावित करती है। सघन फसलों में विरल फसलों की अपेक्षा विषाणु रोगों का प्रकोप कम होता है। जैसे चुकन्दर येलों एवं टमाटर का कर्ली टाप वायरस रोग।

7. **फसल–चक्र** : उचित फसल–चक्र अपनाकर मिट्टी जनित रोगों की रोकथाम की जा सकती है। खेतों में लगातार एक ही फसल लगाने से रोगकारक के जीवाणुओं व फफूंदों का पर्याप्त निवेशद्रव्य मौजूद रहता है जिससे फसलों में रोग का संक्रमण तेजी से फैलता है। अतः कम से कम 3 या 6 साल का फसल–चक्र अपनाकर सब्जियों के मृदाजनित रोगों की रोकथाम की जा सकती है। जैसे आलू का भूरा विगलन रोग।

8. **उर्वरकों का समुचित उपयोग** : उर्वरकों का असंतुलित उपयोग से भी बीमारियों की समस्या बढ़ी है। नाईट्रोजन एवं फास्फोरस युक्त उर्वरकों का उपयोग ज्यादा मात्रा में किया जाता है, जबकि पोटैशियम युक्त उर्वरकों तथा सूक्ष्म तत्वों का उपयोग बहुत कम या नहीं के बराबर हो रहा है जिसके कारण पौधों में रोग के प्रति संवेदनशीलता बढ़ी है। अतः मुख्य पोषक तत्वों के साथ सूक्ष्म पोषक तत्वों का उपयोग संतुलित मात्रा में करना चाहिए। जहाँ तक संभव हो कार्बनिक खाद उपलब्ध हो तो ज्यादा से ज्यादा मात्रा में उपयोग करना चाहिए।

9. **मिट्टी का उपचार** : सामान्यतया पौधशाला में मिट्टी जनित रोगों जैसे आर्द्र गलन (Damping off) को रोकने के लिए उपचार किया जाता है। सूर्य के प्रकाश के द्वारा उपचार सबसे सस्ता एवं उत्तम उपाय है। इसलिए मुख्य फसल के लिए भी खेतों का मई–जून माह में सूर्य प्रकाश के द्वारा मिट्टी का उपचार करना चाहिए। इसके अतिरिक्त फार्मलिन का उपयोग, जैविक विधि तथा फफूंदनाशकों दवाओं के द्वारा किया जाता है जो पौधशाला के समेकित रोग प्रबन्धन में विस्तृत रूप में वर्णित है।

10. **बीज का उपचार** : बीज को पौधशाला या खेत में बोने से पहले उपचार कर लेने से बीज जनित रोगों की रोकथाम की जा सकती है। बीज का उपचार गर्म पानी, जैविक तथा फफूंद दवाओं के द्वारा भी किया जा सकता है। बीजोपचार की विधि पोधशाला में समेकित रोग प्रबन्धन में विष्तृत रूप से वर्णित है।

11. **सिंचाई का समुचित प्रबन्धन** : सब्जियों में आवश्यकतानुसार समय से सिंचाई करने पर पौधे स्वस्थ्य रहते है जिससे उनमें रोग अवरोधिता व सहनशीलता में वृद्धि होती है।

(ख) **भौतिक या यांत्रिक प्रबन्धन** : नियमित रूप से खेतों का निरिक्षण करके रोग से ग्रसित पौधों व पौधों के संक्रमित भागों तथा फसल अवशेषों को खेत से निकाल कर नष्ट करते रहना चाहिए। खरपतवारों को हाथ से व निराई–गुड़ाई करके नष्ट करना चाहिए।

(ग) **जैविक नियंत्रण** : जैव नियंत्रक के मुख्यतया तीन प्रकार के जीवाणुओं का उपयोग किया जाता है जिनमें ट्राइकोडरमा की विभिन्न प्रजातियां, सूडोमोनास फ्लोरोसेन्स एवं एसपरजीलस नाइजर प्रमुख है। इस विधि में मिट्टी के उपचार हेतु 2.5–3.0 किलोग्राम प्रति हेक्टेयर एवं बीजोपचार हेतु 6–10 ग्राम प्रति किलोग्राम बीज दर से उपयोग किया जाता है।

(घ) **रोग अवरोधिता** : खेत में जैविक खादों जैसे कम्पोस्ट, बर्मीकम्पोष्ट अथवा हरी खाद का प्रयोग करने से मिट्टी के जीवांश में वृद्धि होती है। परिणामतः फसलों में रोग के प्रति अवरोधिता उत्पन्न होती है।

(ड़) **रसायनिक नियंत्रण** : इस विधि में विभिन्न प्रकार के फफूंदनाशक एवं जीवाणुनाशक दवाओं का उपयोग किया जाता है। मिट्टी के उपचार के लिए जैसे फर्मलीन और कार्बेन्डाजीम तथा बीजोपचार के लिए थीरम, कार्बेन्डाजीम एवं कैप्टान का उपयोग किया जाता है। इसके अतिरिक्त मुख्य फसल में विभिन्न प्रकार के कवकनाशक या जीवाणुनाशक रसायनों का उपयोग कर रोगों का नियंत्रण किया जाता है, किन्तु इन रसायनों के अनियमित एवं अत्यधिक प्रयोग करने से वातावरण में प्रदूषण तथा हानिकारक रासायनिक अवशेषों में लगातार वृद्धि हो रही है। समेकित रोग प्रबन्धन तकनीक के साथ सही संतुलन बनाकर सुरक्षित रसायनों की सही मात्रा एवं समय पर उपयोग करना चाहिए। रोग एवं फसल की अवस्था को ध्यान में रखते हुए रासायनिक दवाओं का उपयोग करना चाहिए। फसलों के तुड़ाई अन्तराल

को ध्यान में रखते हुए कम प्रतिक्षा समय वाले रोगनाशकों को कम अन्तराल पर तोड़नेवाली सब्जियों में प्रयोग करना चाहिए।

प्रमुख सब्जियों में रोगों का रासायनिक नियंत्रण

सब्जियां	प्रमुख रोग	रासायनिक नियंत्रण
टमाटर	अगात झूलसा	थीरम (2.0 ग्रा0 दवा/कि0ग्रा0 बीज) से बीज उपचार तथा कॉपरआक्सीक्लोराइड (2.5 ग्रा0 दवा/ली0 पानी) का पर्णीय छिड़काव
	पछात झूलसा	रिडोमिल (2.0 ग्रा0 दवा/ली0 पानी) का पर्णीय छिड़काव
	लीफ कर्ल	सफेद मक्खी के नियंत्रण हेतु डायमेथोएट (2.0 मि0ली0 दवा/ली0 पानी) का पर्णीय छिड़काव
बैंगन	फोमोप्सिस झूलसा	कार्बोन्डाजीम (2.0 ग्रा0 दवा/कि0ग्रा0 बीज) द्वारा बीज उपचार तथा मैंकोजेब (2.5 ग्रा0 दवा/ली0 पानी) का पर्णीय छिड़काव
मिर्च	फल सड़न	कॉपरआक्सीक्लोराइड (2.5 ग्रा0 दवा/ली0 पानी) का 10 दिन के अन्तराल पर तीन पर्णीय छिड़काव
मटर	चूर्णी फफूंद	घुलनशील गंधक (2.5 ग्रा0 दवा/ली0 पानी) का पर्णीय छिड़काव
गोभीवर्गीय सब्जियों	काला सड़न	स्ट्रेप्टोसाइक्लीन (1.0 ग्रा0 दवा/10 ली0 पानी) द्वारा बीजोपचार तथा फूल बनते समय पत्तियों पर पर्णीय छिड़काव
प्याज	पत्र लांछन	थीरम (3.0 ग्रा0 दवा/कि0ग्रा0 बीज) द्वारा बीजपचार तथा मैंकोजेब (2.5 ग्रा0 दवा/ली0 पानी) का पर्णीय छिड़काव

क्रमशः...

कद्दूवर्गीय सब्जियां	फल विगलन	मैंकोजेब (2.0 ग्रा0 दवा/मि0ली0/ली0 पानी) का फलने के पूर्व पर्णीय छिड़काव
लोबिया, मटर, राजमा	गेरूई	हेक्साकोनाजोल (1 मि0ल0 दवा/3 ली0 पानी) का पर्णीय छिड़काव
आलू	अगेती झूलसा	प्रोपिनेव (2.5 ग्रा0 दवा/ली0 पानी) का पर्णीय छिड़काव
	पछात झूलसा	रिडोमिल (2.5 ग्रा0 दवा/ली0 पानी) का पर्णीय छिड़काव

अध्याय 9

सब्जियों के विषाणुजनित रोगों का एकीकृत प्रबंधन

विषाणु एक संक्रमक, अतिसूक्ष्म, झिल्ली के पार हो जाने वाला अकोशिकीय रोगकारक है जो कि हमेशा जीवित कोशिकाओं में ही बहुगुणित होता है तथा अधिकतर रोग उत्पन्न करता है। यह अन्तः कोशिकीय, अविकल्पी परजीवी होता है एवं इसमें अपना खुद का उपापचय प्रक्रम तथा उर्जा उत्पादन का अभाव होता है। विषाणुकण न्यूक्लिक अम्ल और प्रोटीन से मिलकर बने होते हैं। न्यूक्लिक अम्ल आर0एन0ए0 एवं डी0एन0ए0 में से कोई एक ही विषाणु कण में होता है।

विषाणु जनित बीमारियों के लक्षण

1. **मोजैक :** : सामान्य हरी पत्तियों में अनियमित हल्के हरे या पीले धब्बों का बिखराव।
2. **बौनापन** : पौधों में दो गाँठों के बीच की दूरी कम होने से पौध का बौना होना।
3. **रिंग स्पाट** : केन्द्रीय मृत भाग पर हर तरफ एक या एक से अधिक गोल छल्लों का बनना तथा इन छल्लों के बीच में और पत्ती के बाहर हरे भाग का होना।

4. **शिराओं (vein) का क्लीयरिंग** : शिराओं का स्पष्ट एवं पीला हो जाना।

5. **वेन वेंडिग (शिराओं में पट्टिका बनना)** : शिराओं के पास गहरे हरे रंग की पट्टिका का बन जाना या जमाव हो जाना।

6. **फफोलापन** : पर्ण सतह की असमान वृद्धि तथा गहरे हरे उठे हुए धूसर युक्त पत्ती का होना।

7. **रोजेट** : अल्प वृद्धि, छोटी झाड़ी के प्रकार की वृद्धि।

8. **फिलीफार्म** : पत्तियों का सूई की तरह लम्बा तथा पतला हो जाना।

9. **इनैसन** : पत्तियों की निचली सतह पर शिरा उत्तकों में अतिवृद्धि।

10. **रूगोसिटी** : अल्प वृद्धि, दबी हुई शिराएँ तथा अन्तशिरा का पर्ण भाग उभरा हुआ।

11. **फीलोडी** : सामान्यतया सफेद या रंगीन उत्तकों का हरा हो जाना।

12. **माटलिंग, चितकबरापन** : सम्पूर्ण पत्ती में अनियमित हल्के तथा गहरे रंग का बिखराव।

विषाणुजनक रोगों के लिए कोई भी रासायनिक दवा उपलब्ध नहीं है, इसके प्रकोप को सिर्फ एकीकृत (Integrated) विधि से ही कम किया जा सकता है।

विषाणु मुक्त बीज का प्रयोग : कुल 120 से भी अधिक विषाणु विभिन्न बीजों के द्वारा संचारित होते हैं। कुछ विषाणु बीज की सतह पर लगे रहते हैं, जैसे टमाटर मोजैक विषाणु, तो कुछ बीज के अन्दर रहते हुए संबाहित होते है, जैसे साउदर्न बीन मोजैक विषाणु (लोबिया तथा सेम में), खीरा ग्रीन मोटिल मोजैक विषाणु (खीरा में) और कुछ विषाणु बीज के अन्दर भ्रूण में रहते हुए बीज के माध्यम से संवाहित होते हैं, जैसे बीन कामन मोजैक (राजमा और मटर में)।

बीजों को विषाणु मुक्त करने के लिए निम्न बीजोपचार विधियां प्रयोग में लायी जाती है। बीजों को 70–76 डिग्री सेल्सियस वायु तापमान पर 1–3 दिन तक रखना तथा सोडियम फास्फेट के 10 प्रतिशत जलीय घोल में 30 मिनट तक बीजोपचार करना जो टमाटर मोजैक विषाणु, खीरा ग्रीन मोटिल मोजैक विषाणु एवं मिर्च माइल्ड मोटिल विषाणु में कारगर पाया गया है।

समकुलीन बाहरी पौधे से संक्रमण का बचाव : फसल के कटने के बाद तथा नयी फसल के आने तक विषाणु इन्हीं बाह्य पौधों पर जीवित रहते हैं। खरपतवार विभिन्न विषाणु के जीवित रहने एवं संवहन में बहुत महत्वपूर्ण भूमिका अदा करते हैं, जैसे – पॉटी वायरस, खीरा मोजैक वायरस, जेमिनी वायरस एवं टमाटर चित्तीदार झुलसा वायरस।

अतः खरपतवार नियंत्रण विषाणु रोगे की रोकथाम में बहुत महत्वपूर्ण है।

विषाणु रोगवाहकों (कीटों) से बचाव : उत्तर भारत में भिण्डी की अगेती बुआई करने से पीत शिरा विषाणु से काफी सुरक्षित रहती है, क्योंकि विषाणु वाहक कीटों की संख्या अगेती मौसम के दौरान कम होती है।

विषाणुजनित बीमारियों के नियंत्रण की यह सबसे सरल एवं कारगर विधि है और वाहक जनित रोगों में यह बहुत महत्वपूर्ण है। रासायनिक नियंत्रण विधि में सबसे महत्वपूर्ण होता है कि समय से दवाओं का प्रयोग।

रोग वाहक जनित विषाणु रोगों का रासायनिक नियंत्रण

रोग	कीटनाशक
खीरा मोजैक, तरबूज मोजैक, राजमा कॉमन मोजैक	डायमेथोएट 30 ई0सी0 (2 मि0ली0 दवा प्रति लीटर पानी में) या इमेडाक्लोप्रिड 17.8 एस0एल0 (1 मि0ली0 दवा प्रति 4 लीटर पानी में) का 2–3 छिड़काव 7 दिन के अन्तराल पर। फ्यूराडान (3 जी) 32 कि0ग्रा0 / हेक्टेयर या फ्रीप्रोनिल (0.3 जी0आर0) 20 कि0ग्रा0 / हेक्टर बुआई के समय और बाद में एसीटामिप्रिड (20 एस0पी0) या डाइफेनथ्यूरान 50 डब्लू0पी0 (1.0 ग्राम दवा प्रति लीटर पानी में) का 2–3 छिड़काव 10 दिन के अन्तराल पर।
लोबिया गोल्डेन मोजैक	फ्यूराडान (3 जी) 32 कि0ग्रा0 प्रति हेक्टेयर और 7 दिन के अन्तराल पर फिर डायमेकोएट 30 ई0सी0 (2 मि0ली0 दवा / ली0 पानी में) का 2–3 छिड़काव।

क्रमशः...

भिण्डी का यलो मोजैक एवं भिण्डी लीफ कर्ल	बुआई के समय फ्यूराडान (3 जी) 32 कि0ग्रा0 / हेक्टेयर या फ्रीप्रोनिल (0.3 जी0आर0) 20 कि0ग्रा0 / हेक्टेयर और फिर 4–5 छिड़काव 10 दिन के अन्तराल पर थाइमेथोक्साम (25 डब्लू0पी0) 100 ग्राम / हेक्टेयर की दर से।
टमाटर का लीफ कर्ल	पौधशाला में बुआई के समय तथा खेत में रोपाई के समय फ्यूरडान (3 जी)32 कि0ग्रा0 प्रति हेक्टेयर की दर से प्रयोग करें। बाद में क्लोरफेनापीर (10 एस0सी0) का 200 मि0ली0 प्रति हेक्टेयर की दर से पर्णीय छिड़काव करें।

रोग वाहकों द्वारा विशाणु संवहन से बचाव : जहरीले रासायनों की बजाय सब्जियों में वानस्पतिक तेलों एवं खनिज तेलों का कीट नियंत्रण के लिए उपयोग ज्यादा अच्छा माना जाता है। यह विधि माहूँ (Aphid) कीट द्वारा फैलाए जाने वाले विषाणु रोगों (खीरा मोजैक, लौकी मोजैक, तरबूज मोजैक एवं लोबिया मोजैक) एवं सफेद मक्खी (White fly) द्वारा फैलाए जाने वाले विषाणु रोगों (टमाटर मोजैक, भिण्डी यलो वेन मोजैक) के नियंत्रण में महत्वपूर्ण है।

रूकावट डालने वाली फसले लगाना : रूकावट डालने वाली फसलें, मुख्य फसलों के साथ एकान्तर या कुछ अधिक दूरी पर कतारों में लगाया जाता है। रूकावट डालने वाली फसलों पर कीटनाशकों का छिड़काव उन्हें और अधिक प्रभावी बना देता है। उदाहरण के लिए जौ की फूलगोभी के एकान्तरित करने पर फूलगोभी मोजैक से बचाव होता है। मक्का को मिर्च की फसल में एकान्तरित करने पर मिर्च के मोजैक रोग में लाभदायक साबित हुआ है।

फसल सघनता : सघन फसलें विषाणु वाहक कीटों को बिरल फसलों की तुलना में कम आकर्षित करती है। अतः घनी फसलों में विषाणु रोगों का प्रकोप कम होना स्वाभाविक है। उदाहरण के लिए चुकन्दर का येलो मोजैक एवं टमाटर का कर्लीटाप रोग।

स्वच्छता के उपाय : कृषकों के संक्रमित हाथों से स्पर्श एवं कृषि यंत्रों के माध्यम से फैलने वाले विषाणु रोगों जैसे तम्बाकू विषाणु मोजैक (टी0एम0वी0), खीरा विषाणु मोजैक (सी0एम0वी0) एवं खीरा हरा चितकबरा विषाणु मोजैक (सी0जी0एम0एम0वी0) के नियंत्रण में ट्राइ सोडियम फास्फेट या साबुन के घोल

से कृषि यंत्रों को और श्रमिकों के हाथों एवं कपड़ों को साफ करने से विषाणु के संक्रमण से बचा जा सकता है।

विषाणुजनित रोगों की रोकथाम के लिए रोगी पौधों को प्रारंम्भिक अवस्था में ही पहचान कर उखाड़ फेंक देने के बाद जला देने से विषाणु जनित रोगों को फैलने से रोका जा सकता है।

मल्चिंग (पलवार) का प्रयोग : विषाणु रोगों को नियंत्रित करने के लिए कई प्रकार के मल्च प्रयोग में लाए जाते हैं। जैसे पालीथीन एवं जस्ता की हल्की पट्टियां एफिड कीट वाहित विषाणु जनित रोगों के नियंत्रण हेतु संस्तुत की जाती है। मल्च के प्रयोग से भूमि में नमी का संरक्षण अधिक होता है जिससे भूमि का तापमान बढ़ जाता है और खरपतवारों में दबे हुए बीजाणु भी मर जाते है और इनकी वजह से फैलने वाले विषाणु रोगों में काफी कमी आ जाती है।

रोगरोधी प्रजातियो ंका प्रयोग : विषाणु रोगों से निजात के लिए सब्जियों में सहिष्णु या रोगरोधी किस्मों का प्रयोग करना सबसे व्यवहारिक तथा स्वीकार्य एवं सक्षम विधि है।

विषाण रोग के रोगरोधी प्रजातियां

फसल	विषाणु रोग	रोगरोधी प्रजातियां
टमाटर	लीफ कर्ल वायरस (पत्ती मोड़ विषाणु रोग)	एच–86
भिण्डी	यलो वेन मोजैक (पीत शिरा विषाणु रोग)	वी0आर0ओ0–8, वी0आर0ओ0–6, डी0बी0आर0–9, पी–7, परभनी क्रान्ति एवं अर्का अनामिका

अध्याय 10

सब्जियों में बीमारियों का जैविक नियंत्रण

सब्जियों में अधिकाशंतः बीज जनित या मिट्टी जनित बीमारियां हाती है। मिट्टी से उत्पन्न बीमारियों का रासायनों द्वारा नियंत्रण करना उपयोगी नहीं है, क्योंकि मिट्टी मे रोगाणुओं के अतिरिक्त लाभदायक सूक्ष्मजीव भी रहते हैं। ये सूक्ष्मजीव कई प्रकार से लाभ पहुँचाते है। जैसे रासायनिक खादों का विघटन, नाइट्रोजन एवं फास्फोरस की उपलब्धता तथा कम्पोस्ट व जैव पदार्थों को सड़ाने का काम करते हैं। इसके अलावा बहुत और ऐसे सूक्ष्मजीव मिट्टी में रहते हैं जो बीमारियों को नष्ट करते हैं। ऐसे मित्र सूक्ष्मजीवों को *जैव नियंत्रक* कहते हैं। इन जैव नियंत्रकों को अधिक से अधिक मात्रा में कृत्रिम रूप से उत्पादन करके रोगों को कम करने की विधि जैविक नियंत्रण कहलाती है। मिट्टी में जाकर ये जैव नियंत्रक कई प्रकार के रोगाणुओं को मार देते हैं। मृदाजनित रोगाणुओं के जैविक नियंत्रण में सूक्ष्मजीवों को तीन प्रकार की क्रियाविधि सम्मिलित है जैसे– *प्रतिद्वंदिता, प्रतिजैविकता* एवं *कवक परपोषिता*।

प्रतिद्वंदिता : जब दो या दो से अधिक सूक्ष्म जीवियों को एक ही प्रकार के श्रोतों की अधिक मात्रा में आवश्यकता होती है तभी प्रतिद्वंदिता होती है।

प्रतिजैविकता : जब किसी जैव नियंत्रक द्वारा विषैला रसायन (मेटाबोलाइटस) या प्रति जैविक पदार्थ बनता है जिसका सीधा प्रभाव अन्य सूक्ष्मजीवियों के वृद्धि पर पड़ता है तो उसे प्रतिजैविकता कहते हैं। यह प्रति जैविक, जटिल जैव रासायनिक पदार्थ होता है जो कि वाष्पशील या अवाष्पशील अथवा कभी–कभी दोनों प्रकार का

होता है। *पीथियम अल्टीमम* एवं *मैक्रोफोमिना फैसियोलिना* के विरूद्ध *ट्राइकोडरमा पोलीस्पोरम* इस विधि के द्वारा काफी प्रभावी होता है।

कवक परपोशिता : कवक परजीविता या कवक परपोषिता वह है जिससे एक कवक दुसरे कवक को भोजन के रूप में उपयोग करता है।

रोगाणुओं की कोशिका भित्ति को नष्ट करने के लिए जैवनियंत्रक पदार्थ द्वारा उत्पन्न कुछ एन्जाइम, जैसे काइटिनेजेज एवं बी–1, 3 ग्लूकैनोज की महत्वपूर्ण भूमिका रहती है।

जैविक विधि से नियंत्रित होने वाली बीमारियां:

सब्जियों में अधिकांशतः रोग मिट्टी से ही फैलता है। ये रोग कारक मिट्टी में बहुत लंबे समय तक जीवित रहते हैं और जैसे ही पौधा लगाया जाता है तो उसको रोगग्रस्त कर देते हैं। विभिन्न प्रकार के सब्जियों में मिट्टी जनित रोगाणु के कारण जड़ विगलन, कालर राट एवं उकठा रोग हो जाते हैं। ये सभी बीमारियां जैविक नियंत्रण द्वारा ही स्थायी रूप से रोकी जा सकती है। कई जैव नियंत्रक जैसे एस्परजीलस नाइजर–वी प्रजाति को पत्तियों के रोगाणु, जैसे *अल्टरनेरिया सोलेनाई* एवं *कोलेटोट्राइकम कैप्सिकी* के लिए प्रयोग किया जा सकता है। सब्जियों में संक्रमण उत्पन्न करने वाले कुछ सूत्रकृमि (नेमैटोड) को भी विरोधी कवक मारने अथवा नष्ट करने में सहायक होते हैं। महत्वपूर्ण लक्ष्य रोगाणु जैसे– *पीथियम, स्कर्लेरोशिम रोल्फसाई, मैक्रोफोमिना फैसियोलिना, राइजोक्टोनिया सोलेनाई, फ्यूजेरियम, फाइटोफथोरा फोमा, स्क्लेरोटिनिया स्वलेरोशियम, बोट्राइटिस, अर्मिलेरिया, वर्टीसिलियम, एरीसाइफी* आदि का इन सूक्ष्मजीवियों के द्वारा नियंत्रण किया जा सकता है।

प्रभावशाली जैवनियंत्रक : विभिन्न प्रकार की मित्र सूक्ष्मजीवी मिट्टी में पाये जाते हैं। इन सूक्ष्मजीवियों का कई मिट्टी जनित रोगाणुओं के प्रबन्धन में उपयोग किया जा रहा है। उनमें से कुछ सूक्ष्मजीवी खासतौर से जीवाणु और फफूंद विशेष उपयोगी है। परन्तु कुछ ऐसे भी सूक्ष्मजीवी है जिनका परिपोषी परिसर विस्तृत है और अधिक लाभकारी है। अतः वैसे जैव नियंत्रक सूक्ष्मजीवियों का ही चयन करना चाहिए जो कई रोगकारकों को एक साथ मारने की क्षमता रखता है। इनमें *ट्राइकोडरमा* नामक जैव नियंत्रक फफूंद का नाम सबसे प्रमुख है। ट्राइकोडरमा का सब्जियों में मिट्टी जनित बीमारियों के जैव नियंत्रण में महत्वपूर्ण योगदान है। ट्राइकोडरमा की कई प्रजातियां जैसे– *ट्राइकोडरमा हारजीएनम, ट्राइकोडरमा वीरीडी, ट्राइकोडरमा वायरेन्स, ट्राइकोडरमा कोनिंनधई, ट्राइकोडरमा हेमेटम,*

ट्राइकोडरमा पालीस्पोरम, ट्राइकोडरमा आरीयोकीरीडी, ट्राइकोडरमा पील्यूलीफेरम, ट्राइकोडरमा लौन्जीब्रेकियेटम, ट्राइकोडरमा स्यूडोकोनिनघाई एवं सूडोमोनास, बैसिलस और एस्परजिलस नाइजर ये सभी किसी न किसी प्रकार के मिट्टी में प्राप्त किये जा सकते हैं। किसी भी जैव नियंत्रक के प्रभावी प्रयोग के लिए विशेष मिट्टी पारिस्थितिक तंत्र में मौजूद होना आवश्यक है।

जैव नियंत्रक बनाने की विधि : ट्राइकोडरमा या अन्य जैव नियंत्रक पदार्थ को अधिक मात्रा में बनाने के लिए उपयुक्त पी0एच0, तापमान एवं खाद्य पदार्थ की आवश्यकता होती है। यह औसतन 5–9 पी0एच0 तक वृद्धि कर सकता है। परन्तु सबसे उपयुक्त 5.5–6.0 पी0एच0 मान होता है। यह सभी प्रकार की मिट्टी जिसमें पर्याप्त मात्रा में जीवांश एवं कार्बनिक पदार्थ होता है, उसी में पाया जाता है। जैव नियंत्रक ठण्ड से लेकर गर्मी तक की विस्तृत तापमान पर जीवित रहता है, लेकिन इसके लिए सबसे अनुकूल तापमान 25–30 डिग्री सेल्सियस तक होता है। इसके लिए प्रभावी एवं उपयोगी आश्रय वह है, जहाँ पर जैव नियंत्रक लम्बे समय तक जीवित रह सके, विषम परिस्थिति में क्रियाशील रहे, अत्यधिक विष एवं कोशिका भित्ति नष्ट करने वाले एन्जाइम का उत्पादन कर सके। इसके साथ ही साथ जैव नियंत्रक वातवावरण के लिए सुरक्षित तथा दुसरे लाभदायक खाद्य सूक्ष्मजीवियों के लिए नुकसानदायक न हो। बड़ी संख्या में सूक्ष्मजीवियों के बहूगूणन (Multiplication) के लिए आश्रय अत्यन्त आवश्यक है, क्योंकि आश्रय के आभाव में मित्र सूक्ष्मजीवी अपनी क्रियाशीलता को खो देते हैं। ट्राइकोडरमा के उत्पादन के लिए सबसे अच्छा खाद्य पदार्थ (पोषक) अनाज के दानों या उसके साथ मिले हुए कृषि के बेकार पदार्थ होते है। ट्राइकोडरमा को बनाने के लिए अनाजों का छिलका, भूसा, धान की भूसी, धान की कुन्नी इत्यादि का प्रयोग करना चाहिए। इसके अतिरिक्त मूँगफली के छिलके, नारियल की भूसी एवं छिलका पर भी इसकी वृद्धि की जा सकती है। औद्ययोगिक क्षेत्रों का कुड़ा–करकट, पीट की मिट्टी एवं स्लज पर भी इसकी वृद्धि की जा सकती है। कम्पोस्ट अथवा वर्मीकम्पोस्ट इसकी वृद्धि के लिए सबसे उपयुक्त साधन है।

व्यावसायिक उपलब्धता : कई देशों जैसे इसराइल, अमेरिका, आस्ट्रेलिया, स्वीडेन, कनाडा, बुलगारिया और भारत, मिट्टी जनित बीमारियों के लिए विशेष रूप से सब्जियों में जैविक विधि का प्रयोग अधिक कर रहे हैं। ये देश जैव नियंत्रक पदार्थों का व्यावसायिक उत्पादन कर रहे हैं। कुछ व्यावसायिक उत्पाद में केवल एक ही प्रजाति के जैविक पदार्थ होते हैं, लेकिन कुछ में एक से अधिक प्रजाति मिला करके बनाए जाते हैं। कभी–कभी जीवाणु एवं फफूंद

दोनों तरह के जैब नियंत्रक एक साथ मिले रहते हैं। बाजार में कई प्रकार के जैव नियंत्रक उत्पाद उलब्ध है जो विभिन्न व्यापारिक नामों से जाने जाते हैं, जैस– ट्राइकोडरमा, बायोकोट, निर्सगा, बायोडर्मा, ट्राइकोडेक्स, एफ–स्टाप, ए0क्यू–10,एन्टामॉन–टी0वी0, एन्टामान कॉम्बी इत्यादि।

प्रयोग विधि : जैव नियंत्रकों का प्रयोग बीज तथा भूमि उपचार के लिए किया जाता है।

(क) बीज का उपचार

(i) **ट्राइकोडरमा** : 4–5 ग्राम ट्राइकोडरमा का पाउडर प्रति किलोग्राम बीज की दर से मिलाते हैं। यह पाउडर बीज में चीपक जाता है, बीज को भीगोने की आवश्यकता नहीं है, क्योंकि पाउडर में कार्बोक्सी मिथाइल सेल्यूलोज मिला होता है। बीज को जमने के साथ–साथ ट्राइकोडरमा भी मिट्टी में जड़ तंत्र के चारो तरफ बढ़ता है और पौध जड़ को चारों तरफ से घेरे रहता है जिससे कि कोई भी रोगकारक के फफूंद पौधजड़ के आस–पास नहीं बढ़ पाता है। फलस्वरूप फसल की अच्छी बढ़त होती है और रोग भी नहीं पनप पाती है। ट्राइकोडरमा का प्रभाव फसल के अन्तिम अवस्था तक बना रहता है।

ट्राइकोडरमा से बीज का उपचार

सब्जियां	रोग	ट्राइकोडरमा प्रजाति	मत्रा (ग्रा0/कि0ग्रा0 बीज)	प्रयोग विधि
टमाटर, बैंगन, मिर्च	उकठा, आर्द्रगलन, श्यमवरण, तना व जड़ विगलन	ट्राइकोडरमा विरिडी ट्राइकोडरमा हारजियम	4.0–5.0	सूखा

पौधजड़ का उपचार : सब्जियों के पौधों की जड़ों को 10 ग्राम ट्राइकोडरमा पाउडर + 100 ग्राम वर्मीकम्पोस्ट या सड़ी गोबर की खाद + 1 लीटर पानी के घोल में 15–20 मिनट तक डूबोकर उपचारित करने के बाद खेत में रोपाई करना चाहिए।

कन्द/कार्म/राइजोम का उपचार : एक लीटर से बने उपरोक्त ट्राइकोडरमा घोल को 10 लीटर पानी में घोलकर राइजोम या कन्द या कार्म को

30 मिनट तक डूबोकर रखना चाहिए। तत्पश्चात् छाया में सुखाकर तुरन्त बुआई कर देना चाहिए।

खड़ी फसल में छिड़काव : खड़ी फसल में फफूंदजनित बीमारियों के लक्षण प्रकट होने पर इनके प्रबन्धन हेतु 6–8 ग्राम ट्राइकोडरमा को प्रति लीटर पानी में घोलकर छिड़काव कर सकते हैं।

(ii) एस्परजिलस नाइजर : वर्तमान में एस्परजिलस नाइजर के दो संरूप (स्ट्रेन) में से कालीसेना एस0डी0 द्वारा मुख्यतः बीज, पौधजड व कटींग का उपचार किया जाता है। बीज उपचार–8 ग्राम प्रति किलोग्राम बीज एवं पौधजड़/कटींग–8 ग्राम प्रति लीटर पानी का घोल।

(iii) सुडोमोनम फ्लोरिसेन्स : यह एक लाभदायक जीवाणु है। इसके द्वारा सब्जियों (टमाटर, बैंगन, मिर्च, गोभी) के उकठा, आर्द्रपतन, तना विगलन व पद गलन रोग के नियंत्रण के लिए बीजोपचार किया जाता है। यह बाजार में डैगर जी एवं फसल रक्षक के नाम से उपलब्ध है।

प्रयोग विधि : 5 ग्राम सुडोमोनम फ्लोरिसेन्स पाउडर प्रति किलोग्राम बीज की दर से मिलाकर बीज को उपचारित किया जाता है।

मिट्टी का उपचार

भूमि का उपचार करने के लिए जैव नियंत्रकों को कूड़ में या पौधों के जड़ तंत्र के आस–पास या सम्पूर्ण जैव अभिकर्ताओं को गेबर की सड़ी खाद या वर्मीकम्पोस्ट में मिलाकर 10–12 दिन तक निषेचित करने के उपरान्त खेत में डालना, अत्यधिक लाभकारी होता है। ध्यान रहे कि भूमि उपचार करते समय खेत की मिट्टी में पर्याप्त नमी रहे।

(1) ट्राइकोडरमा : ट्राइकोडरमा विरिडि आलू, मिर्च, बैंगन, टमटर, भिंडी, अदरख, गोभीवर्गीय एवं कद्दूवर्गी सब्जियों के मिट्टी जनित बीमारियों के नियंत्रण के लिए सफलतापूर्वक प्रयोग किया जाता है।

(i) मिट्टी का उपचार : 2.5 किलोग्राम ट्राइकोडरमा पाउडर को 75–100 किलोग्राम कम्पोस्ट या वर्मीकम्पोस्ट में अच्छी तरह मिलाकर एक हफ्ते के लिए छायेदार स्थान पर रख दिया जाता है जिससे कि ट्राइकोडरमा पूरे कम्पोस्ट में अपना कवक जाल एवं बीजाणु को अच्छी प्रकार से फैला सके। तद्उपरान्त इसे एक हेक्टेयर क्षेत्रफल के खेत की मिट्टी में अंतिम जुताई के समय फैला दिया जाता है। इसके उपरान्त फसल की बुआई व रोपाई कर सकते हैं।

(ii) **पौधशाला का उपचार** : नर्सरी में बीज की बुआई करने के 5 दिन पूर्व 250 ग्राम नीम की खली अथवा वर्मीकम्पोस्ट या सड़ी गोबर की खाद में 25 ग्राम ट्राइकोडरमा के पाउडर को अच्छी तरह मिलाकर प्रति वर्ग मीटर क्षेत्रफल की दर से नमीयुक्त मिट्टी में 4–5 सेंटीमटर गहराई तक अच्छी तरह मिला दें उसके एक दो दिन बाद बीज की बुआई कर सकते हैं।

(iii) **खडी फसल का उपचार** : सब्जियों की फसल में रोग उत्पन्न होने पर 10 ग्राम ट्राइकोडरमा पाउडर प्रति लीटर पानी की दर से घोल बनाकर पौधों के जड़ के पास भिगोंना (Drenching) चाहिए।

(2) **स्यूडोमोनस फ्लूरोसेन्स** : यह एक प्रकार का फफूंदनाशक, जीवाणुनाशक एवं विषाणुनाशक जैव नियंत्रक उत्पाद है जो सब्जियों के उकठा एवं जड़ विगलन बीमारियों को प्रभावित करके उनके प्रकोप को कम अथवा खत्म कर देता है।

प्रयोग विधि : 2.5 किलोग्राम स्यूडोमोनस प्रजाति को 50–60 किलाग्राम कम्पोस्ट या गोबर की सड़ी खाद में मिलाकर एक एकड़ क्षेत्रफल में उपयुक्त नमी वाली भूमि में फसल बुआई के 30 दिन बाद प्रयोग करना चाहिए।

(3) **सेलोमाइसीस लीनासीनास** : यह एक प्रकार का जैब सूत्रकृमिनाशक प्राकृतिक उत्पाद है, जिसका मुख्यतः टमाटर, बैंगन, मिर्च, भिण्डी इत्यादि सब्जियों में लगने वाले मूलग्रंथि (जड़ गाँठ) रोग के नियंत्रण के लिए प्रयोग किया जाता है।

प्रयोग विधि : 2 किलोग्राम सेलोमाइसिस लिनामीनास पाउडर को 50–60 किलोग्राम कम्पोस्ट में पानी की हल्की फुहार के साथ अच्छी तरह मिलाकर ठंडे एवं छायादार स्थान में 6–7 दिनों तक रखा जाता है। तत्पश्चात् उपरोक्त तैयार मिश्रण को खेत की अंतिम जुताई के समय एक एकड़ क्षेत्रफल में समान रूप से विखेर कर खेत की मिट्टी में भली भांति मिला देना चाहिए।

(4) **एस्परजीलस नाइजर : ''काली सेना एस0एल0''**: इस जैव नियंत्रक उत्पाद का प्रायः सभी प्रकार के फसलों व फलवृक्षों खासकर सब्जियों के मिट्टी जनित रोगों के नियंत्रण हेतु सफलतापूर्वक प्रयोग किया जाता है।

प्रयोग विधि :

(i) **मिट्टी का उपचार** : 200 ग्राम काली सेना के पाउडर को 100 किलोग्राम कम्पोस्ट या वर्मीकम्पोस्ट में अच्छी तरह मिलाकर ढेर के आकार में 7–10 दिनों के लिए छायादार स्थान पर रख दिया जाता है जिससे कि काली सेना पूरे कम्पोस्ट के ढेर में अच्छी प्रकार से अपना कवकजाल एवं बिजाणु की वृद्धि कर सके। ढेर में नमी की कमी होने पर हल्का पानी का फुहारा देते रहें, ताकि ढेर में पर्याप्त नमी बनी रहें। तत्पश्चात् इसे एक हेक्टेयर क्षेत्रफल में खेत की मिट्टी में अंतिम जुताई के समय अच्छी तरह मिलाकर फसल की बुआई कर सकते हैं।

(ii) **पौधशाला का उपचार** : नर्सरी में बीज की बुआई करने से एक सप्ताह पूर्व 1.0 किलोग्राम गोबर की सड़ी खाद अथवा कम्पोस्ट में 2 ग्राम काली सेना के पाउडर को अच्छी तरह मिलाकर प्रति वर्गमीटर क्षेत्रफल की दर से नमीयुक्त मिट्टी में 5–6 सेंन्टीमीटर गहराई तक अच्छी तरह मिला देना चाहिए। उसके बाद बीज की बुआई करना चाहिए।

(iii) **खड़ी फसल का उपचार** : सब्जियों की फसल में रोगों का प्रकोप होने पर 8 ग्राम काली सेना पाउडर प्रति लीटर पानी की दर से घोल बनाकर पौधों के जड़ के पास भींगोना (Drenching) चाहिए।

जैव नियंत्रण से लाभ

- इससे जल, मिट्टी एवं हवा के वातावरण में कोई प्रतिकूल प्रभाव नहीं पड़ता है।
- यह कई बीमारियों एवं रोगकारकों के लिए अकेला ही प्रभावी होता है।
- इसका प्रभाव लगातार बढ़ता रहता है, यानि प्रत्येक वर्ष मिट्टी में वृद्धि होती जाती है।
- यह सब्जियों की वानस्पतिक वृद्धि में अधिक सहायक होता है।
- यह मिट्टी की संरचना, जैविक एवं रासायनिक क्रियाओं को भी सुधारता है।
- इसके प्रयोग से सब्जियों की गुणवत्ता में भी वृद्धि होती है, जिससे बाजार में अधिक मूल्य की प्राप्ति होती है।
- यह रासायनिक दवाओं की अपेक्षा कम खर्चीला है।
- यह मिट्टी में पड़े हुए सुखी घास, पौधे तथा अन्य कचरों को गलाकर कम्पोस्ट बना देता है।

जैव रोग नियंत्रकों के नाम एवं प्रयोग विधि

क्र सं.	तकनीकी नाम	व्यावसायिक नाम	नियंत्रित होने वाले रोग का नाम	प्रयोग विधि		
				बीज उपचार	मिट्टी में भुरकाव	पर्णीय छिड़काव
अ	फफूंद					
1.	ट्राइकोडरमा विरिडि	निर्सगा, मोनीटर, डेनिस, संजीवनी	कॉलर राट, उकठा, तना गलन, जड़ गलन, कंद गलन	5.0 ग्रा0 / कि0 ग्रा0 बीज	2.5 कि0ग्रा0 / 100 कि0ग्रा0 कम्पोस्ट / हे0	2.0 ग्रा0 / लि0 पानी
2.	ट्राइकोडरमा हारजीयानम	सुप्रेसीभीट, एफ स्टाम्फ	उकठा, गलन, आर्द्र गलन	5.0 ग्रा0 / कि0 ग्रा0 बीज	2.5 कि0ग्रा0 / 100 कि0ग्रा0 कम्पोस्ट / हे0	2.0 ग्रा0 / लि0 पानी
3.	ग्लियोक्लैडियम वायरेन्स	सियोगार्ड	नवजात अलंकृत पौधों का रोग	–––	2.5 कि0ग्रा0 / 100 कि0ग्रा0 कम्पोस्ट / हे0	2.0 ग्रा0 / लि0 पानी
4.	पेनिओफोरा गिगैन्टीया	पीजी सस्पेंन्स	हेटेरोबेसीडियम रॉट	–––	2.5 कि0ग्रा0 / 100 कि0ग्रा0 कम्पोस्ट / हे0	2.0 ग्रा0 / लि0 पानी
5.	एसपरजीलस नाईजर	कालीसेना एस0डी0	उकठा, आर्द्र पतन, तना गलन, पद गलन	8.0 ग्रा0 / कि0 ग्रा0 बीज	–––	2.0 ग्रा0 / लि0 पानी
6.	एसपरजीलस नाईजर	कालीसेना एस0एल0	उकठा, आर्द्र पतन, तना गलन, पद गलन	–––	2.5 कि0ग्रा0 / 100 कि0ग्रा0 कम्पोस्ट / हे0	–––
ब	जीवाणु					
1.	सुडोमोनस फ्लोरिसेन्स	डैगर जी, फसल रक्षक	उकठा, आर्द्र पतन, तना गलन, पद गलन	5.0 ग्रा0 / कि0 ग्रा0 बीज	2.5 कि0ग्रा0 / 100 कि0ग्रा0 कम्पोस्ट / हे0	2.0 ग्रा0 / लि0 पानी
2.	बैसीलस सबटीलिस	कोडियाक, क्वानटम–4000	नवजात पौधों के रोग	–––	2.5 कि0ग्रा0 / 100 कि0ग्रा0 कम्पोस्ट / हे0	2.0 ग्रा0 / लि0 पानी
3.	स्ट्रेप्टोमाइसीज ग्रीसिओबीरीडीज	माइक्रोस्टाम	नवजात पौधों के रोग	–––	2.5 कि0ग्रा0 / 100 कि0ग्रा0 कम्पोस्ट / हे0	2.0 ग्रा0 / लि0 पानी

हर्बल रोग नियंत्रकों के नाम एवं प्रयोग विधि

क्र सं0	तकनीकी नाम / व्यावसायिक नाम	नियंत्रित होने वाले रोग का नाम	पर्णीय छिड़काव (मात्रा)	कम्पनी का नाम
1.	पॉवर प्लान्ट	उकठा, आर्द्र पतन, पत्ती धब्बा, रतुआ, मृदुरोमिल आसिता, जीवाणु झुलसा	2–3 ग्रा0 / ली0 पानी	ग्रीन प्लानेट वायो प्रोडक्ट जालंधर (पंजाब)
2.	फंगोहिट	उकठा, श्यामवरण, झुलसा, आर्द्र पतन, जीवाणु झुलसा	3–4 मि0ली0 / ली0 पानी / 2.5 ली0 / हे0 (भूमि उपचार हेतु)	ग्रीन प्लानेट वायो प्रोडक्ट जालंधर (पंजाब)

जैव नियंत्रण की समस्यायें

- रासायनिक दवाओं की तुलना में जैव नियंत्रकों के सजीव एवं अच्छे उत्पाद का बाजारों में उपलब्धता की कमी।
- रासायनिक दवाओं के जैसा तुरन्त जैव नियंत्रकों का प्रभाव दिखाई नहीं पड़ता है।
- सब्जी उत्पादकों को अत्यधिक सुरक्षा का ध्यान देना होता है, क्योंकि ये जीवित पदार्थ होते हैं।
- जैव नियंत्रक पदार्थ विशेष मिट्टी एवं पारिस्थितिक तंत्र के अनुसार ही कार्य करते हैं।
- ज्यादा दिनों तक संग्रह करने के पश्चात् जैव नियंत्रकों की प्रभावी क्षमता कम हो जाती है, परिवर्तन हो जाता है।
- सामान्य कमरे के तापमान में इसका जीवन काल कम होता है।
- इसकी गुणवत्ता मानक स्तर से कम होने का सही अनुमान नहीं लगाया जा सकता है।
- शोध, प्रसार कार्यकर्त्ता तथा जैव पदार्थ के निमार्ण कर्ताओं के बीच परस्पर संबंधों का अभाव।
- प्रयोगशालाा में छोटे परीक्षण एवं किसानों के खेतों पर बड़े परीक्षण में अधिक विविधता है।

रासायनिक दवाओं की अपेक्षा जैव नाशकों को बनाने का तरीका ज्यादा जटील होता है।

अध्याय 11

सब्जियों की पौधशाला में सूत्रकृमियों का प्रबन्धन

सब्जी उत्पादन में पौधाशाला की अत्यन्त ही महत्वपूर्ण भूमिका होती है, क्योंकि सब्जियों की भरपुर उत्पादन पौधशाला में उगायी गयी स्वस्थ पौध पर ही निर्भर करती है। सब्जियों में कीटों व रोगों के अतिरिक्त सूत्रकृमियों का आक्रमण पौधशाला से ही शुरू हो जाता है। अतः उपरोक्त कारकों में से सूत्रकृमि मुक्त पौधशाला होना भी एक आवश्यक पहलू है।

स्थान का चयन : पौधशाला के लिए रेखांकित की गयी भूमि (चूनी गयी) सामान्य से थोड़ी उँची हो और वर्षा का पानी न रूकता हो। पौधशाला ऐसी होनी चाहिए जो सूत्रकृमि मुक्त हो अथवा उसमें कृमिनाशक दवा अथवा खली या शौरीकरण किया गया हो, ताकि बीजस्थली में सूत्रकृमि मुक्त स्वस्थ पौधे तैयार किया जा सके।

शौरीकरण (सोलेराइजेशन) : पौधशाला की गहरी जुताई करके मिट्‌टी पलट दें। इसके बाद उसे सफेद रंग के पॉलीथीन शीट से ढँक दें। पॉलीथीन को चारों तरफ से ईंट से दवा दें, ताकि हवा के झोंको से वह उड़ न सके। इस प्रकार तेज धूप 20–25 दिनों तक लगने दें। उसके बाद पॉलीथीन हटा दें। पॉलीथीन मल्चिग से वातावरण की तुलना में लगभग 5 डिग्री सेल्सियस मिट्‌टी का तापमान वढ़ जाता है तथा सूत्रकृमि की संख्या में कमी के लिए कारगर साबित होता है।

बीजस्थली का उपचार : टमाटर, बैंगन, मिर्च आदि की नर्सरी यदि सूत्रकृमि संक्रमित मिट्टी में बनानी हो तो सोलेराइजेशन के बाद निम्न विधि का उपयोग करना चाहिए।

अ. मेथाम सोडियम : पौधशाला की मिट्टी को 20–25 मि0ली0 मेथाम सोडियम नामक दवा से प्रति वर्ग मीटर की दर से उपचारित करना चाहिए। ध्यान रहे, ये उपचार सिंचाई के पानी के साथ हो तथा बीज की बुआई के 10 दिन पूर्व करना चाहिए।

ब. कार्बोफ्यूरान : यदि किसी कारण बस समय का अभाव हो और उपरोक्त विधि से नर्सरी के मिट्टी का उपचार नहीं कर पाये हो तो बुआई के समय कार्बोफ्यूरान (3 जी) दवा 6.5 ग्राम/वर्ग मीटर की दर से नर्सरी के मिट्टी में भली–भांति मिलाकर उपचार करना चाहिए।

स. फार्मलीन : इस रसायन से भी नर्सरी को उपचारित कर सूत्रकृमि से मुक्त बना सकते हैं। पौधशाला के प्रति वर्ग मीटर भूमि पर 100–150 मि0ली0 मार्मलीन में 5 लीटर पानी मिलाकर छिड़काव कर नर्सरी बेड को 3 दिनों के लिए पॉलीथीन से ढँक देना चाहिए। तीन दिनों के बाद पॉलीथीन हटाकर 3–4 बार पौधशाला की गुड़ाई करना चाहिए, ताकि मिट्टी में स्वच्छ हवा लग सके। इसके बाद मेड़ बनाकर क्यारियों में बीज की बुआई कर सकते हैं।

अध्याय 12

सब्जियों की फसलों में सूत्रकृमियों का प्रबन्धन

सूक्ष्मदर्शी सूत्रकृमियों के अत्यन्त छोटे आकार, मिट्टी में निवास एवं अस्पस्ट लक्षणों के कारण सब्जी उत्पादक उनके द्वारा प्रदत्त क्षति को अच्छी तरह से नहीं पहचान पाते तथा सूत्रकृमियों के लक्षणों को उवर्रक की कमी या फिर अन्य कारणों को मान या तो अनावश्यक उर्वरक का प्रयोग कर देते हैं, अथवा अनदेखा भी कर देते हैं। अधिक उर्वरक देने से कुछ समय के लिए फसल पुनः हरी–भरी हो जाती है, लेकिन उसकी बढ़वार तथा फलन दोनों घट जाते हैं। सूत्रकृमियों से लगभग 20–55 प्रतिशत तक सब्जियों को क्षति होती है। अतः खेतों में सूत्रकृमी प्रभावित लक्षणों को ठीक से पहचानना और समझना आवश्यक है। इस प्रकार उसके निदान पर ध्यान देकर उत्पादों को संभावित हानि से बचाया जा सकता है।

पादप परजीवी सूत्रकृमियों की अनेक प्रजातियां मिट्टी में पायी जाती है। इनमें से अनेक पौधों की जड़ों से अपना भोजन प्राप्त करती है और कुछ पौधों के उपरी भागों पर निर्भर रहती है। सूत्रकृमि संक्रमण के फलस्वरूप बिना कोई विशेष लक्षण प्रदर्शित किये, सब्जियां कमजोर हो जाती है। कुछ सूत्रकृमि की प्रजातियां, जैसे–जड़ गाँठ सूत्रकृमि, जड़ निशान सूत्रकृमि, वृक्काकार सूत्रकृमि आदि पौधों के प्रभावित उत्तकों पर धब्बे, सूजन, आकार विकृति आदि विशेष लक्षण भी पैदा कर सकती है। लगभग सभी प्रकार के सब्जी फसलों को संक्रमित कर ये सूक्ष्मदर्शी

सूत्रकृमि प्रतिवर्ष करोड़ों रूपये की क्षति पहुँचाते हैं। सूत्रकृमि ग्रसित पौधे अन्य प्रकार के परजीवियों (कवक, जीवाणु, विषाणु) के आक्रमण के प्रति अधिक सुग्राही (Sustable) हो जाते हैं। अतः फसलों को अधिक क्षति होता है, जिससे उत्पादकों को दोहरी हानि सहनी पड़ती है।

सूत्रकृमि संक्रमित फसलों के लक्षणों की पहचान

अधिकांश सूत्रकृमियों की प्रजातियां जड़ों एवं पौधों के भूमिगत भागों से पोषण लेती है, परन्तु कुछ प्रजातियां पौधे के उपरी भागों (पत्तियां, फल, फूल इत्यादि) से भी भोजन ग्रहण करती है। सूत्रकृमियों के भोजन ग्रहण करने के तरीके भी विभिन्न प्रजातियों में भिन्न–भिन्न प्रकार के होते हैं। ये वाह्य परजीवी, अंतः परजीवी अथवा अर्द्ध अंतः परजीवी के रूप में पादप उत्तकों में प्रवेश करते हैं। ये प्रायः जड़ उत्तकों को बेध कर उनसे अपना भोजन ग्रहण करते हैं। इससे जड़ उत्तकों के कार्य में बाधा उत्पन्न होता है तथा जड़े उचित मात्रा में जल–लवण इत्यादि नहीं ले पाती है। अतः सूत्रकृमियों का प्रभाव पौधे के जमीन से उपर वाले हिस्से में अधिक दिखाई देता है।

सूत्रकृमि प्रभावित पौधों की वृद्धि रूक जाती है, जिसको बढ़वार की कमी के रूप में जाना जाता है। पत्तियां पतली तथा पीली पड़ जाती है। शाखाओं का निकलना कम हो जाता है। यदि पौधशाला में ही सूत्रकृमियों का संक्रमण हो गया हो तो कई पौधे मर भी जाते हैं। यदि स्वस्थ पौधों को जैसे–टमाटर, मिर्च आदि की रोपाई सूत्रकृमि संक्रमित खेत में कर दी जाय तो इनमें से भी कई सूख या मर जाते हैं। परवल की लता से पत्तियां छोटी आकार की निकलती है तथा परवल के फसल की फलन संख्या तथा वजन दोनों घट जाते हैं। सूत्रकृमि प्रभावित खेतों में (जहां सूत्रकृमि की संख्या/प्रति ग्राम उनके रोग कारक क्षमता पर या उससे उपर होती है) पीले, छोटे, छितराये पौधों पर धब्बे दिखाई पड़ते हैं। लता वाले पौधे (लौकी, नेनुआ, कदीमा, खीरा, खरबूजा, तरबूजा, झिंगली, कुंदस, परवल इत्यादि) की कलियां दिन के तेज धूप/गर्मी में मुरझायी सी लगती है, परन्तु रात्रि में पुनः वो फैलकर अपने वास्तविक रूप में आ जाती है। फूलों का खिलना, फल बनना एवं उनसे बीज बनना ये सभी प्रक्रियायें सूत्रकृमि संक्रमण के पश्चात् बुरी तरह प्रभावित हो जाती है। पौधों के भूमिगत भागों–जड़ों में गांठों का बनना, अत्यधिक शाखाओं एवं प्रशाखाओं का निकलना, जड़ों के उपरी परत का छिलके के रूप मे निकलना। ये आम लक्षण परिलक्षित होते हैं। पौधे के उपरी भागों में संक्रमण करने वाले सूत्रकृमि (एफलक्वाइड्स रिटजिमाबोसाई, ए. फ्रेगरी, ए0

बेसियाई, ए0 ग्वीना आदि) कुछ विशेष लक्षण उत्पन्न करते हैं, जैसे–पत्तियों का मुड़ना, कोणीय धब्बे, पत्ती के अग्रभाग का सुखना, तने तथा फलो अथवा बालियों का टेड़ा होना इत्यादि। उपर्युक्त वर्णित लक्षणें पर ध्यान देने से सूत्रकृमि संक्रमित फसलों तथा नर्सरी की पहचान कर सकते हैं। परन्तु अधिकतर परिस्थितयों में उपस्थिति को साबित करना आवश्यक होता है।

मुख्य पादप परजीवी सूत्रकृमि

पादप परजीवी सूत्रकृमि समूह में सब्जियों की फसल में पायी जाती है, जिनमें से कुछ बहुत क्षति पहुँचाती है जो निम्न उल्लेखित है:

जड़गांठ सूत्रकृमि (मेलोइडोगायनी स्पेसिज) : भारत में सबसे अधिक सामान्य रूप में यह पादप परजीवी सूत्रकृमि पायी जाती है और इनका संक्रमण जड़ सूजन (Root goll) या जड़ गाँठ (Root knot) के रूप में होता है और इनको आसानी से खुली ऑख के द्वारा पहचाना जा सकता है। सब्जियों की फसलें जैसे टमाटर, बैंगन, भिण्डी, लतर वाली सब्जियां, गोभी और आलू मुख्य सुग्राही (Susceptible) समुदाय के पौधे हैं। ये सूत्रकृमियां जड़–तंत्र के चारो तरफ घुमती रहती है। लगभग आधा दर्जन से अधिक इस सूत्रकृमि की प्रजातियां भारत में पायी जाती है। *मेलोइडोगयनी इनकोगनिटा* एवं *मेलोइडोगयनी जावानिका* सब्जियों के फसलों की सबसे अधिक प्रचलित प्रजातियां है।

पौधों की अत्यन्त वृद्धि रूकना, पत्तियों का पीलापन और परिपक्व होने से पहले गिरना या विखरना, मुरझाना, जड़ों में बड़ा सूजन होना, और आलू के कंद का अतिवृद्धि होना प्रमुख लक्षण है।

जड़गाठ सूत्रकृमियों से सब्जियों के उत्पादन में क्षति :

सब्जियां	उत्पादन में क्षति (प्रतिशत)
टमाटर	40–47
बैंगन	27–56
भिण्डी	28–91
लत्तीदार सब्जियां	14–38
मिर्च	20
आलू	40

वृक्क सूत्रकृमि (रोटीलेम्कस रेनिफोरमिस) : यह सूत्रकृमि मुख्यत मिर्च और आलू की फसलों को संक्रमित करती है। संक्रमित पौधों की पत्तियां पीली

पड़कर अवरूद्ध होने के साथ जड़ों का रंगहीन होकर कमजोर पड़ना मुख्य लक्षण है। नर्सरी में पौधों के जमने से पहले और बाद में क्षति पहुँचता है जिससे पौधों के जमाव प्रभावित होती है।

सिस्ट सूत्रकृमि (ग्लोबोडेरा स्पेसिज) : यह आलू, टमाटर एवं बैंगन का भयानक सूत्रकृमि हैं। इससे आलू की फसलों का 99 प्रतिशत तक क्षति होती है। खेतों में जगह–जगह टुकड़ों में पौधों की बढ़वार अवरूद्ध होना, पत्तियों का परिपक्व होने से पूर्व पीला पड़ना, दिन के गर्म समय में पत्तियों का मुरझाना, जड़तंत्र का बहुत कम विकास होना एवं आलू के कंदों का आकार और संख्या में कमी होना मुख्य लक्षण है।

तना एवं कन्द सूत्रकृमि (डिटीलेन्कस डिपकेसि) : यह प्रजाति प्याज एवं लहसून के फसल को संक्रमित करती है। पौधों का छोटा होना, ऐंठन, विस्तृत और कुरूप के साथ मृत्यू की ओर अग्रसर होता है। इससे प्याज एवं लहसून की फसल को बहुत क्षति होती है।

फसलों में सूत्रकृमि संक्रमण का प्रबन्धन :

सूत्रकृमि के नियंत्रण से पूर्व इस बात की जानकारी का होना आवश्यक है कि सूत्रकृमि संक्रमण फफूंद, जीवाणु या विषाणु के संक्रमण से भिन्न है। यहाँ सूत्रकृमि की मात्रा मिट्टी में उपस्थिति से अधिक उनकी जनसंख्या पर ध्यान देना आवश्यक है। यदि हानिकारक नस्ल के सूत्रकृमियों (जैसे– जड़ गाँठ, पूटी, वृक्काकार, जड़ निशान आदि) की जनसंख्या हानिकारक स्तर पर या उससे उपर है, तभी शुत्रकृमिनाशक दवाओं का प्रयोग आवश्यक है, अन्यथा विभिन्न निम्नलिखित वर्णित पर्यावरण मित्रवत् विधियों को अपनाकर मिट्टी में इनकी जनसंख्या को घटाया जा सकता है, ताकि ये हानिकारक स्तर से नीचे रहें।

1. **खेतों की गहरी जुताई करके तेज धूप लगाना** : सूत्रकृमि प्रभावित खेतों को मई–जून के महिने में 3–4 गहरी जुताई कर मिट्टी को पलट देना चाहिए तथा उसे तेज धूप लगने देना चाहिए। प्रत्येक 10–15 दिनों के अन्तराल पर इस प्रक्रिया को दोहराना चाहिए। कम से कम 3–4 बार यह प्रक्रिया करना चाहिए। बार–बार मिट्टी पलटने से मिट्टी के अन्दर में छिपे सूत्रकृमि के अण्डे एवं शिशु बाहर मिट्टी के उपरी सतह पर आ जाते हैं तथा तेज धूप में मर जाऐगें। इस विधि से सूत्रकृमि की जनसंख्या 50–70 प्रतिशत तक घट जाती है।

2. **खरपतवार तथा पुरानी फसल की जड़ों को नष्ट करना** : खरपतवार सूत्रकृमियों की शरण स्थली है, अतः उन्हें एकत्रित करके जलाकर नष्ट कर देना चाहिए। गांठों वाली जड़ें तथा ऐसी जड़े जिसमें अन्य हानिकारक सूत्रकृमि अपना शरणस्थली बना लिया है अथवा उसमें अपने अण्डे आदि रखें हो तो उन्हें खेत में ही जलाकर नष्ट कर देना आवश्यक है। इससे सूत्रकृमि जनसंख्या का घनत्व घटता है।

3. **खली का मिट्टी में उपयोग** : कोई भी खली, जैसे– नीम, सरसों, अण्डी, करंज, महुआ या तम्बाकू की गुण्डी का व्यवहार खेतों में बुआई के 25–30 दिनों के पहले करना चाहिए तथा उसके बाद उस खेत में अच्छी सिंचाई करके 20–25 दिनों के लिए छोड़ देना चाहिए। खली का व्यवहार 20–30 क्विंटल प्रति हेक्टेयर की दर से किया जा सकता है। खली पड़े खेत में जब खली सड़ जाय तब पुनः खेत की जुताई करके फसल की बुआई कर सकते हैं। यदि खली कम मात्रा में उपलब्ध हो तब 2.0–2.5 क्विंटल प्रति हेक्टेयर की दर से खली का प्रयोग करना चाहिए, परन्तु बुआई के समय उस खेत में कार्बोफ्यूरान (3 जी) 33 किलोग्राम प्रति हेक्टेयर की दर से मिट्टी में मिलाना चाहिए।

खली तीन प्रकार से सूत्रकृमि का नाश करती है। जब यह सड़ जाती है, तब इसके सड़ने के उपरान्त इससे एरोमिटिक अम्ल तथा फिनालिक यौगिक बनते हैं जो सूत्रकृमि का नाश करते हैं। खली का उपयोग करने से कृमिनाशक फफूंद तथा जीवाणु मिट्टी में अधिकाधिक संख्या में पनपते हैं जो कृमिनाशक है। खली सड़ने से उत्पन्न पदार्थ मिट्टी में हूमस तथा जैविक कार्बन बढ़ाता है। इसकी उपस्थिति में उगने वाले पौधों की जड़ें अधिक मजबूत होकर फैलती है तथा उनमें हानिकारक परजीवियों से लड़ने की क्षमता अधिक हो जाती है।

4. **फसल–चक्र का व्यवहार** : यदि सूत्रकृमि सुग्राही फसलों को कार्य–प्रतिरोधी अथवा ऐसी फसलें जिसमें सूत्रकृमि नहीं जाता है, के साथ फसल–चक्र में व्यवहार करने से स्वतः सूत्रकृमि की संख्या एक फसल के बाद अगली फसल में कम हो जाएगी तथा बिना किसी रासायनिक दवा के प्रयोग के हानि से बचते जायेगें। सूत्रकृमि की संख्या को कम करने के लिए सब्जियों को धान्य फसलों, जैसे गेहूँ, धान, मक्का आदि के साथ फसल–चक्र में उपयोग करना चाहिए। इससे सब्जियों में लगने वाले जड़ गांठ सूत्रकृमि की संख्या कम होगी। टमाटर, बैंगन, पालक, मूली, गाजर तथा सभी प्रकार

की लत्तरवाली सब्जियों में जड़ गांठ सूत्रकृमि का प्रकोप अधिक होता है। पातगोभी, फूलगोभी, सरसों आदि में इसका प्रकोप कम होता है। प्याज व लहसून में काफी कम परन्तु गेंदा व तिल में विल्कुल नहीं होता। अतः एक ही प्रकार की सब्जी सालोंभर न लगाकर इन्हें आपस में भी फसल–चक्र में डालना चाहिए। इससे फसलों में सूत्रकृमि का संक्रमण घटेगा।

फसल–चक्र पद्यति का विवरण

सूत्रकृमि	मुखय फसल	फसल–चक्र
जड़ गाँठ	लत्तरवर्गीय सब्जियां	गेंदा और पालक
	भिण्डी	मक्का, मिर्च, गेदा, पालक
	बैंगन, आलू, टमाटर	सरसों, मक्का, गेहूँ, गेंदा, अरहर.
तना और कन्द	प्याज	गेहूँ और मक्का
सिस्ट सूत्रकृमि	आलू	फ्रेंचबीन और मटर
वृक्क (रेनीफार्म)	बैंगन, आलू, टमाटर	गेंदा, मक्का, सरसों

5. सूत्रकृमिरोधी प्रजातियों का प्रयोग : आमतौर पर यह एक उत्तम विधि मानी जाती है, क्योंकि प्रजातियों के चुनाव के बाद इस विधि में अन्य किसी सूत्रकृमिनाशक दवा के व्यवहार की आवश्यकता नहीं है। परन्तु सभी फसलों में सूत्रकृमि रोग प्रतिरोधी प्रजातियां उपलबध नहीं हैं, फिर भी कुछ सब्जियों में निम्न उल्लेखित प्रतिरोधी प्रजातियां उपलब्ध है।

सारणी – जड़ गांठ सूत्रकृमि प्रतिरोधी प्रजातियां

टमाटर	:	पूसा निमांमुक्त, मंगला, कर्नाटक हाइब्रिड, हिसार ललित, पी0एन0आर.–7, रोनिता, बी0एफ0एन0 ब्रुश, अनाह
मिर्च	:	पूसा ज्वाला, एल0पी0जी0–9 ई0, एल0पी0जी0–15 ई0, बी0आर0–31
बैंगन	:	विजय हाइब्रिड, बी0बी0–48, भाटिका सफेद, के0एस0–24
भिण्डी	:	डी–1–87–5, एच0ओ0ई0–1, एस0ओ0एच0–2, रेड वंडर, सी0–26–4–5

अध्याय 13

सब्जियों में दैहिक विकार रोग प्रबन्धन

पौधों के वह बीमारी जो बाह्य–जीव या किसी परजीवी द्वारा उत्पन्न नहीं होते हैं, उन्हें दैहिक विकार या अ–परजीवी अथवा अ रोग कारक रोग कहलाते हैं। ये रोग, विषाणु रोगों से भी हमेशा भिन्न होते हैं, क्योंकि इनका प्रसार अथवा संक्रमण एक रोगी पौधे से स्वस्थ पौधे में नहीं होता है। अतः ये असंक्रमक रोग कहलाते हैं। वास्तव में इस प्रकार के रोग प्रतिकूल पर्यावरण परिस्थियों एवं पोषण तत्वों की असमानताओं के द्वारा पौधों की कार्यिकी में कुछ विकृतियाँ विकार आ जाने के कारण उत्पन्न होते हैं। अतः इन कारनों से ही इनको शरीर–क्रियात्मक बीमारियों के नाम से भी पुकारा जाता है।

पौधों में दैहिक विकार रोग निम्नलिखित कारणों से उत्पन्न हो सकते है :–

(अ) पर्यावरण असमानताएँ।

(ब) पोषण विकार।

(अ) पर्यावरण असमानताएँ

पर्यावरण असमानताएँ जैसे प्रतिकूल तापमान, प्रकाश, मृदा आर्द्रता, वायुमंण्डलीय अशुद्दियां आदि के कारण पौधों की कार्यिकी में कुछ विकृतियाँ आ जाने के कारण विकार रोग उत्पन्न होते हैं जिनका वर्णन निम्न उल्लेखित है।

1. प्रतिकूल तापमान

(क) निम्न तापमान : आलू में निम्न तापमान होने के कारण हिमांक घात हो जाता है तथा शीत श्रृतु में अधिक ठंड होने से तुषार घात हो जाता है।

(ख) उच्च तापमान : उच्च तापमान होने के कारण सब्जियों में आपतदाह हो जाता है।

2. **प्रतिकूल प्रकाश** : कुछ दिनों तक प्रकाश की अनुपस्थिति में पौधों की पत्तियों में पांडुरता (पीलापन) हो जाती है, जबकि अप्रैल–मई के महीनों में टमाटर के फल सूर्य के प्रकाश के सीधे सर्म्पक में आने से सफेद पड़ने लगते हैं।

3. **प्रतिकूल मृदा आर्द्रता** : खेतों में जल की स्थिरता या अधिक आर्द्रता एवं नमी के कारण पौधों में सड़न अथवा उकठा (ग्लानी) हो जाती है। वास्तव में ऐसा जड़ों के चारों ओर एवं तने के आधार पर विषैले पदार्थों के एकत्र हो जाने और पोषक तत्वों के आभाव होने के कारण होता है। कम मृदा आर्द्रता एवं नमी की कमी में भी पौधे मुरझा या सूख जाते हैं।

4. **प्रतिकूल ऑक्सीजन संबंध** : जब निकट वातावरण में श्वसन क्रिया अधिक होती है तो ऑक्सीजन का मिलना बन्द हो जाता है, जिससे एन्जाइम क्रिया द्वारा कोशिकाओं (Cells) का विच्छेदन हो जाता हे।

5. **वायुमण्डलीय अशुद्दतायें** : वायुमण्डल में विषैले अथवा घातक गैसों की उपस्थिति में सम्पूर्ण पौधों की अथवा पौधों के कुछ भागों की क्षति हो जाती है।

6. **मिट्टी में अपघटित कार्बनिक पदार्थों के विशैले प्रभाव** : मिट्टी में अपघटित फसल अवशेषों से कुछ विषैले पदार्थ जैसे – वसीय अम्ल उत्पन्न होते हैं, जो पौधों में आर्द पतन, जड़ विगलन, उकठा (ग्लानि) और पोषणिक न्यूनताओं आदि के लक्षण उत्पन्न करते हैं।

(ब) पोषण विकार

अन्य जीवों की भाँति पौधों को भी भोजन की आवश्यकता पड़ती है। पौधों के शरीर में 60 से भी अधिक पोषक तत्व पाये जाते हैं, परन्तु इनमें से 17 तत्व ऐसे हैं जिनके बिना पौधे अपना विकास नहीं कर सकते, स्वस्थ नहीं रह सकते और अपना जीवन–चक्र भी पूरा नहीं कर सकते।

अतः सामान्य वृद्धि एवं विकास के लिए अनिवार्य पोषक तत्वों की अनुशंसित मात्रा एवं समुचित अनुपात में पौधों को प्राप्त होना आवश्यक है। इनमें से किसी

एक या अधिक तत्वों की कमी या अधिकता से पौधों का सामान्य विकास बाधित होता है। पौधों के लिए अनिवार्य पोषक तत्वों में से केवल (नेत्रजन, फास्फोरस और पोटाशियम) तीन ही तत्वों का अधिकतर किसान रासायनिक उवर्रकों के माध्यम से प्रयोग करते हैं। परन्तु अधिक उत्पादनशील किस्मों के शंकर प्रजातियों की गहन खेती के परिणामस्वरूप मिट्टी से सभी पोषक तत्वों का क्षरण बड़ा है, जिसके परिणामस्वरूप मिट्टी में उनकी कमी हुई है और फसलें/सब्जियां प्रभावित हो रही है। चूँकि प्रत्येक तत्व के प्रकार्य विशेष है। अतः उपर्युक्त तत्वों की पर्याप्तता के बावजूद द्वितीयक तत्व (कैल्शियम) अथवा सूक्ष्म पोषक तत्वों (जस्ता, लोहा, तांबा, मैंगनीज, बोरान, मालिब्डेनम) की कमी से पौधे प्रतिकूल प्रभावित होते हैं। तत्व–विशेष के अनुसार ऐसी अवस्था में विशेष लक्षण प्रकट होते हैं और कुछ पौधे विशेष विकारों के शिकार हो जाते हैं। इस प्रकार की कमी, अधिकता या असंतुलन की अवस्था में न केवल विकार पैदा होते हैं, बल्कि कुछ दशाओं में पौधे की रोगरोधी क्षमता में कमी आ जाती है और रोगाणुओं से ऐसे पौधे शीघ्रता और तीव्रता से आक्रान्त होते हैं। पोषक तत्वों के असंतुलन से उत्पन्न विकारों एवं असामानताओं की पोषणात्मक रोग कहा जाता है। इसमें रोगाणुओं की भूमिका कम से कम प्रारंम्भिक अवस्थाओं में नहीं होती है। हालाँकि पौधे के कुपोषण से उत्पन्न कमजोरी एवं अस्वस्थता रोगाणुओं के आक्रमण के लिए अनुकूल परिस्थिति भी उत्पन्न करती है।

पोषणात्मक रोगों से प्रत्यक्ष और परोक्ष दोनों प्रकार की हानियां होती है। प्रत्यक्ष इन (पोषणात्मक) रोगों के द्वारा और परोक्ष परजीवी (रोगाणुजनित) रोगों के प्रोत्साहन द्वारा पोषणात्मक रोगों का स्पस्ट प्रभाव फलों एवं सब्जियों में देखा जाता है, जबकि अन्य फसलों में भी पोषक तत्वों (सूक्ष्म पोषक तत्वों) की कमी से होने वाली क्षति दिन–व–दिन बढ़ती जा रही है। प्रतिकूल मौसम की दशाओं और उनमें अकस्मात परिवर्तन भी कुछ–कुछ पोषणात्मक विकारों और रोगों की समस्याओं को बढ़ाते हैं। ऐसी परिस्थिति में अधिक सतर्कता की आवश्यकता है।

किसी विशेष पोषक तत्व की कम या अधिकता से असामान्य क्रियात्मक अवस्थाएँ (विकार के रूप में) पैदा होती है, जो पौधों पर विशेष लक्षण के रूप में प्रकट होते हैं। यद्दपि कभी–कभी कई तत्वों की कमी या अधिकता के लक्षणों के मिलने से ऐसे लक्षणों की पहचान कठिन हो सकती है (ऐसी परिस्थिति में केवल मिट्टी एवं पादप उत्तक–विश्लेषण ही सहायक हो सकते हैं) फिर भी इनकी जानकारी पोषण प्रबन्धन में काफी सहायक होती है। पोषात्मक रोगों से फसलों की उपज में पर्याप्त कमी आ जाती है। कुछ विकारों से उपज में तो कमी नहीं

आती, परन्तु उत्पादों की गुणवत्ता पर प्रतिकूल प्रभाव पड़ता है और इनका बाजार मूल्य गिर जाता है। यह तथ्य फलों और सब्जियों के लिए अधिक उपयुक्त है जिनमें विकारों के कारण उनकी कीमत गिर जाती है और उनकी खेती अलाभकर हो जाती है।

पर्यावरण असानताएँ का प्रबन्धन

सब्जियों में प्रतिकूल वातावरण के कारण दैहिक विकार रोग

आलू का कृशानतः रोग : आलू का यह रोग मुख्यतः भंडारण के दौरान प्रतिकूल ऑक्सीजन के संचरण के द्वारा पैदा होता है। जब आलूओं को ऐसे कमरे में ढेर के रूप में रखा जाता है, जहाँ वायु संचार उचित न हो तो यह रोग उत्पन्न हो जाता है। खेतों में कंदों की वृद्धि एवं परिपक्वता के समय यदि मिट्टी का तापमान 90 डिग्री फारनहाइट से अधिक हो जाय तो उस अवस्था में भी यह रोग उत्पन्न होता है। यह रोग यातायात के समय में भी आलूओं को प्रभावित करता है, जब आलूओं के ले जाने वाले वाहन के अन्दर तापमान 90 डिग्री फारनहाइट से अधिक हो जाय। अतः इस रोग की तीन विभिन्न पर्यावरण अवस्थायें उत्पन्न कर सकती है –

(क) संग्रह के समय मन्द वायु संचार।

(ख) यातायात के समय उच्च तापमान।

(ग) कंदों की वृद्धि एवं परिपक्वता के समय खेत में मिट्टी का अधिक तापमान।

लक्षण : प्रभावित कंदों में मध्य के उत्तक सूखकर अलग हो जाते हैं और कंद में गुहाएँ बन जाती है। उत्तकों की यह अपवर्णता या विवर्णन कंद की सतह तक फैल जाती है। यह रोग छोटे कंदों की अपेक्षा बड़े कंदों में तेजी से फैलता है।

प्रबन्धन : आलूओं में इस रोग को रोकने के लिए कंदों को उपयुक्त वायुसंचार वाले भंडार गृहों में संग्रह करना चाहिए तथा भंडार गृहों एवं भारवाहनों का तापमान 90 डिग्री फारेनहाइट से अधिक नहीं होना चाहिए। अतः आलूओं को हमेशा शीतगृहों में रखना चाहिए।

टमाटर में कार्णिकी विकृति : धूप से फलों का संफेद होना धूपताप/सूर्य जलन (सन बर्न) कहलाता है। उत्तर भारत के मैदानी क्षेत्रों में अप्रैल–मई के महीनों में टमाटर के फल सूर्य के प्रकाश के सीधे सम्पर्क में आने से सफेद पड़ने लगते हैं। इससे न सिर्फ बाजार मूल्य ही कम हो जाता है, बल्कि फलन भी मारी जाती है।

प्रबन्धन : टमाटर की ऐसी किस्मों का चयन करना चाहिए जिनमें पत्तियाँ अधिक हो। टमटार की तीन–चार पंक्तियों के बीच सनई या ढैंचा लगायें, ताकि छाया में फल सुरक्षित रहें। नियमित अंतराल पर सिंचाई करना चाहिए, ताकि भूमि में पर्याप्त नमी कायम रहे।

फूलगोभी की विकृतियाँ (डिस आर्डर) : फूलगोभी में विभिन्न प्रतिकूल परिस्थितयों के कारण कुव्यवस्थायी विकार, जैसे– बटनाकार आकृति की गोभी, कलात्मकता और पत्तापन इत्यादि हो जाते हैं जिससे गोभी की फसल मारी जाती है।

1. **बटनाकार गोभी** : इस अवस्था में गोभी के पौधो में फूल अपेक्षाकृत जल्दी बनना प्रारम्भ हो जाती है। बटनाकार गोभी का मुख्य कारण नाइट्रोजन की कमी तथा एक वर्ग की गोभी (मौसम की) दुसरे वर्ग (दुसरे मौसम) में बुआई करना या पौधों की वृद्धि में कहीं रूकावट आना इत्यादि मुख्य कारण है। जैसे कीड़ों द्वारा जड़ों पर आक्रमण करना या अगेती फूलगोभी किस्म का रोपण देर से या देर वाली किस्म का रोपण जल्दी (अगात) करना।

   प्रबन्धन : फूलगोभी के सही किस्म सही समय पर लगाना चाहिए तथा पौधों को कीड़ों एवं बीमारियों से बचाना चाहिए।

2. **कलात्मकता** : बिना तैयार हुए हरी फूलगोभी (खाने वाले भाग अर्थात् फूल) पौधों में फूल निकलने लगते हैं जिससे बाजार मूल्य घट जाता है। गोभी में हरी फूल निकलने का प्रारम्भ होना एवं फूल का फटना ज्यादातर बदली के मौसम या वर्षा का फुहारा पड़ने के कारण हो जाता है।

   प्रबन्धन : बदली का मौसम लगातार एक सप्ताह तक रहने की स्थिति में यदि गोभी तैयार होने में थोड़ा भी विलम्ब हो, तो भी उन्हें काटकर बाजार में बेच देना चाहिए।

3. **पत्तापन** : फूलगोभी में कभी–कभी फूल के खाने वाले भाग पर छोटी–छोटी पत्तियां निकल आती है। ऐसा मूख्य रूप से फूल बनने के समय तापमान अधिक हो जाने के कारण होता है।

   प्रबन्धन : उपयुक्त किस्मों का चयन करना चाहिए तथा उचित समय पर पौधों का रोपण करना चाहिए। फूल के समय यदि तेज धूप हो तो फूल को पतितयों से ढक देना चाहिए।

4. **राइसीनेस या हेयरीनस** : फूल बनने के समय लम्बे समय तक वातावरण का तापमान अधिक होने के कारण होता है।

   प्रबन्धन : तापरोधी फूलगोभी के किस्मों का चयन करना चाहिए।

5. **फूलगोभी के फूलों में गुलाबी या बैंगनी रंग आना** : फूलगोभी के फूलों का गुलाबी या बैंगनी रंग होने के कई कारण हो सकते हैं। जैसे– कभी–कभी असमान मौसम के कारण, फसल बढ़वार के समय किसी भी तत्व की कमी, पौधों के जड़ों का क्षतिग्रस्त होना, कृषि क्रियाओं में किसी भी तरह की असावधानी बरते जाने या फूलों के तेज प्रकाश मिलने के कारण *'एंथोसाइनिन'* बनता है, जिसके कारण फूलों का रंग हल्का बैंगनी या गुलाबी हो जाता है।

प्रबन्धन : इस विकृतियाँ से बचाव के लिए निम्नलिखित प्रबन्धन करना चाहिए।

- फूलगोभी के खेतों में सावधानी से सस्य क्रियायें (कृषिगत) करना चाहिए। रोपाई के समय पौधे की जड़े क्षतिग्रस्त न होने पाये, भूमि में उपयुक्त नमी बनाये रखने के लिए समय पर सिंचाई, समय पर निराई–गुड़ाई आदि।
- संतुलित उर्वरकों (मुख्य एवं सूक्ष्म पोषक तत्वों) का प्रयोग करना चाहिए, क्योंकि इन तत्वों से पौधों की वृद्धि एवं विकास के साथ–साथ फूलों की गुणवत्ता बढ़ती है।
- फूलों को कड़ी धूप से बचाने के लिए या तो ऐसी किस्मों का चयन करना चाहिए, जिसमें पत्तियां स्वयं फूल के उपर सुरक्षा कवच बना देती हो, या फिर पत्तियों के गुच्छों को फूल के उपर धागे या रबर के छल्ले की सहायता से बांध देना चाहिए।

आलू में हरापन : आलू जब सीधे सूर्य प्रकाश के सम्पर्क में आते हैं तो उसमें कार्बनिक पर्णहरित बनता है और इसी के साथ हानिकारक एल्केलायड जैसे ***सोलेनीन और चैकोनीन*** का संश्लेषण हो जाता है। ये एल्केलायड मनुष्य के लिए बहुत ही हानिकारक है। ज्यादा हरा आलू का सेवन करने से कैंसर जैसी घातक बीमारियां होने की संभावना बढ़ जाती है।

प्रबन्धन : मुख्य फसल के खेत में यदि कोई आलू के कंद भूमि के उपर दिखाई देता है तो उसे तुरन्त ही मिट्टी से ढक देना चाहिए। खुदाई के बाद भी यदि आलू के कंद सूर्य प्रकाश के संम्पर्क में आयेगा तब भी आलू में हरापन आ जाएगा, इसलिए भण्डारण के दौरान भी सूर्य का प्रकाश नहीं पड़ना चाहिए।

पोषण विकार का प्रबन्धन

पोषक तत्वों जैसे नाइट्रोजन, फास्फपोरस, पोटाशियम, मैंगनीज, मैग्नेशियम, बोरॉन, जिंक, कॉपर, लोहा इत्यादि की कमी के कारण पौधे के उपापचय में अव्यवस्थाएँ उत्पन्न हो जाती है और फसल पर विशेष चिन्ह (लक्षण) प्रकट होते हैं। पोषक तत्वों की अधिकता, पौधे में अच्छे उपापचय के लिए पोषण संतुलन में विघ्न उत्पन्न कर देते हैं, जिससे कि आवश्यक तत्वों के प्रभाव में अड़चन पड़ती है। इस प्रकार पोषक तत्वों की न्यूवतायें और अधिकतायें पौधों की रोगरोधिता भी कर देती है।

1. सब्जियों में विभिन्न पोशक तत्वों की कमी से पोशण विकार रोग

(क) प्रथम श्रेणी : पोषक तत्वों की कमी के लक्षण, पहले पौघों के नीचे की पत्तियां अथवा पुरानी पत्तियों पर दिखाई देते हैं। इस श्रेणी में नाइट्रोजन, फास्फोरस, पोटेशियम, मैंग्नीशियम एवं जस्ता सम्मिलित है।

(ख) द्वितीय श्रेणी : पोषक तत्वों जिनकी कमी के लक्षण, पौधों के उपरी कलिकाओं अथवा नयी पत्तियों पर दिखाई देते हैं। इस श्रेणी में कैल्शियम, बोरॉन, ताम्बा, मैग्नीज, गंधक एवं लोहा सम्मिलित है। पौधे में इन तत्वों का संचरण एक भाग से दुसरे भाग में बहुत कम होता है।

नाइट्रोजन

पत्तियों का रंग पीला–सा अथवा लाल–हरा हो जाता है, परन्तु अत्यधिक कमी में पत्तियां सफेद हो जाती है और कभी–कभी झूलस भी जाती है। पौधों की वृद्धि एवं विकास अवरूद्ध हो जाती है तथा फसल की पैदावार कम हो जाती है।

प्रबन्धन

→ फसल योजना बनाते समय नेत्रजन की आवश्यक मात्रा का निर्धारण करना चाहिए।

→ यदि फसल की प्रारम्भिक अवस्था में नेत्रजन की कमी दिखाई पड़ रही हो तो अतिरिक्त नत्रजन देने से काफी अच्छे परिणाम मिल सकते हैं। जल्द परिणाम के लिए नेत्रजन का पर्णीय छिड़काव भी कर सकते हैं।

→ यदि पौधे में नेत्रजन की कमी से बहुत नुकसान पहुँच गया हो (पत्तियां भूरे रंग की हो गयी हो) तो अतिरिक्त नेत्रजन देने से कोई लाभ नहीं होता है।

→ यदि नेत्रजन की कमी पौधे के अंतिम अवस्था (फसल तैयार) में दिखाई पड़े तो उस समय अतिरिक्त नेत्रजन नहीं देना चाहिए।

फास्फोरस

→ पत्तियों का रंग हल्का बैंगनी (परपल) या बहुत अधिक गहरा हरा हो जाता है, क्योंकि फास्फोरस की कमी में नेत्रजन अधिक मात्रा में संचित होती है। लक्षण पहले नीचे की पत्तियों पर व फिर उपर की पत्तियों की ओर बढ़ती है। पत्तियों के सिरे से यह रंग प्रारम्भ होकर, किनारे की ओर बढ़ती है। पत्तियों की मुख्य नसें (Vein) हरी रहती है। रोगों का आक्रमण शीघ्र ही होने लगता है।

→ फास्फोरस की कमी से फसलों की परिपक्वता देर में आती है। फूल–फल बहुत देर से बनते हैं तथा फलों या बीजों का आकार बहुत छोटा हो जाता है।

→ फास्फोरस की कमी से आलू में पत्तियां जाले के आकार बना लेती है तथा कंद पर मूर्चा जैसा घाव उत्पन्न होता है।

प्रबन्धन

फसलों में जब फास्फोरस की कमी के लक्षण दिखाई पड़ती है, उस समय तक फास्फेट उर्वरक देने का समय निकल जाता है। अतः फसल को बचाने के लिए सबसे उत्तम उपाय यही है कि फास्फेट की मात्रा का निर्धारण फसलों के अनुसार बुआई अथवा रोपाई के समय अवश्य कर लेना चाहिए। आजकल बाजार में पर्णीय छिड़काव के लिए फास्फोरस तरल के रूप में भी उपलबध है। इसलिए इनके कमी के लक्षण दिखाई पड़तें ही पर्णीय छिड़काव कर सकते हैं, परन्तु फूल के समय कदापि नहीं करना चाहिए।

पोटैशियम

→ पोटैशियम की कमी में पौधों की पत्तियों के सिरे व किनारे झूलसने व मुड़ने लगते हैं। पत्तियां समय से पूर्व ही गिर जाती है। फल कम एवं विलम्ब से लगते हैं। कभी–कभी पुरानी (नीचे की) पत्तियां भूरी व धब्बेदार हो जाती है।

→ आलू में पोटैशियम की कमी से पत्तियों का रंग गहरा हरा हो जाता है जो बाद में पीला, भूरा एवं काँस के रंग में परिर्वतित हो जाता है। जड़ों का विकास कम होता है जिससे कंद छोटे रह जाते हैं।

प्रबन्धन

जब पोटाश की कमी दिखाई पड़ती है, उस समय तक पोटाश देने का समय निकल जाता है। इसकी कमी को दूर करने का सर्वोत्तम उपाय यह है कि पोटाश

की मात्रा का निर्धारनण फसल योजना बनाते समय करना चाहिए। परन्तु आज कल बाजार में पोटाश का तरल रूप में उपलब्ध है। इसलिए पोटाश की कमी के लक्षण दिखाई देते ही पौधों पर पर्णीय छिड़काव कर सकते हैं, लेकिन पौधों में फूल के समय छिड़काव नहीं करना चाहिए।

कैल्शियम

पत्तियों की सामान्य वृद्धि नहीं होती है। पत्तियां बादामी रंग की हो जाती है और उनके किनारे कटे–फटे होते हैं। नयी (उपरी) पत्तियों के किनारा झूक या मुड़ अथवा सिकुड़ जाता हैं। अंत में पत्तियों का अगला सिरा व किनारा सुख कर नष्ट हो जाता है। अग्रिम कलिका (Terminal bud) सुख जाती है। कलियां व फल अपरिपक्व अवस्था में मुरझा जाते हैं। जड़ों का विकास अपूर्ण होता है।

टमाटर में फूल के अग्र भाग का नाश (End rot of tomatoes front part)

अग्रिम कलिका (Front part) सूख जाता है। कलियां व फल परिपक्व होने से पहले ही मुरझा जाते हैं।

प्रबन्धन

अम्लीय मिट्टी में ही कैल्शियम की कमी होती है। उदासीन व लवणीय भूमियों में बाहर से कैल्शियम प्रयोग करने की आवश्यकता नही होती है।

अपरोक्ष रूप में कैल्शियम अमोनियम नाइट्रेट, सुपर फास्फेट व जिप्सम (कैल्शियम सल्फेट) से भूमि में कैल्शियम की पूर्ति होती रहती है।

कैल्शियमक की कमी वाले क्षेत्रों में इसकी पूर्ति के लिए 3–4 वर्ष में एक वार 4–5 क्विन्टल जिप्सम प्रति हेक्टेयर की दर से खेत में प्रयोग कर सकते हैं।

गंधक

पत्तियों का रंग हल्का हरा (Light green) हो जाता है और पौधे की वृद्धि धीमी हो जाती है। पत्तियों पर ब्लोरोसिस रोग दिखाई देने लगता है। प्याज एवं लहसून की उपरी (नयी पत्तियाँ) की शिराओं के बीच के भाग व शिरायें हल्के हरे रंग (Light green colour) के हो जाते हैं और गंधक (Sulpher) के अभाव में पौधों की बढ़वार कम हो जाती है।

प्रबन्धन

गन्धक अमोनियम सल्फेट में 23.7 प्रतिशत, अमोनियम सल्फेट नाइट्रेट मे 15.1 प्रतिशत, सिंगल सुपर फास्फेट में 12.5 प्रतिशत, पोटेशियम सल्फेट में 17.5 प्रतिशत एवं जिप्सम में 21.0 प्रतिशत तक पायी जाती है और उपरोक्त में से किसी एक का प्रयोग करने पर अपरोक्ष रूप से भूमि में मिलती रहती है तथा प्रति वर्ष 10–12 किलोग्राम प्रति हेक्टेयर गंधक वर्षा के द्वारा भी भूमि में पहुँचती है। कार्बनिक खादों का व्यवहार करने से भी गन्धक भूमि में पहुँचती रहती है। फिर भी भूमि में गंधक की कमी वाले क्षेत्रों में 20–40 किलोग्राम प्रति हेक्टेयर की दर से बैज्ञानिकों के द्वारा अनुशंसा की गयी है। अगर विभिन्न फसलों में फास्फेट की अनुशंसित मात्रा सिंगल सुपर फास्फेट द्वारा दी जाय तो इससे भूमि में गंधक की कमी दूर हो जाती है।

जस्ता

पौधों की पत्तियां छोटी–छोटी तथा नुकीली व मोटी हो जाती है। पत्तियों का रंग धुंधला पीला हो जाता है। पत्तियों का किनारा एँठ व मुड़ जाती है और वे समय से पहले ही गिर जाती है।

नये पौधों में डाइबैक (Dieback) का प्रभाव पाया जाता है।

फलों का आकार छोटा हो जाता है तथा फलों में बीजों का उत्पादन घट जाता है। फल कलिका की रचना बहुत कम होती है।

प्रबन्धन

भूमि में जस्ता की कमी होने पर 10–20 किलोग्राम प्रति हेक्टेयर की दर से फसल की बुआई व रोपनी से पहले खेत में प्रयोग करना चाहिए। खड़ी फसल में तुरन्त उपचार के लिए 0.5 प्रतिशत जिंक सल्फेट एवं 0.25 प्रतिशत चूना (Lime) के घोल का छिड़काव करना चाहिए। लवणी–क्षारीय मिट्‌टी में जस्ते के प्रयोग का प्रभाव कम होता है। अतः इन परिस्थितियों में अम्ल उत्पादक जैसे सल्फर, अमोनियम सल्फेट उर्वरकों का प्रयोग, इन भूमियों में करना चाहिए ताकि जास्ता की उपलब्धता पौधों को लम्बे समय तक होती रहे।

मैंगनीज

लोहे तत्व के समान यह तत्व भी पौधों में कमी के समय पौधे के एक भाग से दुसरे भाग में स्थानान्तरित नहीं हो पाता है। इसकी कमी में पौधों की बढ़वार रूक जाती है। सेम एवं मटर के पौधे बौने रह जाते हैं और पत्तियों में पीलिया (Chlorosis)

रोग हो जाता है जिससे उन पर पीली चित्तियां (Spots) दिखाई देने लगता है। नयी पत्तियां के तन्तु (Tissue) बीच–बीच में मर जाते हैं।

मटर में जलीय बिन्दु रोग (Marsh spot of pea)

मटर के प्रभावित पौधों की पत्तियों में भी पीलिया (Chlorosis) उत्पन्न हो जाता है। पत्तियों की छोटी–छोटी नसे (Veins) हरी बनी रहती है। लक्षण सर्वप्रथम पौधे के पुरानी पत्तियों पर दिखाई पड़ता है।

प्रबन्धन

मिट्टी में मैगनीज की कमी होने पर जिंक सल्फेट 10–15 किलोग्राम प्रति हेक्टेयर की दर से फसल बुआई व रोपण के पूर्व करना चाहिए। फसलों में इन ततव की कमी के लक्षण प्रदर्शित होने पर तुरन्त उपचार के लिए 0.6 प्रतिशत मैंगनीज सल्फेट का पर्णीय छिड़काव करना चाहिए।

मैंग्नीशियम

मैग्नीशियम की कमी में पौधों के रंग पर प्रतिकूल प्रभाव पड़ता है। पौधों की निचली (पुरानी) पत्तियों का रंग किनारे एवं तनों के बीच से नष्ट हो जाता है। पत्तियां आकार में छोटी रह जाती है और उपर की ओर मुड़ जाती है। इस तत्व की अधिक कमी होने पर पुरानी पत्तियां सूख जाती है, परन्तु नसों (Veins) का रंग हरा बना रहता है। पत्तियों की नसों के बीच–बीच में पीली या भूरी चकतियां (Chlorosis) बन जाती है।

प्रबन्धन

भारतीय भूमियों में प्रायः इस तत्व की कमी नहीं देखी गयी है। साधारणतः थोड़ी मात्रा में नेत्रजन एवं फास्फोरस के उर्वरकों के माध्यम से भूमि में पहुँचता रहता है। आवश्यकता पड़ने पर 5–10 किलोग्राम मैगनीशियम सल्फेट प्रति हेक्टेयर की दर से बुआई के समय खेत में विखेर कर मिट्टी में मिलाना चाहिए।

मोलिबिडनम

पौधे छोटे एवं पीले रंग के नेत्रजन की कमी के समान होते हैं और पौधों के नयी पत्तियों पर स्पस्ट लक्षण दिखाई पड़ते हैं। पत्तियां मुड़ने लगती है और किनारा टुटने लगता है।

1. **फूलगोभी में विहपटैल (Whiptail) की रचना** : फूलगोभी में इस सूक्ष्म तत्व की कमी से पत्तियों में हरे रंग की कमी हो जाती है और वे किनारे से सफेद हो जाते हैं या नाम मात्र के लिए थोड़ा हरा रहती है जो बाद में मुरझा कर गिर जाती है। नयी पत्तियां विकृत हो जाती है और फूलगोभी में विहपटैल की तरह रचना बन जाती है।
2. **आलू में पुरानी पत्तियों का रंग बादामी होना** : मोलिबिडनम की कमी से आलू के पौधों में पुरानी पत्तियों का रंग बादामी हो जाता है और जल्द ही सूख कर गिरने लगती है। परिणामतः फसलों की वृद्धि और विकास पर प्रतिकूल प्रभाव पड़ता है।
3. **टमाटर की पत्तियों का मुड़ना (Curling of tomato)** : मोलिविडनम की कमी से पौधों के नीचे की पत्तियों (पुरानी) में मोल्टिंग, नेक्रोसिस व पत्तियां किनारे से मूड़ (Curl) हो जाती है।

प्रबन्धन

1.5 किलोग्राम मोलिविडक अम्ल प्रति हेक्टेयर की दर से बुआई के पहले मिट्टी में प्रयोग करने पर गोभी व टमाटर के आकार, गुणवत्ता व विटामिन सी में वृद्धि होती है। आलू कंद के आकार में भी वृद्धि होती है।

बोरोन

1. बोरोन की कमी से फूलगोभी के खाने योग्य भाग (फूल) अनियमित आकार (Deformed) एवं छोटा रह जाता है। इस तत्व की कमी से प्रारंम्भ में तो गोभी पर छोटे–छोटे लाल व भूरे धब्बे दिखाई देते हैं तथा बाद में पूरी गोभी (फूल) हल्का गुलाबी या भूरे रंग की हो जाती है जो खाने में कड़वी लगती है। इससे फूलगोभी की पैदावार और मांग दोनों मारी जाती है।
2. आलू में बोरेन तत्व की कमी से पत्तियां गोल (Leaf roll) हो जाती है।
3. शलजम में इस तत्व के अभाव में *''बाहन हर्ट''* अर्थात् मोटे भाग पर काले धब्बे या बीज वाले भाग में पट्टियां (Splitting) पायी जाती है।
4. बोरोन की कमी से फूलगोभी में तने फूट (Crack) हो जाते हैं तथा तना के मध्य भाग में खोखलापन (Hollow) की समस्या आ जाती है।
5. मूली में बोरोन की कमी से पत्तियां नीला हरा हो जाता है और किनारा नीचे की ओर मुड़ जाती है। नयी पत्तियों का उपरी सिरा (Tip) झुक जाती है। जड़ों का विकास कम होता है और जड़ लंम्बाई के आकार में फट जाते हैं।

प्रबन्धन

बोरेक्स या बोरोन 20 किलोग्राम प्रति हेक्टेयर की दर से अन्य उर्वरकों के साथ खेत में फसल बुआई व रोपण से पहले डालना चाहिए। यदि खड़ी फसल पर बोरेक्स 2–4 ग्राम प्रति लीटर पानी के घोल का पर्णीय छिड़काव किया जाय तो आशातीत् उत्पादन और अच्छे फूल प्राप्त होते हैं।

ताँबा

इन सूक्ष्म तत्वों की कमी से पौधों की नयी पत्तियों के किनारे व नोंक (Tip) में क्लोरोसिस व पत्तियां सफेद (White) दिखाई पड़ती है और बाद में उनकी मृत्यु हो जाती है।

प्रबन्धन

ताम्बा की कमी वाले क्षेत्रों में कॉपर सल्फेट 5–10 किलोग्राम प्रति हेक्टेयर की दर से फसलों की बुआई व रोपणी के पहले करना चाहिए। खड़ी फसल में इस तत्व की कमी के लक्षण दिखाई पड़ने पर 0.2 प्रतिशत कॉपर सल्फेट तथा एवं 0.5 प्रतिशत चूना के घोल का पर्णीय छिड़काव करना चाहिए।

लोहा

लोहे तत्व की कमी से पौधों की पत्तियों में पीलिया (Chlorosis) रोग विकसित कर जाता है और पत्तियों का रंग पीला और सफेद हो जाता है। तना छोटे और पतले रह जाते हैं। नयी कलिकाओं की मृत्यू (Die) हो जाती है।

प्रबन्धन

10 किलोग्राम फेरस सल्फेट प्रति हेक्टेयर की दर से फसल की बुआई के पहले मिट्टी में प्रयोग करना चाहिए। 0.27 प्रतिशत फोरस सल्फेट का पर्णीय छिड़काव कर सकते हैं।

2. सब्जियों में विभिन्न पोषक तत्वों की अधिकता से पोषण विकार रोग

फूलगोभी के तना का खोखला होना : अत्यधिक उपजाऊ जमीन में नेत्रजन की मात्रा अधिक देने के कारण पौधों की वृद्धि तो जल्दी हो जाती है, परन्तु इसके कारण तने में खोखलेपन की समस्या आ जाती है।

पौधों में हरितमा और कोमलता बढ़ना : नेत्रजन की अधिक मात्रा का प्रयोग करने से पौधों में सिलिकन तत्व की कमी हो जाती है जिससे पौधों में

हरितमा के साथ–साथ कोमलता बढ़ जाती है। इस प्रकार पौधों में कोमलता एवं कोशिका भित्ती पतली होने के कारण पाला व सुखा सहन करने की क्षमता कम हो जाती है।

कीड़ों एवं बीमारियों का प्रकोप : अधिक नेत्रजनीय उर्वरकों के प्रयोग से पौधों में हरितमा एवं कोमलता बढ़ जाने के कारण कीड़े एवं बीमारियों का आक्रमण अधिक होता है।

फसलों की गुणवत्ता पर प्रभाव : अधिक पोषक तत्वों खासकर नेत्रजनीय उर्वरकों के प्रयोग से सब्जियों की गुणवत्ता पर प्रभाव पड़ता है और इनकी बाजार मांग घट जाती है। फसल–चक्र में अधिक उत्पादनशील किस्मों के शंकर प्रजातियों का उपयोग कर रहे हैं जिससे भूमि में उर्वराशक्ति का ह्रास हो रहा है और इनके कमी के लक्षण फसलों में दिखाई पड़ते हैं।

3. पोषण विकार के कारण

देश के अनेक क्षेत्रों में कुपोषण की समस्यायें दिनोंदिन बढ़ती जा रही है जिनके निम्नलिखित कारण है :

i. **भांकर प्रजातियों की अधिक उत्पादनशील किस्मों का प्रयोग** : विभिन्न फसलों खासकर सब्जियों की अधिक उपज देने वाली शंकर (Hybrid) प्रजातियां उत्पादक अपना रहे हैं जो कि मुख्य तत्व नेत्रजन, फास्फोरस एवं पोटश की अधिक मात्रा का उपयोग करते हैं। साथ ही साथ ये प्रजातियां सूक्ष्म पोषक तत्वों जैसे जस्ता, लोहा, मैंग्नीज, मोलिडेनम, बोरन आदि तत्वों को भी ग्रहण करती है जिससे देश की मिट्टी में पोषण तत्वों के कमी की समस्यायें बढ़ती जा रही है।

ii. **लगातार फसलों को उगाने व सघन खेती** : देश में अधिकतर किसानों के जोत छोटे हैं जिसके कारण वे सघन खेती करते हैं और फसलों की आवश्यकता के अनुसार उर्वरकों का प्रबंध नहीं करते हैं जिससे खेतों में इन तत्वों की कमी होती जा रही है।

iii. **अधिक उपज देने वाली फसल एवं प्रभेदों का फसल–चक्र में समावेश** : किसानों द्वारा अपने खेतों में लगातार अधिक उपजदायी एवं प्रभेदों का फसल–चक्र में निरन्तर उपयोग कर रहे हैं और उनके अनुसार फसल को सही व संतुलित मात्रा में उर्वरक नहीं दे पाते हैं, जिससे मिट्टी की उर्वराशक्ति पर प्रतिकूल प्रभाव पड़ रहा है।

4. रासायनिक उर्वरकों का असंतुलित प्रयोग

आज आधुनिक खेती में सिर्फ रासायनिक उर्वरकों का प्रयोग अधिक एवं असंतुलित मात्रा में हो रहा है। इन उर्वरकों का मिट्टी में ठीक तरह से अपघटन नहीं हो पाता है और ये तत्व प्रतिकूल वातावरणीय कारणों से बर्वाद भी हो जाता है जिससे मिट्टी की उवर्राशक्ति पर प्रतिकूल प्रभाव पड़ रहा है।

5. जैविक खादों का प्रयोग नहीं के बराबर करना

आजकल लगभग 90–95 प्रतिशत किसान रासायनिक उर्वरकों का ही प्रयोग कर रहे हैं जिससे मिट्टी की भौतिक, रासायनिक एवं जैविक संरचनाओं में प्रतिकूल प्रभाव पड़ रहा है। भू–छरण या सेलिनाइजेशन इत्यादि के कारण भी मिट्टी की उपजाऊ शक्ति कम होती गयी।

6. जटिल उर्वरकों का प्रयोग :

जटिल उर्वरकों के अपनाने से हम केवल अशुद्धि के रूप में पोषक तत्व देते हैं। इन जटिल उर्वरकों (डाइअमोनियम फास्फेट, डाइकेंल्शियम फास्फेट, सुफला भूरा, सुफला गुलाबी, सुफला पीला, ग्रामोर इत्यादि)।

7. सूक्ष्म पोषक तत्वों का प्रयोग नही के बराबर करना

वर्तमान समय में उपरोक्त वर्णित जटिल उर्वरकों के प्रयोग का प्रचलन दिनोंदिन बढ़ रहा है और इनके अपनाने से हम केवल अशुद्धि के रूप में बहुत ही कम सूक्ष्म तत्व खेत की मिट्टी में दे पा रहे हैं। अतः मिट्टी में इन सूक्ष्म तत्वों की समस्यायें दिन प्रतिदिन बढ़ रही है और इनकी कमी फसलों में परिलक्षित होते हैं।

पोषण प्रबन्धन द्वारा सब्जियों में रोग नियंत्रण

हरित क्रान्ति के बाद रासायनिक उर्वरकों के प्रयोग से सब्जियों की पैदावार में आशातीत सफलता तो अवश्य मिली, परन्तु इनकी गुणवत्ता में कमी आयी। इसका मुख्य कारण पौधों को संतुलित मात्रा में पोषक तत्वों की अनुपलब्धता। मनुष्य की तरह पौधों को भी 16 तत्वों की आवश्यकता पड़ती है, परन्तु सब्जी उत्पादक अपनी फसलों में केवल मुख्य तत्व जैसे नेत्रजन, फास्फोरस एवं पोटाश का ही ज्यादा व्यवहार करते हैं और वह भी असंतुलित मात्रा में तथा उसमें भी नेत्रजन का उपयोग अधिक हो रहा है।

हमारी मिट्टी में इन तत्वों का अपार भण्डार था, परन्तु सदियों से लगातार खेती होने से इन तत्वों का दोहन हुआ जिससे विद्यमान यह विशाल भण्डार बहुत

कम हो गया है और वर्तमान समय में पौधे इनके कमी के लक्षण परिलक्षित कर रहे हैं।

मृदा वैज्ञानिक ''लिपिंग'' के अनुसार सब्जियों की पैदावार का घटना या बढ़ना फसल को प्रदान किये गये पोषक तत्वों पर निर्भर करती है और इनमें (16 तत्वों में) किसी भी तत्व की कमी या अधिकता होने पर पैदावार उसी अनुपात में प्रभावित होती है, भले ही उस तत्व की आवश्यकता न्युनतम हो।

वैज्ञानिकों के द्वारा इस बात की सिफारिश की जाती है कि पोषक तत्वों के भूमि में विशेष रूप से उन क्षेत्रों में जहाँ इनकी कमी है, फसल योजना बनाते समय उर्वरकों का आवश्यकतानुसार निर्धारण कर व्यवहार करना चाहिए। वर्तमान समय में पोषक तत्व तरल रूप में भी बाजार में उपलब्ध है जिसका पर्णीय छिड़काव कर तत्कालित इनकी कमी को दूर कर सकते हैं।

सब्जियों के प्रमुख पोषणात्मक रोग एवं विकार

क्र. सं.	रोग एवं विकार	कारण
1.	फूलगोभी का भूरा पड़ना, प्याज का रिक्त तना, मूली का चक्रपाश, चुकन्दर का अंतः विगलन	बोरान की कमी
2	शलजम का अन्तरिक भूरापन, टमाटर का पुष्पान्त सड़न, गाजर का कोटर चित्ती	कैल्शियम की कमी
3.	प्याज का कंद विगलन	तांबें की कमी
4.	चुकन्दर का चित्तीदार पीतक, मटर का गलित चित्ती, प्याज का पीली धारी	मैंगनीज की कमी
5.	गोभी का लम्बी पूंछ, सेम का सत्रदाह	
6.	टमाटर का दागदार परिपक्वता	मोलिबेड़नम की कमी एवं नेत्रजन पोटाशियम का असंतुलन

सब्जियों के उत्पादन में जितना मुख्य तत्वों का योगदान है, उतना ही सूक्ष्म पोषक तत्वों की भी आवश्यकता पड़ती है, जबकि इन तत्वों का उपयोग पौधे बहुत ही सीमित या अल्प मात्रा में करते हैं। इन सूक्ष्म पोषक तत्वों की कमी से फसलों की वृद्धि एवं विकास अवरूद्ध होने के साथ–साथ बीमारियां भी उत्पन्न होती है।

सूक्ष्म पोषक तत्वों के असंतुलन द्वारा प्रोत्साहित सब्जियों के रोग

क्र. सं.	रोग एवं विकार (परजीवी रोगाणुजनित रोग)	कारण (सूक्ष्म पोषक तत्व जिनके प्रयोग से रोग में कमी पायी गई है।)
1.	टमाटर का पर्ण अंगमारी, मूली का ग्लानि रोग	लोहा
2	गोभी का क्लब रूट, आलू का पिछात अंगमारी, स्टेम कैंकर, स्केव एवं ग्लानी रोग, खीरा एवं लौकी का चूर्णिल आसिता, टमाटर का ग्लानी एवं मोजैक, शकरकनद का जड़ सड़न	मैंगनीज
3.	मटर का पिछात अंगमारी	जस्ता
4.	टमाटर एवं मटर का मोजैक रोग	मोलिबडेनम

द्वितीयक एवं सूक्ष्म पोषक तत्वों की कमी को दूर करने के लिए संस्तुत मात्रा

क्र. सं.	पोषक तत्व	उर्वरक	मिट्टी में प्रयोग (कि0ग्रा0 / हे0)	फसल पर पर्णीय छिड़काव (घोल की सान्द्रता)
1.	लोहा	फेरस सल्फेट (20% लोहा)	10	0.1% फेरस सल्फेट + 0.27% चूने के साथ या साइट्रिक अम्ल के साथ
2	जिंक (जस्ता)	जिंक सल्फेट (23% जस्ता)	10–15	0.5% जिंक सल्फेट + 0.27% चूने का घोल
3.	मैंगनीज	मैंगनीज सल्फेट (28% मैंगनीज)	10–15	0.6% मैंगनीज सल्फेट
4.	तांबा	कॉपर सल्फेट (25% तांबा)	5–10	0.2% कापर सल्फेट + 0.5% चूने का घोल
5.	बोरान	बोरेक्स (सुहागा) (11% बोरान)	5–10	0.2 % बोरेक्स का घोल
6.	मालिबेडनम	सोडियम मालिबडेट (50% मालिबेडनम)	5–10	0.01–0.02% सोडियम मालिबडेट
7.	गंधक	जिप्सम या पाईराइट (22 % गंधक)	25–30	0.2 % जिप्सम का घोल

अध्याय 14

सब्जियों में खरपतवार नियंत्रण

सब्जियों की खेती में खरपतवार चुनौतीपूर्ण व गंभीर समस्या है। इनसे सब्जियों के उत्पादन में लगभग 20–80 प्रतिशत तक कमी आती है और गुणवत्ता भी प्रभावित होती है, जिससे बाजार में सब्जियों का मूल्य कम मिलता है। साथ ही खरपतवार फसल के साथ उगकर पोषक तत्व, स्थान, हवा, पानी इत्यादि के लिए संघर्ष कर पौधे को कमजोर करते हैं और बहुत सी बीमारियों और कीटों को आश्रय प्रदान कर दूसरी तरह से क्षति पहुँचाते हैं। सब्जियों के बीज उत्पादन में खरपतवार प्रबंध का विशेष महत्व होता है, क्योंकि खरपतवार के बीज यदि सब्जी बीज के साथ मिश्रित हो जाय तो आगामी कई पीढ़ी तक फसल की गुणवत्ता को प्रभावित करेगें साथ ही सब्जी के बीज की गुणवत्ता पर भी प्रश्नचिन्ह लगा देगें। खरपतवार निकालने में बहुत श्रम की आवश्यकता पड़ती है जिससे खेती का लागत खर्च बढ़ जाता है। खरपतवार की समस्या सब्जियों में अन्य फसलों की तुलना में अधिक पायी जाती है। अच्छे सस्य प्रबंध के माध्यम से खरपतवार की समस्या को कम किया जा सकता है। सामान्यतः बीज की बुआई व पौध की रोपाई के बाद लगभग 5–6 सप्ताह तक खरपतवार की समस्या अधिक दोषग्राही होती है। यदि इस समय खरपतवार को नियंत्रित कर लिया जाय तो सब्जी फसल की वृद्धि एवं विकास अच्छी हो जाती है और बाद में जो खरपतवार उगते हैं, फसल की छाया से मर जाते हैं या उनकी वृद्धि बहुत कम होती है और उनका सब्जी फसलों पर प्रभाव कम पड़ता है।

सब्जी फसलों में खरपतवार प्रबंध का दोषग्राही समय

यह वह समय है जब खेत में खरपतवार नियंत्रित हो जाय तो उत्पादन में बढ़ोत्तरी होती है अन्यथा उत्पादन में अचानक गिरावट आती है। जैसे–फूलगोभी एवं पत्तागोभी में 2–6 सप्ताह, टमाटर एवं भिण्डी में 2–6 सप्ताह, प्याज में लगभग 3–8 सप्ताह, आलू में 3–6 सप्ताह, मिर्च में 4–9 सप्ताह, मटर में 2–4 सप्ताह तक बोआई या रोपाई के बाद खरपतवार नियंत्रण से फसल की पैदावार में वृद्धि देखी गयी है।

खरपतवार नियंत्रण का प्रबन्धन

अच्छी सस्य क्रियाओं को अपनाकर : खेत की अच्छी जुताई करके यदि बीज को पर्याप्त नमी की अवस्था में बोया जाय तो बीज शीघ्र जमता है तथा पौधे बढ़ने के बाद स्वयं खरपतवार को अपनी छाया से नियंत्रित कर देते हैं। खेत में पौधों की संख्या आवश्यकता के अनुरूप होनी चाहिए। इससे भी खरपतवार की समस्या का कुछ हद तक समाधान हो जाता है। सही मात्रा में रासायनिक उर्वरकों के प्रयोग से पौधों की वृद्धि शीघ्र होती है जिससे खरपतवार नियंत्रण की समस्या कम हो जाती है।

हाथ द्वारा निराई या किसी यंत्र द्वारा खरपतवार निकालना : अधिकतर किसानों की जोत छोटी है और सब्जी उत्पादक खुरपी या कुदाल के द्वारा खरपतवार निकालते हैं। खरपतवार निकालने के यंत्र भी उपलब्ध है जो मुख्यतया ट्रैक्टर द्वारा चलाए जाते हैं, जिससे इनका उपयोग कम हो रहा है।

गर्मी की जुताई : मई–जून माह में जब खेत खाली रहता है तो उस समय जुताई करने से चिरस्थायी घास के रहिजोम, कंद एवं जड़ सूख जाते हैं जिससे इनका अंकूरण कम हो जाता है।

मल्च का प्रयोग : सुखी घास, पुआल या काली पोलिथिन की चादर को प्रयोग करने से घास मर जाता है या उनकी वृद्धि अवरूद्ध हो जाती है।

रासायनिक खरपतवारनाशक का उपयोग : बाजार में प्रमुख खरपतवारनाशक रसायन जो उपलब्ध है उनका उपयोग निम्न उल्लेखित है।

विभिन्न सब्जियों में रासायनिक विधि से खरपतवार नियंत्रण

खरपतवारनाशक	मात्रा (कि0ग्रा0 / ली0 / हे0)	प्रयोग का समय	सब्जियां
पेन्डिमीथेलिन (स्टाम्प 30 ई0सी0)	3.5 ली0	बुआई के बाद खरपतवार के बीज उगने से पहले	टमाटर, बैंगन, मिर्च, फूलगोभी, पत्तागोभी, प्याज
		बीज की बुआई के 2–3 दिन के अन्दर	मटर, भिंडी, राजमा, लोबिया, कद्दूवर्गीय सब्जियां
फलूफ्लोरोलिन (बासालिन 45 ई0सी0)	2.25–2.75 ली0	बीज की बुआई के 2–3 दिन के अन्दर	टमाटर, बैंगन, मिर्च, भिण्डी, राजमा, मटर, लोबिया, जड़वाली सब्जियां, कद्दूवर्गीय सब्जियां एवं गोभीवर्गीय सब्जियां
ऐलाक्लोर (लासो 50 ई0सी0)	2.0–2.5 ली0	पौध रोपाई के पहले या बाद में खरपतवार के बीज जमने से पहले	फूलगोभी, पत्तागोभी, मिर्च, बैंगन, टमाटर, प्याज
		बीज बोने के 3 दिन के अन्दर	मटर, राजमा, लोबिया, भिंडी, जड़वाली सब्जियां
मेट्रीब्यूजीन (सिंकोर 70 डब्लू0पी0)	1.5 ली0	रोपाई के बाद	टमाटर
		बुआई के बाद लेकिन खरपतवार के बीज जमने से पहले	आलू

क्रमशः...

ऑक्सीफ्लूओरफेन (गोल 23.5 ई0सी0)	850 ग्रा0	रोपाई के बाद लेकिन खरपतवार के बीज जमने से पहले	टमाटर, बैंगन, मिर्च, प्याज, गोभीवर्गीय सब्जियां
		बुआई के 2–3 दिन के अन्दर	भिंडी, जड़वाली सब्जियां, राजमा, लोबिया
मेटेलाक्लोर (डूयल 50 ई0सी0)	2.0 ली0	बुआई के 1–2 दिन बाद लेकिन खरपतवार के बीज जमने से पहले	भिण्डी
ग्लाइफोसेट (राउण्डअप 41 ई0सी0)	2.5–3.0 मि0 ली0 / ली0 पानी	परती जमीन, सड़क किनारे, मेढों के उपर	सभी सब्जियाँ

नोट : खरपतवारनाशकों का छिड़काव फ्लेटफेन नोजल लगा नैपसैक स्प्रेयर मशीन से करना चाहिए तथा प्रति हेक्टेयर पानी की मात्रा 1000 लीटर होना चाहिए।

खरपतवार प्रबन्धन के लिए सामूहिक प्रयास : प्रायः जागरूक किसान खरपतवार का प्रबन्ध कर लेते हैं, लेकिन कुछ खरपतवार रास्ते, नालियों, नहरों एवं अन्य सार्वजनिक स्थानों पर उगते हैं, जिनके नियंत्रण पर बहुत कम ध्यान दिया जाता है। उनके बीज पकने के बाद पुनः हवा और जल के द्वारा खेत में आकर उगते हैं। अतः सामाजिक जगहों पर उगने वाले खरपतवार के नियंत्रण की जिम्मेदारी पूरे उस क्षेत्र के समाज को जाती है। सभी लोग मिलकर जब तक खरपतवार नियंत्रण में योगदान नहीं करेगें तब तक मूल रूप से खरपतवार नियंत्रण संभव नहीं है। सर्वाजनिक जगहों पर खरपतवार नियंत्रण के लिए ग्लाईफोसेट बहुत उपयोगी है।

अध्याय 15

सब्जियों में समेकित खरपतवार प्रबन्धन

सब्जी उत्पादन में भारत का चीन के बाद विश्व में दूसरा स्थान है। सब्जी मनुष्य के भोजन में खाद्य एवं पौष्टिकता प्रदान करती है जिसके कारण इसका महत्व मनुष्य के भोजन में दिनों–दिन बढ़ता जा रहा है। विश्व स्वास्थय संगठन के अनुसार प्रत्येक व्यक्ति को प्रति दिन 285 ग्राम सब्जी उपलब्ध होना चाहिए। इसमें विटामिन्स एवं मिनरल के अतिरिक्त दूसरे आवश्यक तत्व भी प्रचुर मात्रा में पाये जाते हैं जिसके कारण यह मुनष्य के भोजन का एक प्रमुख अवयव बन चुका है। सब्जी वाली फसलों की खेती कतारों में काफी दूरी पर की जाती है तथा इसमें अधिक खाद एवं पानी की आवश्यकता पड़ती है। ये परिस्थितयॉ खरपतवारों की वृद्धि एवं विकास में काफी सहायक होती है जिसके कारण सब्जी फसलों में खरपतवारों की समस्या खाद्यान्न फसलों की अपेक्षा अधिक होती है। इसके अलावॉ सब्जी वाली फसलों का जमाव एवं बढ़वार प्रारंभिक अवस्था में काफी धीमी गति से होता है, जो खरपतवार के बीजों के जमाव एवं बढ़वार को बढ़ावा देता है। प्रायः सब्जी वाली फसलों में गोबर की खाद एवं कम्पोष्ट का अधिक व्यवहार किया जाता है। इसके ठीक प्रकार से सड़ा नहीं होने के कारण इसमें काफी संख्या में खरपतवारों के बीज जीवित अवस्था में पड़े रहते हैं। खेत में अनुकूल वातावरण मिलने पर उनका जमाव प्रारंभ हो जाता है जिससे खेत में खरपतवारों की समस्या बढ़ जाती है तथा नये प्रकार के खरपतवार भी गोबर की खाद या कम्पोस्ट के साथ खेत में पहुँच जाते हैं।

प्रमुख खरपतवार का विवरण

प्रायः सभी प्रकार की सब्जियों की फसलें मौसमी खरपतवारों से ग्रस्त रहती है। बुआई एवं रोपाई के समय के अनुसार सब्जियों को खरीफ, रबी एवं वसंत ऋतु (गरमा) की सब्जियों में बॉटा गया है।

खरीफ मौसम की सब्जियों में घासकुल के खरपतवारों की अधिकता होती है। इसमें मुख्यरूप से सॉवा घास, बनकोदो, क्रैपघास, जंगली चौलाई, महकुआ, कनकवा, सफेद मुर्गा, मकड़ा, हजारदाना, बनमकोय, पत्थरचट्टा, जंगली पालक, चिकोरी तथा बहुवर्षीय खरपतवारों में दूब, मोथा, जंगली चरी बहुलता से पाये जाते हैं।

रबी मौसम की सब्जियों में अधिकतर चौड़ी पत्ती वाले खरपतवार जैसे – बथुआ, सेंजी, कृष्णनील, पोहली, हिरनखुरी, सत्यानाशी, कटैली, अंकरी, जंगली मटर। सकरी पत्ती वाले खरपतवारों में दूब, बनप्याजी, जंगली जई तथा मोथाकुल में मोथा जाति के खरपतवार मुख्य रूप से पाये जाते हैं। वसंत ऋतु के प्रारंभ में चौड़ी पत्ती वाले खरपतवार, जो रबी मौसम की सब्जियों में निकलते हैं, पाये जाते हैं, परन्तु तापमान बढ़ने के साथ–साथ घास कुल के खरपतवारों की संख्या बढ़ती जाती है।

समेकित खरपतवार प्रबन्धन

अधिकांश सब्जी वाली फसलों की प्रारंभिक बढ़वार धीमी गति से होने के कारण ये फसलें प्रतिस्पर्धा की क्रान्तिक अवस्था में खरपतवार के पौधों को ढ़क नहीं पाते। फलस्वरूप, ख्रपतवार के पौधे सूर्य के प्रकाश, जगह तथा फसल के पौधों को दिये गये खाद एवं पानी का उपयोग सब्जी वाली फसलों की तुलना में अपेक्षाकृत आसानी से अधिक मात्रा में ग्रहण कर लेते हैं। इन खरपतवारों का नियंत्रण यदि समय पर नहीं किया गया तो इससे फसल की उपज एवं गुणवत्ता दोनों में कमी आ जाती है। उपज में होने वाली कमी खरपतवारों के ग्रस्तता की मात्रा पर निर्भर करती है। खरीफ वाली सब्जियों में खरपतवारों की ग्रस्तता रबी सब्जियों की तुलना में अधिक होती है। खरपतवारों की ग्रस्तता एवं फसल में खरपतवारों से प्रतियोगिता करने की क्षमता फसल विशेष में होने वाली हानि को निर्धारित करती है। विभिन्न सब्जी वाली फसलों में खरपतवारों के प्रतिस्पर्धा की क्रान्तिक अवस्था एवं खरपतवारों द्वारा उनके उपज में होने वाली कमी अलग–अलग होती है जिसका विस्तृत विवरण निम्न दिया गया है।

सब्जी फसलों में खरपतवारों की प्रतिस्पर्धा की क्रान्तिक अवस्था तथा खरपतवारों द्वारा उनके उपज में होने वाली कमी

क्र. सं.	फसलें	खरपतवारों के प्रतिस्पर्धा की क्रान्तिक अवस्था (बुआई/रोपाई के बीच दिनों तक)	उपज में कमी (प्रतिशत)
1.	फूलगोभी	30–45	50–60
2.	पत्तागोभी	30–45	50–60
3.	बैंगन	20–60	40–60
4.	टमाटर	30–45	42–71
5.	भिण्डी	15–30	40–70
6.	गाजर	15–20	70–80
7.	मूली	15–20	60–70

इन फसलों को खरपतवारों के प्रतिस्पर्धा की क्रान्तिक अवस्था में खरपतवार रहित रखना अति आवश्यक होता है, क्योंकि इस अवधि तक सब्जियों के पौधे खरपतवारों से प्रतिस्पर्धा नहीं कर पाते हैं जिसके फलस्वरूप फसल के पौधों को दिये गये पोषक तत्वों एवं जल का अधिकांश भाग खरपतवार के पौधे शोषित कर लेते हैं तथा फसल के पौधे इससे बंचित रह जाते हैं। इसके बाद यदि खरपतवार के पौधे उगते भी है तो इससे सब्जी वाली फसलों को विशेष नुकसान नहीं होता है। कुछ सब्जी वाली फसलों की बुआई सीधे खेत की तैयारी करके बीजों द्वारा करते हैं तथा कुछ सब्जी वाली फसलों की रोपाई पौधशाला में पोध तैयार करके करते हैं। अतः यह आवश्यक है कि पौधशाला में पौध तैयार करते समय उसमें उगने वाले खरपतवारों का समय पर नियंत्रण किया जाय। ये खरपतवार न केवल पौधशाला में उगने वाले पौधों को हानि पहुँचाते हैं, बल्कि पौधशाला से पौधों को उखाड़ते समय ये पौधों के साथ मिलकर रोपाई करते समय मुख्य फसल की खेत में पहुँच जाते हैं।

पौधशाला में खरपतवार प्रबन्धन

मृदा सूर्यीकरण : पौधशाला में खरपतवार नियंत्रण की एक प्रभावी तकनीक है। इस तकनीक में मई–जून के महीने में जब आसमान साफ तथा धूप की तीव्रता अधिक रहती है, जमीन की जुताई कर बड़े ढ़ेलों को छोटा कर एक हल्की सिंचाई कर देते हैं। सिंचाई के पश्चात् जमीन को पारदर्शी पॉलीथीन से ढ़क देते हैं और पॉलीथीन के किनारों को मिट्टी से अच्छी तरह दबा देते हैं, ताकि मिट्टी

में अवशोषित एवं संचित ताप बाहर नहीं निकल सके। फलस्वरूप खेत की सतह पर तापमान में 8–10 डिग्री सेन्टीग्रेड की वृद्धि हो जाती है जिससे विभिन्न प्रकार के खरपतवारों, मिट्टी जनित सूक्ष्म–जीवाणुओं, परजीवियों एवं सूत्रकृमि का विनाश हो जाता है। काली मिट्टी हल्की मिट्टी की तुलना में सौर–उष्मा ज्यादा अवशोषित करती है। मृदा सूर्यीकरण से टमाटर, बैंगन, मिर्च, प्याज, फूलगोभी तथा पत्तागोभी की पौधशाला में 75–85 प्रतिशत तक खरपतवारों का नियंत्रण किया जा सकता है। मिर्चा के पौधशाला में इस विधि द्वारा लगभग 63 प्रतिशत मोथा का नियंत्रण किया जा सकता है। जमीन को 4–6 सप्ताह तक पॉलीथीन सीट से ढ़कना खरपतवार के नियंत्रण के लिए पर्याप्त होता है। प्रयोगों से यह पाया गया है कि मिर्च, बैंगन एवं टमाटर के पौधशाला की जमीन को बुआई के पूर्व 32 दिनों तक ढ़क कर रखने से उसमें मकड़ा, कनकवा एवं दूब घास की संख्या में 90 प्रतिशत तक की कमी आ जाती है। मृदा सूर्यीकरण द्वारा खरपतवारों के प्रभावी नियंत्रण के लिए निम्नलिखित बातों पर ध्यान देना अत्यावश्यक है।

1. सौर उर्जा का अवशोषण एवं संचयन अधिक हो सके इसके लिए 0.05 मिलीमीटर पारदर्शी पॉलीथीन सीट जो कि मोटा एवं काली पॉलीथीन सीट की तुलना में अधिक प्रभावी होती है, का प्रयोग करना चाहिए।
2. सौर उष्मा के अधिकतम शोषण तथा मिट्टी के तापमान में अधिकतम वृद्धि के लिए पॉलीथीन सीट को इस तरह से बिछाना चाहिए कि पॉलीथीन सीट जमीन से बिल्कुल चिपकी रहे तथा उसके नीचे कम से कम हवा रहे जिससे सौर उष्मा का अधिक शोषण एवं मृदा के तापमान में वृद्धि हो सके। इसके लिए खेतों का अच्छी तरह से समतल होना चाहिए।
3. पॉलीथीन सीट बिछाने के पहले खेत की हल्की सिंचाई कर देनी चाहिए। इससे मिट्टी में उष्मा का संचरण अधिक गहराई तक होता है।
4. तीव्र गर्मी वाले महीनों में जब खेत में कोई फसल नहीं हो, सूर्यीकरण करना तथा अधिक से अधिक समय तक पॉलीथीन सीट बिछाकर रखने से खरपतवार नियंत्रण की सफलता में वृद्धि होती है।
5. मृदा – सूर्यीकरण का प्रभाव मुख्यतः भूमि के उपरी सतह (6–10 सेन्टीमीटर) तक रहता है। इसके प्रभाव को ज्यादा गहराई तक पहुँचाने के लिए सूर्यीकरण की अवधि 8–10 सप्ताह का होना चाहिए जिससे कन्द एवं गॉठ से उगने वाले खरपतवार भी नष्ट हो जायें।

मुख्य फसल में खरपतवार प्रबन्धन

(क) खरपतवारों को फैलने से रोकना

खरपतवार प्रबंधन का पहला आयाम है कि खरपतवारों को फैलने से बचाया जाय, यह खरपतवार नियंत्रण से अधिक महत्वपूर्ण है। इस विधि द्वारा खरपतवार नियंत्रण की अपेक्षा कम लागत में निम्नलिखित उपाय करके खरपतवारों को फैलने से बचाया जा सकता है।

1. बुआई तथा रोपाई के लिए साफ बीज एवं बिचड़ों का प्रयोग करें।
2. अपूर्ण रूप से सड़े कम्पोष्ट अथवा गोबर की खाद में अधिक संख्या में खरपतवार के बीज जीवित अवस्था में रहते हैं, जो खेत में पहुँच कर खरपतवारों की संख्या को बढ़ा देते हें। अतः यह आवश्यक है कि सदैव पूर्णरूप से सड़े कम्पोष्ट अथवा गोबर की खाद का व्यवहार करें।
3. जुताई यंत्रों का खेत में ले जाने के पूर्व अच्छी तरह से सफाई कर लें।
4. खरपतवार से संक्रमित जमीन की मिट्टी को दूसरे जगह नहीं ले जायें।
5. बिचड़ों को पौधशाला से उखाड़ने के पश्चात् रोपाई के लिए मुख्य भूमि में ले जाने से पहले अच्छी तरह सफाई कर लें।
6. सिंचाई नालियों तथा आसपास की परती जमीन में उगे खरपतवारों की सफाई कर लें।
7. ऐसे जमीन में जहाँ खरपतवारों का संक्रमण नहीं हो, पशुओं को चराने के लिए नहीं ले जायें।

(ख) सस्य विधि

गहरी जुताई : सस्य विधि में बुआई अथवा रोपाई के पहले खेत की तैयारी पर विशेष ध्यान देने की आवश्यकता होती है। ऐसी जमीन जहाँ बहुवर्षीय खरपतवारों की अधिकता हो तो गहरी जुताई करके छोड़ दें, इससे खरपतवारों के जड़ तथा कन्द तेज धूप में नष्ट हो जाते हैं। एकवर्षीय खरपतवारों की अधिकता वाले क्षेत्रों में कम गहरी जुताई करनी चाहिए। प्रायः देखा गया है कि उनका जमाव उपयुक्त वातावरण मिलने पर होता है तथा 5 सेन्टीमीटर से अधिक गहराई पर रहने वाले बीजों का जमाव प्रायः उपयुक्त वातावरण पर भी नहीं हो पाता है। एकवर्षीय खरपतवारों का विस्तार प्रायः बीजो द्वारा ही होता है। कम गहरी जुताई करने से जमीन की गहराई में पड़े खरपतवारों के बीज जमीन की सतह पर नहीं आ पाते हैं जिससे एकवर्षीय खरपतवारों की संख्या में कमी आ जाती है।

खरपतवार नियंत्रण की सस्य प्रणाली में दूसरी तकनीक के अन्तर्गत बुआई अथवा रोपाई के 2 से 3 सप्ताह पहले खेत की तैयारी करके खुला छोड़ देना। खेत की तैयारी के समय ध्यान रखें कि खेत में पर्याप्त नमी हो। पर्याप्त नमी होने पर तथा उचित वातावरण में जमीन की सतह पर उपस्थित खरपतवार के बीजों का जमाव खेत की तैयारी के 7–10 दिन के अन्दर हो जाता है। बुआई अथवा रोपाई के पूर्व जुताई कर इसे मिट्टी में मिला दें अथवा किसी खरपतवारनाशी रसायन जैसे पैराक्वाट, डाईक्वाट या ग्लाईफोसेट का छिड़काव कर उगे खरपतवारों को नष्ट कर दें। इस प्रकार बुआई अथवा रोपाई के पहले 50–60 प्रतिशत से अधिक खरपतवारों को नष्ट किया जा सकता है। इस तकनीक को 'स्टेल सीड़बेड' के नाम से जाना जाता है।

फसल–चक्र : उचित फसल–चक्र अपना कर भी खरपतवारों की संख्या एवं प्रकार को कम किया जा सकता है। हर फसल के साथ एक विशेष प्रकार के खरपतवार होते हैं जो उस फसल के साथ फूलते–फलते रहते हैं। यदि लगातार एक ही प्रकार की फसल एक जमीन में लिया जाता रहे तो उन खरपतवारों की संख्या में लगातार वृद्धि होती रहती है। फसल को बदल–बदल कर बुआई अथवा रोपाई करने से वे खरपतवार आसानी से पहचाने जा सकते हैं जिसको समय पर नियंत्रित किया जा सकता है। इसके अतिरिक्त अलग–अलग फसलों का जमाव व बढ़वार अलग–अलग तरीके का होता है जो इन खरपतवारों के पौधों पर प्रतिकूल प्रभाव डालता है जिससे उनकी संख्या में कमी आ जाती है।

(ग) यांत्रिक विधि

निकाई–गुड़ाई : इस विधि में खरपतवारों का नियंत्रण हाथ से निकाई–गुड़ाई अथवा हाथ चालित यंत्रों का प्रयोग करके किया जाता हे। खरपतवारों पर नियंत्रण पाने की यह एक सरल एवं प्रभावी विधि है। अधिकतर सब्जी वाली फसलों में दो निकाई–गुड़ाई, पहली, बुआई अथवा रोपाई के 20–25 दिन बाद तथा दूसरी, पहली निकाई–गुड़ाई के 20–25 दिन बाद करके खरपतवारों का नियंत्रण किया जा सकता है। कुछ सब्जी वाली फसलें जैसे–टमाटर व बैंगन में तीन या इससे अधिक निकाई–गुड़ाई की आवश्यकता पड़ती है। अनुसंधानों द्वारा यह पाया गया है कि सब्जी फसलों को लगातार खरपतवार रहित रखना न ता संभव है और नही आर्थिक दृष्टि से लाभकारी होता है। अतः फसलों को खरपतवार के प्रतिस्पर्धा की क्रान्तिक अवस्था में खरपतवार रहित रखकर उससे वांछित उपज प्राप्त किया जा सकता है। सब्जी वाली फसलों में कतारों के बीच पर्याप्त जगह होती है, जिसमें

'हैण्ड हो' अथवा दूसरे हस्त चालित कृषि यंत्रों का प्रयोग कर खरपतवारों का नियंत्रण किया जा सकता है।

उपयुक्त सिंचाई व्यवस्था : गर्मी के मौसम में गर्म वातावरण के कारण इसमें अधिक सिंचाई की आवश्यकता पड़ती है। गरमा मौसम में बोई जाने वाली सब्जी की फसलें जैसे, ककड़ी, खीरा, कद्दू, नेनुऑ, कोहड़ा, लौकी आदि की बुआई नालियॉ बनाकर मेड़ों पर करते हैं। सिंचाई करते समय इस बात का ध्यान रखना चाहिए कि सिंचाई का पानी मेंड़ों की दो तिहाई उॅचाई से अधिक नहीं हो सके तथा एक नाली से दूसरे नाली के बीच की जगह सूखा रहें। इससे जिस स्थान तक पानी पहुॅचता है, खरपतवारों का जमाव एवं विकास उन्हीं स्थानो तक सीमित रह जाता है तथा बीच के खाली जगह में नमी के अभाव के कारण खरपतवारों का जमाव नहीं हो पाता है।

मल्चिंग का प्रयोग : सब्जी वाली पौधों के कतारों के बीच की जगह को पॉलीथीन सीट, भूषा अथवा फसलों के पौध–अवशेष से ढक कर भी खरपतवारों की संख्या को कम किया जा सकता है। इससे फसल के कतारों के बीच की जगह को पॉलीथीन सीट अथवा फसल अवशेष को छोटे–छोटे टुकड़ों में काटकर कतारों के बीच फैला देते हैं। इससे कतारों के बीच का जगह ढ़क जाता है, जिससे कतारों के बीच भूमि में उपस्थित खरपतवारों के बीजों को जमाव के लिए सूर्य का प्रकाश नहीं मिल पाने के कारण उसका जमाव नहीं हो पाता है। अगर कुछ बीजों का जमाव हो भी जाता है तो प्रकाश के अभाव में उनका विकास नहीं हो पाता है तथा फसल के पौधों का विकास खरपतवार रहित वातावरण में होता है। मल्चिंग खरपतवार नियंत्रण के अतिरिक्त भूमि में जल को संचित तथा तापमान को कम करने में भी सहायक होता है।

(घ) रासायनिक विधि

इस विधि में खरपतवारों का नियंत्रण खरपतवारनाशक रसायनों का प्रयोग करके किया जाता है। इस विधि के प्रयोग से लागत कम आती है तथा समय से खरपतवारों को नियंत्रित किया जा सकता है। अलग–अलग सब्जी फसलों के लिए अलग–अलग खरपतवारनशक रसायनों का प्रयोग किया जाता है जिनके प्रयोग से खरपतवार नष्ट हो जाते हैं, परन्तु मुख्य फसल पर इसका हानिकारक प्रभाव नहीं पड़ता है। खरपतवारनाशक रसायन जमीन में प्रयोग के 4–5 सप्ताह तक प्रभावी रहते हैं जो जमीन में 4–5 सप्ताह तक खरपतवारों को उगने नहीं देते हैं। इसके बाद यदि खरपतवार उगते भी है तब तक फसल के पौधों का

विकास काफी हो चुका होता है जिससे वे फसल के पौधों के नीचे दब जाते हैं तथा प्रकाश के अभाव में पीले पड़कर सूख जाते हैं। सब्जी फसलों में प्रयोग किये जाने वाले खरपतवाराशक रसायनों का विस्तृत विवरण निम्नलिखित दिया गया है।

सब्जी फसलों में प्रयोग किये जाने वाले खरपतवारनाशक, उनकी मात्रा, समय एवं प्रयोग की विधि

क्र. सं.	सब्जियां	खरपतवारनाशक	मात्रा (कि0 ग्रा0/हे0)	प्रयोग का समय
1.	बैंगन	एलाक्लोर 50 ई0सी0 (लासो)	2.0	रोपाई के पहले छिड़काव करें तथा रोपाई के 40–45 दिन बाद निकाई–गुड़ाई करें।
		पेण्डीमेथैलिन 30 ई0सी0 (स्टाम्प)	1.0	रोपाई के पहले अथवा रोपाई के 2–3 दिन के अन्दर छिड़काव करें तथा रोपाई के 40–45 दिन बाद निकाई–गुड़ाई करें।
		आक्साडाईजोन 25 ई0सी0 (रॉनस्टार)	1.0	रोपाई के पहले अथवा रोपाई के तुरन्त बाद छिड़काव करें।
		फ्लूक्लोरेलिन 45 ई0सी0 (बासालिन)	1.0–1.25	रोपाई के पहले खेत की तैयारी के समय छिड़काव कर मिट्टी में मिला दें।
2.	फूलगोभी एवं पत्तागोभी	पेण्डीमैथेलिन 30 ई0सी0 (स्टाम्प)	1.0	रोपाई के पूर्व अथवा रोपाई के 2–3 दिन के अन्दर छिड़काव करें।
		फ्लूक्लोरेलिन 45 ई0सी0 (बासालिन)	0.75–1.0	खेत की तैयारी के समय रोपाई के पहले छिड़काव कर मिट्टी में मिला दें।
3.	टमाटर	मेट्रीब्यूजीन 70 डब्लू0पी0 (सेनकोर)	0.35–0.5	रोपाई के एक सप्ताह पहले या रोपाई के दो सप्ताह बाद छिड़काव करें।
		फ्लूक्लोरेलिन 45 ई0सी0 (बासालिन)	1.0–1.25	रोपाई के पहले खेत की तैयारी के समय खेत में छिड़काव कर मिट्टी में मिला दें।

क्रमशः...

		एलाक्लोर 50 ई0सी0 (लासो)	1.0–2.0	रोपाई के 2–3 दिन के अन्दर परन्तु खरपतवारों के जमाव के पहले छिड़काव करें।
		ट्राइफ्लूरेलिन 48 ई0सी0 (ट्रेफलान)	2.0–3.0	रोपाई के पहले खेत की तैयारी के समय छिड़काव कर मिट्टी में मिला दें।
4.	भिण्डी	फ्लूक्लोरेलिन 45 ई0सी0 (बासालिन)	1.0–1.5	बुआई के पहले खेत की तैयारी के समय खेत में छिड़काव कर मिट्टी में मिला दें तथा बुआई के 45 दिन बाद एक निकाई–गुड़ाई करें।
		पेण्डीमेथैलिन 30 ई0सी0 (स्टाम्प)	1.0	बुआई के 2–3 दिन के अन्दर छिड़काव करें तथा बुआई के 45 दिन बाद एक निकाई–गुड़ाई करें।
		एलाक्लोर 50 ई0सी0 (लासो)	2.0–2.5	बुआई के 2–3 दिन के अन्दर, परन्तु खरपतवारों के जमाव के पहले छिड़काव करें।
		ट्राइफ्लूरेलिन 48 ई0सी0 (ट्रेफलान)	1.0	बुआई के पहले खेत की तैयारी के समय छिड़काव कर मिट्टी में मिला दें।
		आक्सीफ्लोरफेन 23.5 ई0सी0 (गोल)	0.1–0.2	बुआई के पहले अथवा बुआई के 2–3 दिन के अन्दर छिड़काव करें।
5.	मटर	एलाक्लोर 50 ई0सी0 (लासो)	0.75	बुआई के 2–3 दिन के अन्दर छिड़काव करें तथा बुआई के 45 दिन बाद एक निकाई–गुड़ाई करें।
		पेण्डीमेथैलिन 30 ई0सी0 (स्टाम्प)	1.0–1.5	बुआई के 2–3 दिन के अन्दर छिड़काव करें तथा बुआई के 45 दिन बाद एक निकाई–गुड़ाई करें।

क्रमशः...

		फ्लूक्लोरेलिन 45 ई0सी0 (बासालिन)	1.0	बुआई के पहले खेत की तैयारी के समय छिड़काव कर मिट्टी में मिला दें।
6.	गॉठ गोभी	एलाक्लोर 50 ई0सी0 (लासो)	2.5	रोपाई के पूर्व छिड़काव करें तथा रोपाई के 45 दिन बाद हाथ से निकाई–गुड़ाई करें।
		ट्राइफ्लूरेलिन 48 ई0सी0 (ट्रेफलान)	1.0–1.25	खेत की तैयारी के समय छिड़काव कर मिट्टी में मिला दें।
		आक्सीफ्लोरफेन 23.5 ई0सी0 (गोल)	1.0–1.25	रोपाई के पहले अथवा रोपाई के तुरन्त बाद छिड़काव करें।
		पेण्डीमेथैलिन 30 ई0सी0 (स्टाम्प)	1.0	रोपाई के 2–3 दिन के अन्दर तथा खरपतवारों के जमाव के पहले छिड़काव करें।
7.	जड़ वाली सब्जियॉ	आक्सीफ्लोरफेन 23.5 ई0सी0 (गोल)	0.2	रोपाई / बुआई के पहले अथवा रोपाइ / बुआई के तुरन्त बाद छिड़काव करें।
		पेण्डीमेथैलिन 30 ई0सी0 (स्टाम्प)	1.0	बुआई के 2–3 दिन के अन्दर परन्तु खरपतवारों के जमाव के पहले छिड़काव करें।
		एलाक्लोर 50 ई0सी0 (लासो)	1.0–1.5	बुआई के 2–3 दिन के अन्दर परन्तु खरपतवारों के जमाव के पहले छिड़काव करें।
		फ्लूक्लोरेलिन 45 ई0सी0 (बासालिन)	1.0	रोपाई / बुआई के पहले जमीन में छिड़काव कर मिट्टी में मिला दें।
8.	सेम, बोड़ा एवं बाकला	फ्लूक्लोरेलिन 45 ई0सी0 (बासालिन)	1.0–1.5	खेत की तैयारी के समय खेत में छिड़काव कर मिट्टी में मिला दें।

क्रमशः...

		पेण्डीमेथैलिन 30 ई0सी0 (स्टाम्प)	1.0–1.5	बुआई के पहले अथवा बुआई के 2–3 दिन के अन्दर खरपतवारों के जमाव के पहले छिड़काव करें।
		एलाक्लोर 50 ई0सी0 (लासो)	2.0–2.5	बुआई के पहले अथवा बुआई के 2–3 दिन के अन्दर खरपतवारों के जमाव के पहले छिड़काव करें।
9.	लत्तरवाली सब्जियों	आक्सीफ्लोरफेन 23.5 ई0सी0 (गोल)	0.25	बुआई के तुरन्त बाद परन्तु फसल एवं खरपतवारों के जमाव के पहले छिड़काव करें।

इन खरपतवारनाशक रसायनों के अनुशंसित मात्रा को 600–700 लीटर पानी में घोलकर प्रति हेक्टेयर की दर से छिड़काव करना चाहिए। खरपतवारनाशक रसायनों द्वारा खरपतवारों के प्रभावी नियंत्रण के लिए यह आवश्यक है कि खरपतवारनाशक रसायनों का प्रयोग करते समय खेत में पर्याप्त नमी हो। सब्जी फसलों में खरपतवार प्रबंधन की कोई एक विधि बहुत अधिक प्रभावी नहीं हो पाती है। अतः सब्जी फसलों में खरपतवारों के प्रभावी नियंत्रण के लिए समेकित खरपतवार प्रबंधन पद्धति को अपनाना चाहिए। इसमें बुआई के समय खरपतवारनाशक रसायनों का प्रयोग करके पुनः बुआई के 40–45 दिनों बाद यांत्रिक विधि द्वारा खरपतवार नियंत्रण करना काफी प्रभावी होता है। इससे खरपतवारों का नियंत्रण तो होता ही है साथ में निकाई–गुड़ाई से जमीन भुरभुरी हो जाती है जिससे जमीन में वायु का संचार बढ़ जाता है जो फसल की वृद्धि एवं विकास के लिए अत्यावश्यक है।

आलू में खरपतवार प्रबन्धन

आलू की फसल के लिए भी खरपतवार एक प्रमुख समस्या है। फसल बढ़वार के दौरान खरपतवार फसल में नमी, पोषक तत्व, प्रकाश तथा जगह घेरने के साथ–साथ मिट्टी चढ़ाते समय निराई–गुड़ाई क्रियायें करने में भी कठिनाइयां पैदा करते हैं। खरपतवार आलू की फसल को नुकसान पहुँचाने वाले कीटों/सूत्रकृमियों को पालकर बीमारियां फैलने में सहायक होते हैं। बुआई के 4–6 सप्ताह के उपरान्त खरपतवार का प्रकोप बहुत अधिक होता है। इसलिए फसल की अधिक पैदावार

प्राप्ति के लिए फसल बुआई के 20 से 25 दिनों के भीतर जब पौधे 10 से0मी0 लंबे हो जाते हैं, तो खेत से निराई–गुड़ाई करके खरपतवार निकाल दें। बीज उत्पादन की दृष्टि से भी खरपतवार पर शुरू से ही नियंत्रण करना अति आवश्यक है, क्योंकि खरपतवार कई प्रकार के विषाणु रोग तथा रोग वाहकों (कीटों) को फैलाने एवं उनके पोषण में सहायक होते है।

सस्य नियंत्रण

निराई एवं गुड़ाई करने के पश्चात् मिट्टी में आवश्यक नमी बनी रहे, इसके लिए मिट्टी चढ़ाने का कार्य तुरंत करें। परन्तु आलू की फसल में खरपतवारनाशकों का प्रयोग अधिक सार्थक हैं।

रासायनिक नियंत्रण

i. फसल बुआई से एक या दो दिन पहले

क. बासालिन (फल्यूक्लोरालिन)	–	0.70–1.0 कि0ग्रा0 / हे0
ख. स्टाम्प (पेण्डीमेथैलिन)	–	1.0 कि0ग्रा0 / हे0

ii. अंकुरण से पहले / बुआई के दो या तीन दिनों के बाद

क. सेनकोर (मेट्रीब्यूजीन)	–	0.7–1.0 कि0ग्रा0 / हे0
ख. आइसोप्रोटुरान	–	0.7 कि0ग्रा0 / हे0
ग. गोल (आक्सीफ्लोरफेन)	–	0.5 ली0 / हे0
घ. टोक–ई0–25 या लासो	–	4.0 ली0 / हे0
ड़. सीमाजीन	–	0.5–1.0 कि0ग्रा0 / हे0

iii. अंकुरण के पश्चात् (5–10 प्रतिशत अंकुरण तक)

ग्रामक्सोन (पैराक्वाट)	–	2.5 ली0 / हे0

नोट : खरपतवारनाशक का प्रयोग करते समय मिट्टी में पर्याप्त नमी रहना अनिवार्य है।

अध्याय 16

पॉलीहाउस के बेमौसमी सब्जियों में कीट एवं रोग प्रबन्धन

भारत में पर्वतीय क्षेत्रों की जलवायु बेमौसमी सब्जियों के उत्पादन के लिए अनुकूल है। यहाँ पर बेमौसमी सब्जियों का उत्पादन कर किसान पूरे वर्ष भर सब्जी उपलब्ध करा सकते हैं तथा बदले में अपनी सब्जी के लिए अच्छी कीमत भी प्राप्त कर सकते हैं, परन्तु प्रतिवर्ष कीटों एवं बीमारियों के प्रकोप से सब्जियों के उत्पादन में काफी कमी होती है।

पॉलीहाउस में सदा ध्यान रखने योग्य मुख्य बातें

→ क्यारियां समतल तथा 20 सेन्टीमीटर जमीन से उँची बनांए, जिससे किसी भी स्थान पर पानी न रूके।

→ फसल लगाने से पहले मिट्टी का उपचार फार्मलिन द्वारा अवश्य करना चाहिए। इसके लिए मिट्टी को 20 मिली लीटर फार्मलिन एक लीटर पानी में घोल बनाकर पूरी मिट्टी को सिंचित करना चाहिए।

→ पॉलीहाउस में अतिरिक्त पानी जमा न होने दें तथा अधिक नमी होने पर पॉलीहाउस की खिड़कियों को खोल देना चाहिए।

→ हमेशा अच्छी तरह सड़ी हुई गोबर की खाद का ही प्रयोग करना चाहिए। कच्चा गोबर के प्रयोग से दीमक के प्रकोप की सम्भावना बनी रहती है। अतः कच्चा गोबर कभी न डालें।

→ अनावश्यक पौधों को पॉलीहाउस के अन्दर न रहने दें तथा साफ सफाई का विशेष ध्यान रखना चाहिए।

→ किसी भी पौधे का पूरी तरह कीट व रोग से ग्रसित होने पर उसको तुरन्त सुखाड़ कर पॉलीहाउस से निकाल देना चाहिए।

→ फसलों के अवशेषों को पॉलीहाउस के अन्दर न रहने देना चाहिए।

पॉलीहाउस के अन्दर विभिन्न सब्जियों में लगने वाले प्रमुख कीटों एवं बीमारियों के प्रबंधन के लिए उनकी पहचान और उसके नियंत्रण की जानकारी होना अत्यन्त आवश्यक है।

प्रमुख कीट

टमाटर का फल वेधक कीट : यह टमाटर का एक प्रमुख कीट है। इस कीट की सूंडी टमाटर के कच्चे फलों में छेद करके उसके गूदे को खा जाती है। इस कीट की वयस्क मादा भूरे रंग की होती है। इसकी लंम्बाई 1.5 से 1.7 सें0मी0 तथा पंख फैलाने पर भूरी रंग की आड़ी–तिरछी धारियां दिखाई देती है। अगले पंखों पर काली बिंदी होती है तथा निचले पंखों पर काली धारियां पायी जाती है। ये कीट फूलों की कलियों, कोमल पत्तियों और फलों के उपर अण्डे देते हैं।

प्रबन्धन : जैविक नियंत्रण के लिए *ट्राइकोग्रामा चिलोलिस* का एक ट्राइकोकार्ड दो भागों में विभाजित कर एक बार में पौधों की पत्तियों के निचले भाग पर लगायें, ध्यान रहे कि कार्ड का मुंह जमीन की तरफ रहे। 10 दिन बाद पुनः दुसरा कार्ड का प्रयोग करें। इस तरह 3–4 बार कार्ड लगायें।

रासायनिक नियंत्रण के लिए फूल आते समय एक छिड़काव नोवाल्यूरान (10 ई0सी0) 1.25 मि0ली0 प्रति लीटर पानी तथा एक छिड़काव फल लगने पर इण्डोक्साकार्ब (14.5 एस0सी0) 1.0 मि0ली0 प्रति लीटर पानी का घोल बनाकर छिड़काव करना चाहिए।

तम्बाकू की सूंडी : यह कीट टमाटर के अतिरिक्त मिर्च, गोभी इत्यादि फसलों को भी नुकसान पहुँचाता है। इस की सूंडी मुख्यतः पत्तियों को खाती है। मादा वयस्क तितली होती है, जिसके अगले पंखों का रंग गहरा होता है जिस पर लहदार सफेद धब्बे होते हैं तथा पिछले पंखों का रंग सफेद और किनारा भूरे रंग का होता है। व्यस्क मादा पत्तियो की निचली सतह पर झूंडों में अंडे देती है।

प्रबन्धन : अण्डो के दिखाई देने पर उन्हें मशल कर नष्ट कर दें।

पौधों में फल आना प्रारम्भ होते ही टमाटर फल वेधक कीट की तरह ही रासायनिक नियंत्रण का उपाय करें।

शिमला मिर्च के थ्रीप्स : इस कीट के शिशु एवं वयस्क दोनों ही पत्तियों से रस चूसकर क्षति पहुँचाते हैं। इस कीट का पंख कटा हुआ दिखाई देता है। वयस्क कीट हल्के पीले, भूरे रंग का लगभग 1.0 मि0मी0 से भी छोटा होता है। इसके शिशु बिना पंख के होते हैं। इसके प्रकोप से पत्तियां सफेद धब्बे युक्त और मुड़ी हुई दिखाई देती है तथा पौंधों का विकास धीमा हो जाता है।

प्रबन्धन : इमिडाक्लोप्रिड (17.8 एस0एल0) 1 मि0ली0 प्रति 4 लीटर पानी की दर से घोल बनाकर 30 दिन के अन्तराल पर जबकि थियोमेथोक्साम (25 डब्लू0एस0जी0) 0.25 मि0ली0 प्रति लीटर पानी की दर से घोल बनाकर 15 दिनों के अन्तराल पर छिड़काव करना चाहिए।

माहूँ : पर्वतीय क्षेत्रों में यह कीट मिर्च का एक प्रमुख कीट है। इस फसल पर दो प्रकार के माहूँ का प्रकोप होता है। एक का रंग काला तथा दुसरे का रंग हरा होता है। इस कीट के शिशु एवं वयस्क दोनों ही मुलायम पत्तियों के नीचले भाग और शिराओं से रस चूसकर हानि पहुँचाते हैं। फलस्वरूप पत्तियां पीली पड़कर सूख जाती है। इस कीट का अधिक प्रकोप होने पर पौधों का विकास रूक जाता है।

प्रबन्धन : डाइमेथोएट (3 ई0सी0) 2 मि0ली0 प्रति लीटर पानी की दर से घोल बनाकर 15 दिन के अन्तराल पर छिड़काव करना चाहिए।

कटवर्म : यह कीट शिमला मिर्च के अतिरिक्त गोभी, टमाटर, भिण्डी, मटर, कद्दूवर्गीय सब्जियों और अन्य सब्जियों को भारी क्षति पहुँचाता है। इस कीट का वयस्क गाढ़े भूरे रंग की तितली होती है। अगले पंख पर गाढ़े लहरदार धब्बे होते हैं, परन्तु पिछला पंख हल्के रंग का होता है। इन कीटों के मादा वयस्क पत्तियों के निचले सतह अथवा जमीन में अंडे देती तथा सूडियां रात्रि में कोमल तनों को खाते हैं। नई फसलों में छोटे पौध अवस्था में सबसे ज्यादा क्षति देखी गयी है।

प्रबन्धन : सूंडियों को हाथ से चूनकर नष्ट कर दें। बुआई से पूर्व बीज को इमिडाक्लोप्रिड (70 डब्लू0एस0) की 1.0 ग्राम दवा का 100 ग्राम बीज की दर से बीजोपचार करें। पौध रोपाई के साथ क्लोरपाइरीफास (10 जी0) 200 ग्राम दवा प्रति 100 वर्गमीटर की दर से मिट्टी में मिला दें। बाद में प्रकोप होने पर क्लोरपाइरीफास (20 ई0सी0) 3 मि0ली0 प्रति लीटर पानी की दर से घोल बनाकर पौधों की जड़ को भींगों दें।

हीरक पीठ शलभ (डी0वी0एम0) : यह गोभीवर्गीय सब्जियों का प्रमुख कीट है। इस कीट की सूंडियां अंडो से निकलकर पत्तियों को खाती हुई सुरंग बनाती है तथा साथ–साथ अपना मल–मूत्र उसमें छोड़ती जाती है। फलस्वरूप गोभी खाने योग्य नहीं रहती है। इस कीट का वयस्क हल्के भूरे रंग की तितली होती है तथा बैठने पर इसके पीठ पर तीन हीरे की तरह चमकीले चिन्ह दिखाई पड़ते हैं। इसके वयस्क की लंम्बाई लगभग 8 मि0मी0 होती है। इस कीट की सूंडियों का रंग हल्का पीलापन लिए होता है।

प्रबन्धन : रासायनिक उपचार के लिए स्पिनोसीड (2.5 एस0सी0) या क्लोरफेनापायर 10 एस0सी0 1.0–1.25 मि0ली0 प्रति लीटर पानी की दर से घोल बनाकर छिड़काव करें।

गोभी की तितली : गोभी के अतिरिक्त यह कीट गाजर, मूली, इत्यादि सब्जियों को भी नुकसान पहुंचाती है। इस कीट की तितली सफेद पंखों वाली और आगे के पंखों पर काले धब्बे होते हैं। यह पत्तियों पर अंडे देती है। शुरूआत में पीले हरे शिशु झूंडों में रहकर पत्तियों को खाती है।

प्रबन्धन : तितली के अण्डों को चून कर नष्ट कर देना चाहिए। रासायनिक उपचार हेतु लूफेन्युरान (5.4 ई0सी0) 1.25 मि0ली0 प्रति लीटर पानी की दर से घोल बनाकर छिड़काव 15 दिन के अन्तराल पर 2–3 बार करना चाहिए।

लाल कद्दू भृंग : यह कीट कद्दू, लौकी, तोरई, खीरा इत्यादि फसलों का प्रमुख कीट है। इस कीट के वयस्क भृंग चमकदार नारंगी रंग का होता है। मादा कीट नारंगी अथवा पीले रंग के अंडों को पौधों के निकट जमीन में देती है। इसके भृंग अंडो से निकलकर अंदर के तनों, जड़ो तथा जमीन से लगे फलों को खाते हैं।

प्रबन्धन : फसल की बुआई से पहले गहरी जुताई करें, जिससे मिट्टी में पल रहे भृंगक तथा प्यूपा दोनों नष्ट हो जाय। डाइक्लोरभास (76 ई0सी0) 1.25 मि0ली0 प्रति लीटर पानी की दर से घोल बनाकर फसलों पर छिड़काव करें।

फल वेधक मक्खी : यह कीट लौकी, करेला, तोरई इत्यादि को भारी नुकसान पहुँचाती है। इस कीट का वयस्क लाल भूरे रंग का होता है। इसके सिर पर लाल काले तथा सफेद धब्बे पाये जाते हैं। वक्ष पर हरापन लिए हुए पीले रंग की लंबी मुड़ी हुई धारियां होती है। इस कीट का सूंडी मुख्य हानिकारक अवस्था है। अंडे से सुंडियां निकल कर फल के गूदे को खाती है। यह कीट फल के जिस भाग पर छेद करके अंडे देती है, वहां से मुड़ कर फल टेढ़ा हो जाता है।

प्रबन्धन : फसल की बुआई से पहले खेत की गहरी जुताई करें, जिससे मिट्टी में पल रहे भृंगक तथा प्यूपा दोनो नष्ट हो जाते हैं। रासायनिक उपचार के लिए मालाथियान (50 ई0सी0) 1.0 मि0ली0 प्रति लीटर पानी की दर से घोल बनाकर एक छिड़काव प्रकोप होने से पहले कर देना चाहिए तथा प्रकोप होने पर 15 दिन के अन्तराल पर 2–3 बार छिड़काव करना चाहिए।

सफेद मक्खी : यह कीट टमाटर के अतिरिक्त बैगन, मिर्च आदि को भी क्षति पहुँचाती है। इस कीट के शिशु तथा वयस्क दोनों ही पौधों की पत्तियों से रस चूसते हैं तथा पर्ण कुंचन रोग के विषाणु रोग से पौधों को ग्रसित कर देते हैं। पौधों की बढ़वार रूक जाती है तथा फल देने की क्षमता घट जाती है और कभी–कभी रोगग्रसित पौधे फल विहीन हो जाते हैं और पूरी की पूरी फसल समाप्त हो जाती है।

इस कीट का रंग सफेद होता है। लम्बाई 1.2–1.5 मि0मी0 तक पायी जाती है। यह बहुत ही गतिशील होती है। मादा कीट का पिछला भाग चौड़ा होता है। ये पत्तियों की सतह पर 125–150 तक अण्डे देती है। इस कीट का जीवन काल तापक्रम, मौसम और जलवायु पर निर्भर करता है।

प्रबन्धन : पौधशाला अधिक घना नहीं होना चाहिए। इमिडाक्लोप्रिड (70 डब्लू0एस0) 2.5–3.0 ग्राम प्रति किलोग्राम बीज की दर से बीज उपचार करने से इसका नियंत्रण बहुत लाभकारी है। यह 40–45 दिन तक पौधे को इस मक्खी से सुरक्षित रखने में सक्षम है।

इमिडाक्लोप्रिड (17.8 एस0एल0) 0.3 मि0ली0 प्रति लीटर या एसीटामिप्रिड (20 एस0पी0) 1.0 ग्राम प्रति लीटर पानी की दर से घोल बनाकर 30 दिनों के अन्तराल पर छिड़काव करने से इस कीट का नियंत्रण सम्भव है। इमिडाक्लोप्रिड (17.8 एस0एल0) का प्रयोग पौधों में फल लगने के बाद नहीं करना चाहिए।

प्रमुख बीमारियां

आर्द्र गलन (डेम्पींग–ऑफ) : पौधाशाला में लगने वाले बीमारियों में आर्द्र गलन सबसे हानिकारक रोग है। इस रोग के प्रमुख लक्षण अंकूरण का कम होना, बीज का अंकूरण से पहले गल जाना या अंकूरण उपरान्त पौधों का सड़कर गिर जाना है। रोग्रस्त पौधे गिरकर मर जाते हैं।

प्रबन्धन

→ गरमी में पौधशाला की गहरी जुताई करने से रोगों के बीजाणु नष्ट हो जाते हैं।

→ बीजों को कैप्टान (50 डब्लू0पी0) की 2.5 ग्राम मात्रा या कार्बेन्डाजिम (50 डब्लू0पी0) की 1.0 ग्राम मात्रा प्रति किलोग्राम बीज की दर से उपचारित करके बुआई करना चाहिए।

→ पौधशाला में बीमारी दिखाई पड़ने पर कैप्टान (50 डब्लू0पी0) 2.5 ग्राम प्रति लीटर पानी की दर से घोल बनाकर जड़ों के पास छिड़काव करना चाहिए।

फल सड़न या श्यामवरण : पौधों की पत्तियों, तनों तथा फलों पर भूरे रंग के धब्बे बन जाते हैं। प्रकोप अधिक होने पर पौधों के शाखाओं की उपरी भाग सूखना आरंम्भ कर देता है तथा बाद में फल भी सड़ने लगता है।

प्रबन्धन

→ कैप्टान (50 डब्लू. पी.) 2.5 ग्राम दवा प्रति किलोग्राम बीज की दर से उपचारित करके बुआई करना चाहिए।

→ फसल में रोग का प्रकोप दिखाई पड़ने पर निम्न उल्लेखित फफूंदनाशक दवाओं का दी गई मात्रा का प्रति हेक्टेयर की दर से छिड़काव करना चाहिए।

प्रोपिनेव 75 डब्लू0पी0	–	1500–2000 ग्राम
जिनेव 75 डब्लू0पी0	–	1500–2000 ग्राम
मैंकोजेव 75 डब्लू0पी0	–	2000–2500 ग्राम
थिरम 80 डब्लू0पी0	–	1500–2000 ग्राम
कैप्टान 50 डब्लू0पी0	–	2500 ग्राम

जीवाणु पर्ण चित्ती : यह टमाटर, बैगन, कद्‌दूवर्गीयय सब्जियां, गोभी, मिर्च एवं प्याज का प्रमुख बीमारी है। पौधशाला में ही पौधों में छोटे गहरे रंग के धब्बे पत्तियों एवं तनों पर दिखाई देने लगते हैं। धब्बों के किनारे पीले पड़ जाते हैं। फलों पर छोटे–छोटे जलीय गोल धब्बे, मुख्यतया खुले हुए फल भागों पर बनने शुरू हो जाते हैं। ये धब्बे कुछ उभरे हुए एवं खुरदुरे दिखते हैं।

प्रबधन : रोग का प्रकोप दिखाई देने पर स्ट्रेप्टोसयक्लीन 1.0 ग्राम दवा 5–6 लीटर पानी में घोलकर एक बार छिड़काव करें और 15 दिन के बाद एक छिड़काव कॉपर ऑक्सीक्लोराइड (50 डब्लू0पी0) 3.0 ग्राम दवा प्रति लीटर पानी की दर से घोल बनाकर छिड़काव करें।

अध्याय 17

सब्जियों की संरक्षित खेती

भारत में सब्जियों की कम उत्पादकता और निम्न गुणवत्ता का मुख्य कारण उनकी खेती का लगभग शत–प्रतिशत खुले वातावरण में किया जाना तथा कृषकों द्वारा सब्जी उत्पन्न में अभी भी परम्परागत विधियों तथा तकनीकों को अपनाया जाना है। खुले वातावरण में अनेक प्रकार के जैविक व अजैविक कारकों द्वारा सब्जियों तथा अन्य फसलों को भारी नुकसान पहँचाया जाता है, जिसके कारण उनकी उत्पादकता और गुणवत्ता पर दुष्प्रभाव पड़ता है। इन जैविक कारकों में मुख्यतः विभिन्न प्रकार के विषाणु रोग, विभिन्न प्रकार के कीड़े–मकोड़े, विभिन्न प्रकार की कवक (वायु और मृदा जाति), विभिन्न प्रकार के जीवाणु और सूत्रकृमि आदि प्रमुख है तथा ये जैविक कारक अधिकतर वर्षा कालीन मौसम में उगायी जाने वाली सब्जी फसलों को ज्यादा नुकसान पहुँचाते हैं। मुख्य अजैविक कारकों में तापमान, आर्द्रता प्रकाश आदि प्रमुख है, जिनकी अधिकता और अत्यधिक कमी प्रमुख रूप से विभिन्न सब्जियों तथा अन्य फसलों की उत्पादकता तथ गुणवत्ता को प्रभावित करते है। तापमान की अत्यधिकता फसलों को झुलसाने के रूप में तथा अत्यधिक कम तापमान पाले के रूप में फसलों को नुकसान पहूँचाते है, जबकि अत्यधिक आर्द्रता विभिन्न प्रकार के कवक और जीवाणु जनित रोगों के प्रकोप में सहायक होती है। वही अत्यधिक कम आर्द्रता अधिक तापमान के साथ मिलकर फसलों को झुलसाकर नुकसान करती है। ठीक इसी प्रकार प्रकाश की अत्यधिक कमी के कारण फसलें समुचित प्रकाश संश्लेषण की प्रक्रिया नहीं कर पाती है

जिसका सीधा प्रभाव उपज और गुणवत्ता पर पड़ता है। ठीक इसी प्रकार प्रकाश की अत्यधिक तीव्रता भी विभिन्न फसलों पर विपरीत प्रभाव डाल कर उपज और गुणवत्ता को प्रभावित करती है।

संरक्षित खेती क्या है।

जब हम किसी फसल का उत्पादन मुख्य जैविक या अजैविक कारकों से बचाते हुए (सुरक्षा प्रदान करते हुए) करते हैं तो उसे संरक्षित खेती कहते हैं।

संरक्षित खेती को अपनाना मुख्यतया कई महत्वपूर्ण बातों पर निर्भर करता है :

→ जहाँ कोई संरक्षित खेती करना चाहता है तो उस क्षेत्र में वहाँ का वातावरण की क्या परिस्थितियां है।

→ किन–किन सबजी फसलों की संरक्षित खेती करना चाहते हैं।

→ संरक्षित खेती अपनाने वाले किसान के पास कितने संसाधन है।

→ यदि संरक्षित खेत को बढ़ावा देने के लिए सरकार की योजनाएँ है तो वो वास्तव में कितनी कारगर है।

संरक्षित खेती के लिए उपयुक्त संरक्षित संरचनाओं के सब्जी उत्पादन में उपयोग

प्लास्टिक लो–टनल तकनीक द्वारा बेमौसमी सब्जी उत्पादन

लो–टनल ऐसी संरक्षित संरचनायें हैं जिन्हें मुख्य खेत में फसल की रोपाई के बाद प्रत्येक फसल क्यारियों के उपर फसल को कम तापमान से होने वाले नुकसान से बचाने के लिए कम उँचाई पर प्लास्टिक से ढक कर बनाया जाता है। टनल बनाने से पौधों के आसपास का सूक्ष्म वातावरण काफी बढ़ जाता है तथा दिन के समय जब अच्छी प्रकार से धूप निकलती है तौ टनल के अन्दर का तापमान दोपहर के समय 10 से 12 डिग्री सेल्सियस तक बढ़ जाता है, जिससे बाहर का तापमान कम होते हुये भी इन फसलों की बढ़वार तेजी से होती है तथा रात के समय टनल में पौधों का पाले से बचाव भी होता है। बाद में फरवरी के प्रथम सप्ताह से फरवरी के अन्तिम सप्ताह तक टनल की पूरी प्लास्टिक को फसल के उपर से आवश्यकतानुसार व उस समय के तापमान को ध्यान में रखते हुए हटा दिया जाता है। यह तकनीक उत्तर भारत के मैदानी व कम उँचाई वाले पहाड़ी क्षेत्रों तथा खासकर बड़े शहरों के चारों और खेती करने वाले किसानों के लिए बड़ी लाभप्रद व उपयोगी है।

कीट अवरोधी नेट हाउस तकनीक द्वारा सुरक्षित सब्जी उत्पादन

इस प्रकार की संरचनाओं को बनाने के लिए आधा ईंच मोटाई के जी0आई0 पाइपों को अर्धगोलाकार रूप में मोड़कर उनको जमीन में गाड़े गये सरिया के टुकड़ों के सहारे खड़ा किया जाता है तथा इस प्रकार पाइपों को 2.0 से 2.5 मीटर की दूरी पर लगाया जाता है, फिर इन पर कीट अवरोधी नेट (जाली) से ढका जाता है।

वाक–इन–टनल तकनीक द्वार सर्दी के मौसम में सब्जियों का बमौसमी उत्पादन

आधा ईंच मोटाई के जंग रोधी पाइपों को अर्ध गोलाकार आकार में मोड़कर तथा इन्हें सरिया के टुकड़ों के सहारे खेत में खड़ा करके उनके उपर प्लास्टिक ढककर बनाई गई अस्थाई संरक्षित संरचनाये है। इनकी मध्य में उंचाई लगभग 6 या 6.5 फीट तथा जमीन पर एक सिरे से दुसरे सिरे तक चौड़ाई 12–12.5 फीट तक होती है। इस प्रकार संरक्षित की संरचनाओं को सर्दी के मौसम में बेमौसमी सब्जी जैसे लौकी, खरबूजा, तरबूज, खीरा, चप्पन कद्दू या अन्य कद्दूवर्गीय सब्जियां उगाने के लिए उपयोग में लिया जाता है। इस प्रकार की संरक्षित संरचनाओं में दिन के समय जब सूर्य की रोशनी प्लास्टिक पर पड़ती है तो टनल के अन्दर का तापमान काफी (लगभग 10–12^{0} सें0 तक) बढ़ जाता है जिससे कद्दूवर्गीय सब्जियों को कम तापमान के दिनों मे भी बढ़वार करने में काफी सफलता मिलती है।

छायादार नेट हाउस पद्धति द्वारा गर्मी के मौसम में सब्जियों की बेमौसमी खेती

छायादार नेट हाउस कम खर्च की स्थाई या अस्थाई संरचना हो सकती है, जिसमें 30–75 प्रतिशत छायादार नेट अप्रैल से अक्टूबर में लगती है तथा अप्रैल से जुलाई में 7 से 8 फीट की उँचाई पर 60–70 प्रतिशत छायादार नेट का लगाया जाता है। सामान्यतः इसमें काले रंग के नेट का उपयोग किया जाता है जिससे उष्मा का अवशोषण अधिक हो सके। गर्मी के चरम माह में जब कुछ खास सब्जियां तेज गर्मी व बहुत अधिक धूप के चलते नहीं उगाई जा सकती है, ऐसी स्थिति में छायादार नेट की सहायता से न सिर्फ तापमान को घटाया जा सकता है, बल्कि प्रकाश की तीव्रता में भी आवश्यकता अनुसार कमी लायी जा सकती है। इसकी मदद से हरी धनियां, पालक, पूदीना, मूली, फूलगोभी की अगेती फसल, अगेती पत्तागोभी, गाजर की अगेती फसल, सलाद पत्ता (लेटुस) व ब्रोकली की अगेती फसल को उगाया जा सकता है। इससे इन अगेती फसलों के अधिक मूल्य कृषकों

को बाजार में मिलते है। इस प्रकार छायादार नेट हाउस के निर्माण में डिजाइन व उपयुक्त सामान की गुणवत्ता के आधार पर लगभग 125–175 रूपये प्रति वर्ग मीटर आता है।

प्राकृतिक वायु संवाहित ग्रीन हाउस में उच्च गुणवत्ता वाली सब्जी उत्पादन

इस प्रकार के ग्रीन हाउास या संरक्षित संरचनाओं को बनाने पर सामान्यतः वातानुकूलित ग्रीन हाउस के मुकाबले एक तिहाई से भी कम लागत आती है तथा इस प्रकार के ग्रीन हाउस को चलाने के लिए उर्जा की आवश्यकता नहीं पड़ती है या फिर बहुत कम उर्जा केवल हवा को बाहर निकालने वाले पंखों को चलाने के लिए जरूरत पड़ती है। सामान्य रूप से इस प्रकार का अच्छा व उपयुक्त ग्रीन हाउस बनाने के लिए 600 से 650 रूपये प्रति वर्गमीटर की दर से खर्च होता है। इस प्रकार के ग्रीन हाउस में टमाटर की फसल को 9 से 10 माह या 200–300 दिन तक सफलतापूर्वक उगाया जा सकता है। शिमला मिर्च को भी 8 से 9 माह तक उगाया जा सकता है, जबकि उच्च गुणवत्ता वाले बीज रहित खीरे की फसल को वर्ष में तीन बार उगाया जा सकता है। इस प्रकार के ग्रीन हाउस पर उत्पादन लागत कम आने के कारण उत्पादक फसल की थोड़ी भी कम अवधि तक होने के बावजूद अधिक लाभ अर्जित कर सकते हैं। इस ग्रीन हाउस के रखरखाव में भी अधिक व्यय व कठिनाई नहीं होती है तथा इस प्रकार के ग्रीन हाउास बड़े शहरों में चारों ओर खेती करने वाले किसानों व अन्य क्षेत्रों, जहाँ बिजली वितरण की काफी कमी है, के लिए भी उपयुक्त सिद्द हो रहे हैं। इस प्रकार प्राकृतिक रूप से वायु संवाहित ग्रीन हाउस में उगाई जाने वाली सब्जियां अनकी उपयुक्त किस्में, संभावित उत्पादन, अवधि व उनकी उत्पादन लागत के विवरण की जानकारी होना उत्पादनों के लिए आवश्यक है।

सब्जियों की सरंक्षित खेती के मुख्य लाभ

→ मुख्य जैविक व अजैविक कारकों से फसल सुरक्षा।
→ उच्च उत्पादकता (सामान्यतः खुले खेत से 3–5 गुणा अधिक)।
→ उच्च गुणवत्ता प्राप्त करना संभव जो खुले वातावरण में फसलें उगाकर प्प्राप्त करना असंभव होता है।
→ लम्बी फसल अवधि जिससे सब्जियों की लगातार व लंबे समय तक उपलब्धता।
→ अधिक लाभ के लिए बेमौसमी फसल उत्पादन की पूर्ण सम्भावना है।

→ प्राकृतिक संसाधनों (जैसे जल व भूमि आदि) का सदुपयोग पूर्णतः संभव है।

→ जैविक खेती का मजबूत आधार, अन्यथा खुले खेत में सब्जी फसलों की जैविक खेती करना काफी असम्भव होता है।

→ संरक्षित सब्जी उत्पादन का एक सरल व सीधा तकनीक है।

→ कम क्षेत्रफल में अधिक लाभ लिया जाना संभव जो खुले खेतों में बहुत कम होता है।

→ अधिक रोजगार सृजन की संभावनाएं (खुल खेतों से 5–6 गुणा अधिक) है।

→ संरक्षित खेती परिनगरीय क्षेत्रों के लिए अत्यधिक उपयोगी प्रौद्योगिकी है।

→ सरंक्षित उत्पादन प्रौद्योगिकी विभिन्न प्रकार की जलवायु वाले क्षेत्रों के लिए उपयागी व कारगर प्रौद्योगिकी है।

अध्याय 18

सब्जियों की तुड़ाई उपरान्त सुरक्षित प्रबन्धन तकनीक

मौसमी सब्जियां जो कि बहुत ही विकारी स्वभाव की होती है, इस कारण जब वह बहुतायत में उपलब्ध होती है, तब उनको बाजार में भेजते–भेजते भी उनकी एक बड़ी मात्रा खराब हो जाती है। इस तरह सब्जियों के बाजार मूल्य में गिरावट आती है। भारत में कुल सब्जियों के उत्पादन का लगभग 20–40 प्रतिशत मात्रा प्रतिवर्ष तुड़ाई के उपरान्त उचित प्रबन्धन एवं रख–रखाव के अभाव में नष्ट (सड़गल) हो जाती है। उपलब्ध ऑक्ड़ों के अनुसार टमाटर में 15–50 प्रतिशत, बैंगन में 8–15 प्रतिशत, प्याज में 25–55 प्रतिशत, फूलगोभी में 25–45 प्रतिशत, पत्तागोभी में 7–35 प्रतिशत एवं गाजर में 30–40 प्रतिशत की क्षति तुड़ाई उपरान्त उचित प्रबन्धन न होने के कारण दर्ज की गयी है। एक सर्वेक्षण के अनुसार 5–8. 6 प्रतिशत तक का नुकसान खेत स्तर पर, 10.5 प्रतिशत हानि मण्डी स्तर पर तथा 1.0 प्रतिशत क्षति उपभोक्ता स्तर पर आंकी गयी है। अतः तुराई उपरान्त की सुलभ और सुरक्षित प्रौद्योगिकी विकसित करके सब्जियों के उत्पादन तथा मांग और आपूर्ति पर नियंत्रण रखा जा सकता है तथा विभिन्न प्रकार की हानियों से बचाकर उनके उपभोग काल को बढ़ाया जा सकता है।

तुड़ाई उपरान्त सब्जियों में होने वाले ह्रास के प्रमुख कारण

सब्जियों में जल की मात्रा 80–95 प्रतिशत तक होती है। अतः सब्जियों में तुड़ाई उपरान्त सबसे ज्यादा क्षति जल ह्रास के कारण होती है। सब्जियों में भण्डारण के दौरान 5–10 प्रतिशत जल की हानि वाष्पीकरण (उत्स्वेदन) के कारण होती है जिससे सब्जियां सिकुड़ जाती है और उनके भार में कमी आ जाती है। अधिक तापमान पर वाष्पीकरण एवं श्वसन दोनों प्रक्रियाएं तीव्र गति से होती है, जबकि कम तापमान एवं अधिक आपेक्षित आर्द्रता इन विघटनकारी प्रक्रियाओं की गति को कम करती है। श्वसन के दौरान सब्जियों के उत्तकों (Tissue) में आक्सीकरण की प्रक्रिया द्वारा शर्करा का विघटन होता है और उर्जा उत्पन्न होती है। भण्डारण के दौरान इथीलीन गैस भी पैदा होती है जो कि श्वसन की प्रक्रिया को और अधिक बढ़ा देती है और सब्जियां शीघ्र क्षतिग्रस्त हो जाती है। अतः भण्डारण के दौरान तापमान, आपेक्षिप्त आर्द्रता तथा ऑक्सीजन एवं कार्बन डाईऑक्साइड की मात्रा को नियंत्रित करके, सब्जियों की भण्डारण अवधि को बढ़ाया जा सकता है। सब्जियों में तुड़ाई उपरान्त क्षति में फफूंद, जीवाणु एवं खमीर (Yest) भी महत्वपूर्ण भूमिका निभाते हैं। फसल की तुड़ाई के दौरान खरोंच या किसी प्रकार की क्षति होने से रोगों के फैलने की संभावना को और बढ़ा देती है।

विभिन्न तापक्रम पर प्रमुख सब्जियों की श्वसन दर

क्र. सं.	सब्जियां	श्वसन दर (मि0ग्र0 कार्बन डाईऑक्साइड / कि0ग्रा0 / घंटा)			
		शून्य डिग्री सेल्यिस	10 डिग्री सेल्यिस	15 डिग्री सेल्यिस	20 डिग्री सेल्यिस
1.	पत्तागोभी	4–6	17–19	20–32	28–49
2.	गाजर	10–12	20–42	26–54	46–95
3.	फूलगोभी	16–19	32–36	43–49	75–86
4.	खीरा	–	23–29	24–33	14–48
5.	लहसून	4–14	9–10	14–29	13–25
6.	ब्रोकली	19–21	15–87	161–186	278–320
7.	चुकन्दर	57	12–14	17–23	–
8.	राजमा	20	58	93	130
9.	टमाटर (हरा)	–	12–18	16–28	28–41
10.	टमाटर (पका)	–	13–16	24–29	24–44

क्रमशः...

11.	शलजम	6–9	13–19	21–24	24–25
12.	प्याज (सूखा)	3	7–8	10–11	14–19
13.	सलाद पत्ता	19–27	32–46	51–74	82–119
14.	खरबूज	5–6	14–16	34–39	45–65
15.	तरबूज	–	6–9	–	17–25
16.	भिण्डी	–	86–95	138–153	248–274
17.	मटर	30–47	68–117	179–202	245–361
18.	आलू	–	7–10	6–12	8–16
19.	पालक	19–22	82–138	134–223	172–287

प्रमुख सब्जियों में परागण के उपरान्त तुड़ाई का उपयुक्त समय

क्र. सं.	सब्जियां	परागण के बाद (दिनों में)
1.	खीरा	6–7
2.	कद्दू (हरा)	65–70
3.	लौकी	12–15
4.	टमाटर (हरा)	35–45
5.	टमाटर (पूर्ण पका हुआ)	45–60
6.	करेला	12–13
7.	तुरई	5–6
8.	मटर	30–35
9.	बैंगन	25–40
10.	लोबिया	10–15
11.	राजमा (फली)	10–15
12.	शिमला मिर्च	30–35
13.	भिण्डी	4–6
14.	खरबूज	28–30
15.	मिर्च	45–55
16.	तरबूज	35–40

भण्डारण पूर्व खेत में बरती जाने वाली सावधानियां

शोध परिणामों से प्राप्त जानकारी के अनुसार तुड़ाई या कटाई पूर्व फसल की स्थिति तथा उसमें प्रयोग किये गये उर्वरकों की मात्रा एवं सिंचाई इत्यादि भी तुड़ाई उपरान्त सब्जियों की गुणवत्ता एवं भण्डारण क्षमता प्रभावित करते हैं। अत्यधिक नेत्रजन के प्रयोग से सब्जियों की गुणवत्ता एवं भण्डारण क्षमता दोनों पर प्रतिकूल (विपरीत) प्रभाव पड़ता है, जबकि पोटाश उर्वरक सब्जियों के उत्पाद की गुणवत्ता में सुधार लाता है तथा श्वसन क्रिया को भी प्रभावित करता है। इसी प्रकार सिंचाई भी भण्डराण की क्षमता को बहुत प्रभावित करता है। प्याज, आलू, खरबूज, तरबूज आदि में खुदाई या तुड़ाई के पूर्व सिंचाई करने से इनकी गुणवत्ता में कमी आती है तथा भण्डारण अवधि कम हो जाती है। प्याज और आलू में खुदाई के 15 दिन पूर्व सिंचाई बन्द कर देनी चाहिए, इससे छिल्का सक्त व मजबूत हो जाता है। इसी प्रकार खरबूज एवं तरबूज में तुड़ाई से पहले सिंचाई करने से फलों में मिठास कम हो जाती है। मिट्टी की नमी में असमानता (कम–ज्यादा) होने पर टमाटर, गाजर, मूली और पत्तागोभी फट जाती है तथा भण्डारण में शीघ्र सड़ने लगते हैं। सब्जियों की तुड़ाई के तुरन्त बाद (विशेषकर गर्मियों में) भण्डारित नहीं करना चाहिए, इन्हें भण्डारित करने से पूर्व ठण्डे पानी में डूबोकर भण्डारण के लिए रखा जाता है जिससे उसमें उपस्थित गर्मी बाहर निकल जाए। भण्डारण से पूर्व सब्जियों के शीत उपचार (ठंडा करना) की निम्नलिखित विधियां अपनाई जाती है –

1. कमरे में शीतोपचार (Room cooling)
2. हवा का दबाव बनाकर शीतोपचार (Forced air colling)
3. जल द्वारा शीतोपचार (Hydro cooling)
4. वर्फ द्वारा शीतोपचार (Iacing)

शून्यता उत्पन्न करके शीतोपचार (Vaccum cooling)

जड़ एवं कन्द वाली सब्जियों की भण्डारण से पूर्व उपचार (Curing)

आलू, शकरकन्द, रतालू, प्याज, घुंइया आदि को भण्डारण से पूर्व कुछ उपचार आवश्यक होते हैं, जिससे उनका भण्डारण अवधि/काल बढ़ाया जा सकता है। आलू को भण्डारण से पूर्व 18–20 डिग्री सेल्सियस तापमान तथा 85–90 प्रतिशत आपेक्षित आर्द्रता पर 7–10 दिन के लिए रखना चाहिए। इसी प्रकार प्याज को 35–45 डिग्री सेल्सियस तापमान एवं 60–75 प्रतिशत आपेक्षित आर्द्रता पर एक दिन तक रखना चाहिए। शकरकन्द का उपचार 30–32 डिग्री सेल्सियस तापमान एवं 85–90 प्रतिशत आर्द्रता पर 4–7 दिनों के लिए करना चाहिए, जबकि घुँइया

का भण्डारण पूर्व उपचार के लिए 30–35 डिग्री सेल्सियस तापमान एवं 95–100 प्रतिशत ओपक्षित आर्द्रता पर 4–7 दिनों तक रखने की आवश्यकता पड़ती है।

सब्जियों की पैंकिंग

सामान्यतया सब्जियों की पैकिंग बोरों में, लकड़ी या कागज के गत्तों में तथा बांस की बनी टोकरियों में की जाती है। सब्जियों की पैकिंग के लिए आजकल कारूगेटेड गत्तों के डिब्बों का उपयोग भी किया जा रहा है। इसके अतिरिक्त अलग–अलग मोटाई तथा घनत्व की छिद्रयुक्त पालीथीन में लपेट कर सब्जियों की पैकिंग करने से कटाई उपरान्त सब्जियों की भण्डारण क्षमता को बढ़ाया जा सकता है। कुछ सब्जियां जैसे टमाटर को पतली प्लास्टिक (पन्नी) में लपेटकर इथीलन अवशोषकों की उपस्थित में रखने से उनकी परिपक्वता अवधि को बढ़ाया जा सकता है, जिससे टमाटर लम्बे समय तक खराब नहीं होते हैं। वैज्ञानिकों द्वारा विभिन्न प्रयोगों से यह भी ज्ञात हुआ है कि तुड़ाई के तुरन्त बाद पैकिंग करने के पूर्व सब्जियों का पूर्वशीतलन कर देने से उनके अन्दर जैव रासायनिक तथा कार्यिकी प्रक्रियाएं शिथिल पड़ जाती है, जिससे सब्जियों का भण्डारण काल बढ़ जाता है तथा उनकी पोषक गुणवत्ता को भी संरक्षित रखा जा सकता है।

सब्जियों का परिवहन

विकाशील देशों में सब्जियों का परिवहन के लिए वातानुकूलित वाहनों का उपयोग किया जाता है। इस वाहनों में तापमान एवं आर्द्रता को आवश्यकतानुसार नियंत्रित किया जा सकता है तथा बाहर के बातावरण का भण्डारीत सब्जियों पर कोई प्रतिकूल प्रभाव नहीं पड़ता है। यह परिपक्वता की गति को घटा देता है तथा विभिन्न जटिल जैब रासायनिक प्रक्रियाओं की गति को घटाकर सूक्ष्म जीवों द्वारा होने वाली विकृति एवं सड़न को भी रोकता है। भारत में अभी सिर्फ निर्यात की जाने वाली सब्जियों को शीतिल संग्रहागारों (कन्टेनर) में रखकर विभिन्न हवाई अड्डों एवं समुद्री बन्दरगाहों तक पहुँचाया जाता है। उपलब्ध आँकड़ों के अनुसार भारत में लगभग 63–65 विभिन्न प्रकार की सब्जियों का निर्यात किया जा रहा है, जिनमें प्याज, आलू, भिण्डी, करेला, मिर्च, परवल, शिमला मिर्च, एसपरागस, सेलेरी, स्वीटकार्न, वेबीकार्न इत्यादि प्रमुख है। भारत में भी अन्य विकसित देशों की तरह शीत भण्डार गृहों तथा वातानुकूलित वाहनों की संख्या बढ़ाने की आवश्यकता है, जिससे तुड़ाई उपरान्त सब्जियों में होने वाले ह्रास को कम किया जा सके और निर्यात को बढ़ावा मिलने से सब्जी उत्पादकों को उनके उत्पाद का अच्छा

मूल्य मिल सके। परन्तु शीत संग्रहागरों तथा रेफ्रिजरेटेड (शीतत्) बाहनों पर बहुत अधिक लागत आने के कारण इस दिशा में बांछित प्रगति नहीं हो पा रही है।

सब्जियों का भण्डारण

1. **शून्य उर्जा शीत प्रकोष्ठ में भण्डारण** : खेत स्तर पर प्रदूषण रहित शून्य उर्जा शीत प्रकोष्ठ का उपयोग किया जा सकता है। प्रकोष्ठ हमेशा उँची जगह एवं छायादार स्थान पर ही बनाये जाते है। इन प्रकोष्ठों का निर्माण स्थानीय स्तर पर उपलब्ध ईंट, बालू तथा बांस की सहायता से करते हैं। ये प्रकोष्ठ वाष्पीय शीतलन के सिद्धान्त पर कार्य करते हैं और उनके अन्दर का तापक्रम 15 डिग्री सेल्सियस के आस–पास तक आ जाता है। इस विधि में दो दिवारों के बीच 75 सेन्टीमीटर स्थान चारों तरफ छोड़ा जाता है जिसमे बालू भरते हैं जिसे हमेशा पानी से नम रखा जाता है। प्रकोष्ठ के अन्दर का तापमान हमेशा वाह्य वातावरण से कम बना रहता है। इस तरह के प्रकोष्ठ गर्मियों के महीने में सब्जियों के भण्डारण के लिए उपयुक्त होते हैं, जब बाहर का तापमान काफी अधिक होता है।
2. **नियंत्रित वातावरण में भण्डारण** : नियंत्रित वातावरण में सब्जियों के भण्डारण में कार्बन डाईआक्साईड की मात्रा को सामान्य की अपेक्षा कई गुणा अधिक बढ़ा देते हैं, जबकि ऑक्सीजन की मात्रा को उसी अनुपात में घटा दिया जाता है। कम ऑक्सीजन व अधिक कार्बन डाइऑक्साइड होने के कारण भण्डारित सब्जियों में श्वसन एवं इथीलीन की उत्पादन दर घट जाती है। फलों के पकने की प्रक्रिया या तो कम हो जाती है या देर से शुरू होती है। इस तरह नियंत्रित वातावरण में भण्डारित सब्जियों की भण्डारण अवधि बढ़ जाती है। नियंत्रित वातावरण में भण्डारण के लिए संस्तुतियों को नीचे दर्शाया गया है।

नियंत्रित वातावरण में सब्जियों का भण्डारण

क्र. सं.	सब्जियां	भण्डारण तापक्रम (डिग्री सेल्सियस)	आपेक्षित आर्द्रता (प्रतिशत)	कार्बन डाईआक्साइड (प्रतिशत)	ऑक्सीजन (प्रतिशत)	भण्डारण अवधि (सप्ताह / दिन)
1.	बैंगन	10	90—95	—	3—5	10—14 दिन
2.	चुकन्दर	0	65	5	—	3—5 दिन
3.	करेला	11.7	85—90	—	—	14—21 दिन
4.	मूली	0	90—95	—	—	60—120 दिन
5.	ब्रोकली	0—9	65—100	5—10	1—2	7—14 दिन
6.	पत्तागोभी	0	95—100	2.5—5	2.5—5	90—180 दिन
7.	शिमला मिर्च	7—10	95—100	0—3	3—5	7—14 दिन
8.	गाजर	0—1	95—100	—	1—2	14—28 दिन
9.	फूलगोभी	0—1	95—100	2.5	1.0	15—28 दिन
10.	मिर्च (हरी)	10	90—95	0	3—5	14—21 दिन
11.	लौकी	10	90—95	5—7	3—5	10—14 दिन
12.	भिण्डी	7—10	95—100	5—10	3—5	7—14 दिन
13.	हरी मटर	0	90—95	0.8—1	2—2.4	5—6 सप्ताह
14.	टमाटर (हरा)	13.3	90—95	0	3—5	2—6 सप्ताह
15.	टमाटर (लाल)	10—12	90—95	0—3	3—5	1—2 सप्ताह
16.	एस्परागस	2.2	90—95	5—10	20	14—21 दिन
17.	ब्रुल्स स्प्राउट	0—9	65—100	5—7.5	2.5—5	3—5 माह

3. **व्यावसायिक भण्डारण** : सब्जियों के भण्डारण के दौरान उपयुक्त तापक्रम एवं आर्द्रता को बनाए रखना अत्यन्त आवश्यक है। 10 डिग्री सेल्सियस के आस—पास का तापमान अधिकांश सब्जियों के भण्डारण के लिए उपयुक्त रहता है। भण्डारण के दौरान 5—6 डिग्री सेल्सियस से कम का तापक्रम सब्जियों में हिमीकरण की प्रक्रिया के कारण नुकसान पहुँचता है, जबकि 10—15 डिग्री सेल्सियस से अधिक तापमान पर विघटनकारी रासायनिक परिर्वतनों एवं श्वसन की प्रक्रिया बढ़ने के कारण उत्तकों की क्षति होती है। अच्छे भण्डारण के लिए सब्जियों की किस्मों के अनुसार आर्द्रता पर

नियंत्रण भी आवश्यक है। भण्डारण में वातावरण को संतृप्तता का प्रतिशतांक आपेक्षित आर्द्रता के द्वारा दर्शाया जाता है। प्याज, लहसून, काशीफल तथा अन्य कद्दूवर्गीय सब्जियों की किस्मों को शुष्क रहने तथा सड़ने–गलने से बचाने के लिए कम आर्द्रता की आवश्यकता पड़ती है, जबकि गोभीवर्गीय तथा जड़वाली सब्जियों को अपेक्षाकृत अधिक नमी (90–95 प्रतिशत आर्द्रता) की आवश्यकता होती है। इसके अतिरिक्त सब्जियों के उचित भण्डारण के लिए यह भी आवश्यक है कि भण्डारगृह में पर्याप्त मात्रा में ऑक्सीजन उपलब्ध रहे तथा सब्जियों से निकली नमी व ताप भण्डारगृह में न रूके। संवातन का कम या अधिक होना दोनों ही सब्जियों के लिए हानिकारक होता है। वायुगमन अधिक होने से सब्जियां मुरझाने एवं सिकुड़ने लगती है तथा कम होने पर पत्तियों की क्षति होती है। सब्जियों का भण्डारण घरेलू स्तर पर अपना शीतगृह में आवश्यकतानुसार किया जा सकता है। सब्जियों के भण्डारण के लिए उपयुक्त तापक्रम एवं आर्द्रता को सारणी में दर्शाया गया है।

4. **विकिरण द्वारा सब्जियों की भण्डारण अवधि बढ़ाना** : खाद पदार्थों में उपस्थित हानिकारक सूक्ष्म जीवों को समाप्त करने के लिए जब इन्हें आयनीकृत विकिरण पदार्थों द्वारा उपचारित करते हैं जो इसे खाद्य विकिरण उपचार कहते हैं। इसके लिए मुख्यतः गामा किरणों को उत्पन्न करने वाले पदार्थों जैसे कोबाल्ट–60 या सेजियम–137 का प्रयोग करते हैं। इन पदार्थों से शोधित सब्जियां बिना किसी हानि एवं गुणवत्ता में ह्रास के काफी लम्बे समय तक भण्डारित की जा सकती है। आलू एवं प्याज में प्रस्फुटन रोकने के लिए प्रायः विकिरण की कम मात्रा (1 किलो ग्रे तक) से शोधित किया जाता है, जबकि अन्य सब्जियों की भण्डारण अवधि बढ़ाने तथा सूक्ष्म जीवों को मारने के लिए विकिरण की 1–10 किलो ग्रे0 मात्रा प्रयोग की जाती है।

अध्याय 19

तुड़ाई के बाद सुरक्षित रहे सब्जियाँ

मानव शरीर की वृद्धि, विकास, पोषण और अच्छे स्वास्थ्य के लिए भोजन में सब्जियों का वर्ष भर उपलब्ध होना अति आवश्यक है, परन्तु मौसमी सब्जियों की विकारी स्वभाव, इनका मुख्य भाग पानी तथा स्वजीवन कम होने के कारण शीघ्र ही खराब होने लगते हैं। सब्जी कुल उत्पादन का लगभग 30–40 प्रतिशत भाग सड़गल कर बेकार हो जाती है। इन सब्जियों के फसलोपरान्त प्रबन्धन द्वारा उपयुक्त एवं वैज्ञानिक विधि से भण्डारण तथा इनके तापक्रम में फेरबदल करके इनके स्वजीवन को बढ़ाया जा सकता है।

सब्जी का फसलोपरान्त प्रबन्धन में उनकी तुड़ाई से लेकर उनका रख–रखाव, डिब्बाबन्दी, भण्डारण, वितरण व बाजारीकरण आदि आता है। सब्जियों का मुख्य भाग नमी है, इसके साथ–साथ सब्जियों के उपापचय की क्रियायें ज्यादा होती है। यह उपापचय की क्रियायें सब्जियों की तुड़ाई के बाद भी निरन्तर चलती रहती है, जिसके कारण सब्जी तोड़ने के बाद जल्दी खराब होने लगते हैं। यही मुख्य कारण है कि उपभोक्ता सब्जियों की पूर्ण मात्रा का उपयोग नहीं कर पाते हैं, क्योंकि सब्जियों का स्वजीवन बहुत कम अवधि का होता है। यदि सब्जियों का स्वजीवन बढ़ा दिया जाय तो फसलोपरान्त विभिन्न मौसम में खराब होने से बचाया जा सकता है और उत्पादक उनकी अच्छी कीमत प्राप्त कर सकते हैं।

फसलोपरान्त क्षति में कमी होने से लाभ

6. उपभोक्ता बेमौसमी सब्जियों का भी स्वाद ले सकते हैं।
7. सब्जी उत्पादकताओं को उपज का पूर्ण मूल्य मिल सकता है।
8. उपभोक्ता को कम मूल्य पर सब्जियों की प्राप्ति।
9. बेहतर पोषक तत्वों की प्राप्ति।

फसलोपरान्त क्षति के कारण

सब्जियों में लगभग 80–90 प्रतिशत नमी, उच्च श्वसन दर, मुलायम बनावट व ज्यादा सतह का क्षेत्रफल होने के कारण सब्जी विकारी स्वभाव के होते हैं। इसके साथ–साथ फसल कटाई के यंत्रों, उत्पादक क्षेत्र में संग्रह केन्द्र व व्यवसायिक भंडारणों की कमी होने से सब्जियों में ज्यादा हानि होती है।

फसलोपरान्त क्षति को नियंत्रित करने के उपाय

1. सब्जियों की ऐसी प्रजातियों को लगायें जिनका स्वजीवन अधिक हो।
2. अच्छी सब्जी उत्पादन के लिए उन प्रक्रियाओं को ग्रहण करना जिनकी संस्तुति हो चूकी हो।
3. अच्छे उत्पादन हेतु पहले तथा फसलोपरान्त उपचार करना।
4. फसलोपरान्त की जाने वाली क्रियाओं में एकीकृत प्रबन्धन करना।
5. सही पैकिंग।
6. परिवहन के उनुकूल आयात।
7. व्यवस्थित भंडारण व बाजारिकरण।

तुड़ाई

सब्जियों तुड़ाई उनकी उपयोगिता के अनुसार ही की जानी चाहिए जैसे–भण्डारण, बाजारीकरण व प्रसंस्करण आदि। सब्जी की तुड़ाई इस प्रकार करनी चाहिए कि उपभोक्ता को अच्छी स्थिति में मिल सके और अधिकतम सन्तुष्टि प्राप्त हो। अपरिपक्व व जयादा पके फल–सब्जी गुणवत्ता की दृष्टि से अच्छे नहीं होते हैं। इसके साथ–साथ सब्जियों का स्वजीवन कम होने के कारण आर्थिक नुकसान अधिक होता है। सब्जियों की तुड़ाई करते समय यह ध्यान रखना चाहिए कि सब्जियों में चोट न लगे।

फसलोपरान्त की जाने वाली क्रियायें

सब्जियों को तोड़ने के बाद उन्हें छाया में रखना चाहिए जिससे उनका तापमान नियंत्रित हो जाय। उसके बाद प्रसंस्करण शुरू करना चाहिए जैसे सफाई, छंटाई, श्रेणीकरण व तापमान नियंत्रण आदि। सही पैंकिग के साथ–साथ मोम या तेल का उपयोग करने से सब्जियों में स्वजीवन बढ़ाकर सड़ने से बचया जा सकता है

छंटाई एवं श्रेणीकरण

सब्जियों की छंटाई की क्रिया में रोग्रस्त और चोट लगे सब्जियों को ढेर से अलग करते हैं जिससे बांकी बचे सब्जी खराब नहीं होते हैं। इस प्रकार से छंटाई की क्रिया करने के साथ–साथ श्रेणीकरण भी अत्यन्त आवश्यक है। क्योंकि श्रेणीकरण करने से बाजार मूल्य अच्छा मिलता है। हमारे देश में श्रेणीकरण सब्जी का रंग व आकार देखकर उत्पादक द्वारा स्वंय किया जाता है, लेकिन कुछ एजेन्सियों के पास मशीन द्वारा श्रेणीकरण की व्यवस्था भी है। अधिकांशतया यह देखा जाता है कि सब्जियों को बिना किसी प्रसंस्करण के सीधे बाजार में बेच दिया जाता है। इस कारण पैकिंग व परिवहन पर होने वाला खर्च बच जाता है, परन्तु इससे बाजार मूल्य अच्छा नहीं मिलता है। सब्जियों को बाहर भेजने से पूर्व जो भाग खाये नही जाते हें, उन्हें निकाल देना चाहिए जिससे परिवहन का खर्च कम से कम हो जाय और उनके उपयोग में आसानी हो सके।

सफाई एवं धुलाई

यह क्रिया सब्जियों की सतह से धूल व जीवाणुओं को हटाने के लिए की जाती है। सब्जियों को हमेशा बहते हुए पानी में धोना चाहिए। बहुत आवश्यक होने पर ही धोने चाहिए एवं धोने के तुरन्त बाद फफूंदनाशक का प्रयोग करना चाहिए।

फसलोपरान्त उपचार

सब्जियों का स्वजीवन बढ़ाने के लिए कई तरह के उपाय किये जाते हैं।

1. **रासायनिक उपचार** : फफूंदनाशक व वृद्धि नियामकों का प्रयोग करके पूर्व व फसलोपरान्त सब्जियों का स्वजीवन बढ़ाया जा सकता है। उरदाहरण – राइटोकाइनिन।
2. **मोम व तेल का मिश्रण** : बहुत से फलों व सब्जियों का स्वजीवन बढ़ाने में मोम व तेल बहुत प्रभावशाली भूमिका निभाते हैं जैसे किन्नों व सेब आदि में।

3. **गर्म पानी का प्रयोग** : फलों से मोम की परत हटाने के लिए गर्म पानी का प्रयोग किया जाता है। गर्म पानी का प्रयोग कीड़ों से बचाव में सहायक है जिससे फल की भण्डारण क्षमता बढ़ती है। जैसे – आम में।
4. **विकिरण द्वारा** : प्रकाश किरणों के विकिरण द्वारा सूक्ष्म जीवों की वृद्धि को नियंत्रित किया जाता है। इसकी मात्रा व अवधि हर सब्जियों के लिए अलग–अलग होती है।

डिब्बा बन्दी

सब्जियों की डिब्बा बंदी से उनका रख–रखाव, परिवहन, भंडारण व बिक्री में आसानी हो जाती है। पैंकिग, फसल, परिवहन की दूरी व उपभोक्ता की आवश्यकता पर निर्भर करता है। डिब्बा बंदी से उत्पाद की सुरक्षा व गुणवत्ता को बनाये रखा जा सकता है।

सब्जियों को आसानी से एक स्थान से दूसरे स्थान पर लाने व ले जाने के लिए डिब्बे, पेटी, बोरी आदि की आवश्यकता होती है। डिब्बा बंदी से परिवहन में जगह की आवश्यकता होती है। इसके लिए कई प्रकार की पेटियां होती है। जैसे – प्लास्टिक, कार्डबोर्ड (गत्ते), फाइवर, पेपर व लकड़ी आदि के पेटी। यह आसानी से जोड़ी जा सकती है। तत्पश्चात् उसमें सब्जी भरकर उसे आसानी से हाथ या मशीन से जोड़ा जा सकता है। भंडारण व परिवहन के दौरान पेटी में हवा का संचार होना चाहिए। पेटी या डिब्बा बाजार की मांग के अनुसार होना चाहिए। बोरी, पेटी या डिब्बे बनाने का सामान ज्यादा महंगा नहीं होना चाहिए एवं तुरन्त उपलब्ध होना चाहिए।

डिब्बा बंदी का सामान

1. **प्राकृतिक सामान** : बाँस, पुवाल व आम आदि के पत्तियां।
2. **लकड़ी** : आम व पापलर।
3. **गत्ता** : यह वजन में हल्का होता है व इसके उपर आसानी से कोई सूचना लिखी जा सकती है।
4. प्लास्टिक : दुबारा प्रयोग होने वाली पेटियां जो कि अधिक घनत्व वाली पॉलीथीन के प्रयोग से बनाई जाती है व महंगी सब्जियों के परिवहन में बहुतायत से प्रयोग में लायी जाती है।
5. कागज व प्लास्टिक फिल्म : यह बोरी/पेटी के अन्दर अस्तर की तरह लगायी जाती है जिससे फलों व सब्जियों में उपस्थित नमी को बाहर

निकलने से फल व सब्जियों को रगड़ने से होने वाली हानि को रोका जा सके।

भंडारण

लम्बे समय तक फलों व सब्जियों को उपयोग में लाने के लिए भंडारण बहुत महत्वपूर्ण है। सब्जियों का भंडारण सब्जियों के प्राकर, परिपक्वता स्तर, चोट–खरोंच व खराब होने पर निर्भर करता है।

भंडारण के उद्‌देश्य

1. बेमौसमी फल व सब्जियों की साल भर उपलब्धता।
2. बाजार में एक साथ सब्जियों की बहुत बड़ी मात्रा को रोकना।
3. संक्रमण से बचाव।
4. सब्जियों के स्वजीवन को बढ़ाना।

भंडारण के प्रकार

1. **प्राकृतिक भंडारण** : तुड़ाई के तुरन्त बाद सब्जियों को बगीचे में ही छायादार स्थानों व अन्य छायादार स्थानों पर रखना चाहिए।
2. **बनावटी भंडारण** : यह वातावरण की दशाओं को नियंत्रित करके व रासायनिक उपचार से किया जाता है।

भंडारण का समय

1. **अस्थायी भंडारण** : ज्यादा विकारी फल–सब्जियों को लगभग 5 दिनों के लिए वेपोराइज्ड कूल चैम्बर में रखा जा सकता है।
2. **मध्यम भंडारण** : मौसम में उपलबध फल–सब्जियों को एक साथ बाजार में न भेजकर लगभग 6 सप्ताह तक भंडारित करना।
3. **स्थायी भंडारण** : फल–सब्जियों को साल भर पूर्ति के लिए उनका भंडारण करना।

भंडारण का तरीका

1. **तापमान कम करके** : तापमान कम करके फल–सब्जियों की श्वसन दर को कम कर दिया जाता है। इस तरह कम तापमान पर फल–सब्जियों को भंडारित कर सकते हैं।

2. **तापमान नियंत्रित करके** : इस विधि में फल–सब्जियों को वातावरण में उपस्थिति कम ऑक्सीजन व ज्यादा कार्बन डाईऑक्साइड गैस में भंडारित किया जाता है।
3. **वेपोराइज्ड कूल चैम्बर** : इन चैम्बरों में फल व सब्जियों को लगभग एक सप्ताह तक भंडारित किया जा सकता है।

अध्याय 20

सब्जी बीज भण्डारण में कारकों का प्रबंधन

हमारे देश में सब्जी बीज का कुल उत्पादन लगभग 34 हजार टन है जिसमें से 33 हजार टन स्वपरागित एवं 10 हजार टन परपरागित फसलों का बीज उत्पादन होता है। परन्तु देश की जलवायु में अधिक आर्द्रता और उच्च तापमान इसके भंडारण में अवरोधक है। अधिक आर्द्रता और उच्च तापमान के कारण बीजों में श्वसन क्रिया तेज हो जाती है, जिसके फलस्वरूप बीजों में विभिन्न प्रकार के जैव रासायनिक परिवर्तन शुरू हो जाते हैं, जो कि बीजों की अंकूरण क्षमता को घटाते है और सूक्ष्म जीवों एवं कीटों को आक्रमण का प्रश्रय देते हैं, यह क्षति कूल उत्पादन का लगभग 30–40 प्रतिशत होती है। इस प्रकार से सब्जी बीज उत्पादकों को तभी उचित लाभ मिल सकता है, जब उन्हें बीज भंडारण के तकनीक की पर्याप्त जानकारी हो।

भण्डारण में बीज की गुणवत्ता को प्रभावित करने वाले कारक

1. भौतिक कारक – तापक्रम एवं नमी।
2. यांत्रिक कारक – कटाई, मड़ाई तथा भण्डारण में प्रयुक्त उपकरण।
3. जैविक कारक – चूहे, कीट इत्यादि।
4. रासायनिक कारक – बीज में होने वाली शारीरिक क्रियायें।

5. भण्डारण की स्थिति/भंडार के प्रकार।
6. किस्म एवं प्रजातियों के प्रकार।

बीज भंडारण में आने वाली समस्यायें एवं प्रबन्धन

सब्जी बीज भण्डारण के समय आने वाली विभिन्न कारकों का प्रबंधन निम्न प्रकार से किया जा सकता है।

नमी

बीज भंडारण में नमी का सर्वाधिक योगदान है। जैसे कि प्रत्येक 1 प्रतिशत नमी की मात्रा को कम करने से भंडारण की अवधि दो गुना हो जाती है। यह नियम 5–14 प्रतिशत तक की नमी पर लागु होता है। यदि बीज में नमी की मात्रा अधिक होती है तो अनेकों प्राकर के जैविक एवं रासायनिक प्रक्रियाओं से उनका तापक्रम बढ़ने लगता है जिससे अंकूरण क्षमता घट जाती है और बीज पर फफूंद, विषाणु एवं कीट का प्रकोप बढ़ जाता है। नमी की कमी से बीज की भंडारण क्षमता बढ़ जाती है, परन्तु आवश्यकता से कम नमी ($< 4\%$) पर अंकूरण क्षमता घटती है। अनाज बीजों की तुलना में सब्जी बीजों में नमी की मात्रा अधिक होती है इसके तीन प्रमुख कारण है :

(क) बीजों के निष्कर्षण के समय उसमें नमी की मात्रा बहुत अधिक होती है।

(ख) बीजों में नमी बढ़ने का दुसरा प्रमुख कारण वातावरण की अधिक आपेक्षित आर्द्रता है, ऐसी स्थिति में बीज वातावरण की आर्द्रता को अवशोषित कर लेता है।

(ग) बीजों में नमी बढ़ने का तीसरा प्रमुख कारण है, अनुपयुक्त भंडारण विधि।

उपरोक्त कारणें से नमी बढ़ने के कारण बीज की अंकुरण क्षमता और गुणवत्ता में कमी आती है, जिससे सूक्ष्म जीवों तथा कीटों का प्रकोप बढ़ता है।

नमी से बचाने का प्रबंधन : सब्जी बीजों को नमी से बचाने के लिए निम्नलिखित उपाय किये जा सकते है :

1. सब्जी बीजों को भंडारण से पूर्व अच्छी प्रकार सुखा लेना चाहिए। वायु संचारित भंडारण में नमी की मात्रा वायुरोधी भंडारण की अपेक्षा 2–3 प्रतिशत अधिक होती है।

2. देश के जिन भागों में आपेक्षित आर्द्रता बहुत अधिक हो, वहाँ सब्जी बीजों को सुखाने के बाद वायुरोधी भंडारण संरचनाओं या प्लास्टिक के बैग में सुरक्षित नमी की मात्रा पर भंडारित करना चाहिए। विभिन्न सब्जी बीजों के लिए वायुरोधी पैकेटों में भण्डारण के लिए सुरक्षित नमी की मात्रा निम्नलिखित है।

विभिन्न सब्जियों के बीजों को वायुरोधी पैकेटों में भण्डारण के लिए सुरक्षित नमी की मात्रा

क्र. सं.	नमी की मात्रा		
	4 प्रतिशत	**5 प्रतिशत**	**6 प्रतिशत**
1.	मिर्च	चुकन्दर	तरबूज
2.	प्याज	टमाटर	गाजर
3.	पातगोभी	खीरा	स्लेरी
4.	फूलगोभी	बैंगन	मटर
5.	मूली	खरबूज	पालक
6.	शलजम	लौकी	–

3. भंडारण से पूर्व भंडारगृह को भली–भांति जाँच लेना चाहिए और दीवारों पर नमी रोधी पेंट लगा देना चाहिए।
4. भंडारण के समय बोरों को दीवार तथा फर्श से 45 सें0मी0 दूर लकड़ी की बल्लियों पर वैज्ञानिक विधि से सजाना चाहिए।

तापक्रम

बीजों के सुरक्षित भंडारण के लिए नमी के साथ–साथ तापक्रम भी महत्वपूर्ण है। तापक्रम के 10 डिग्री फारेनहाइट कम करने से बीज की भंडारण क्षमता दोगुनी हो जाती है। यह नियम 0–50 डिग्री फारेनहाइट तक ही काम करता है। भंडारण की अवधि में बीजों के तापक्रम बढ़ने के कई कारण है :

(क) भौगोलिक स्थितियों के कारण देश के कई भागों का तापमान उँचा होता है, ऐसे स्थानों पर बीजों के बायुमंडलीय भंडारण से उसका तापमान हमेशा अधिक रहता है।

(ख) देश के उन भागों में जहाँ भंडारण कुछ ही महीने अधिक होता है, ऐसे स्थानों पर तापक्रम ऋृटिपूर्ण भंडारण के कारण बढ़ जाता है।

(ग) यदि बीज में नमी की मात्रा अधिक हो तो, उपापचय क्रिया से बीज का तापक्रम बढ़ जाता है।

(घ) सूक्ष्म जीवों तथा कीटों की अधिकता हो तो इन जीवों के उपापचय ताप से बीज का तापक्रम बढ़ जाता है।

(ड़) भंडारण में वायु परिसंचरण के अभाव से भी बीज का तापक्रम बढ़ता है।

तापक्रम रोकने का प्रबंधन : भंडारण में बीजों के तापक्रम बढ़ने से रोकने के लिए निम्न उपाय किये जा सकते हैं :

1. जहाँ का तापक्रम प्रायः उँचा होता है, सब्जी बीजों को शीत्–गृह में भंडारित करना चाहिए।
2. उच्च तापक्रम वाले क्षेत्रों में भंडारण के लिए बीजों को निर्धारित नमी तक सुखाकर वायुरोधी विधि से भंडारित करना चाहिए।
3. भंडार गृह समुचित रूप से बन्द रहना चाहिए, वायु के आदान–प्रदान को नियंत्रित करने के लिए दो प्रवेश द्वारा होने चाहिए।
4. यदि भंडार गृह की छत टीन या एस्वेटस की हो तो उसके नीचे फाल्स सिलिंग लगाकर भंडार गृह का तापक्रम कम रखना चाहिए।

विभिन्न अपेक्षिक आर्द्रता पर सब्जी बीजों में नमी की मात्रा (25 डीग्री सेल्सियस तापक्रम पर)

बीज	सापेक्षिक आर्द्रता (प्रतिशत)		
फलीदार सब्जियां	45	60	75
पातगोभी	9.3	11.1	14.5
लौकी	6.4	7.6	9.6
बैंगन	7.1	8.4	10.1
भिंडी	8.0	9.8	11.9
प्याज	9.5	11.2	13.4
मटर	10.1	11.9	15.0
मूली	6.8	8.3	10.2
पालक	9.5	11.1	13.2
टमाटर	7.8	9.2	11.1
शलजम	6.3	7.4	9.0

आपेक्षित आर्द्रता एवं तापक्रम

बीजों के भण्डारण में आपेक्षित आर्द्रता एवं तापक्रम का संबंध अहम भूमिका अदा करता है। जैसे बीजों में नमी की मात्रा भंडार गृह के तापक्रम तथा उसकी आपेक्षित आर्दता पर निर्भर करता है। यदि भंडार गृह की आपेक्षित आर्द्रता आवश्यकता से अधिक होती है तो बीज वातावरण से नमी को आवशोषित कर लेता है और बीज की भंडारण क्षमता कम हो जाती है। इसलिए बीज को उचित तापक्रम एवं आर्द्रता पर भंडारण करना चाहिए जिससे बीज नमी को अवशोषित न कर सके। विभिन्न सब्जी बीजों के लिए आपेक्षिक आर्द्रता पर बीजों में नमी की मात्रा सारणी में दी जा रही है। सामान्यतः सभी फसलों के बीज का अच्छा भण्डारण प्राप्त करने के लिए आपेक्षित आर्द्रता एवं तापक्रम (डिग्री फारेनहाइट) का योग किसी भी दशा में 100 से अधिक नहीं होना चाहिए। आपेक्षित आर्द्रता (60 प्रतिशत) एवं तापक्रम (40 डिग्री फारेनहाइट) का सबंध बीज भंडारण के लिए सबसे उपयुक्त पाया गया है। इस प्रकार से बीजों को काफी दिनों तक सुरक्षित भंडारण किया जा सकता है। विभिन्न फसलों के लिए तापक्रम एवं आर्द्रता सुरक्षित भंडारण के लिए भिन्न–भिन्न होती है।

हानिकारक कीट

सब्जी बीजों के भण्डारण को प्रभावित करने वाले जैविक कारकों में कीटों का प्रमुख स्थान है। बीज में नमी की अधिकता बीजों के कीटग्रस्त होने के अनुकूल अवस्था प्रदान करता है। कीट ग्रसत होने के कारण बीज की गुणवत्ता तथा अंकूरण क्षमता पर प्रतिकुल प्रभाव पड़ता है। समान्यता अन्य बीजों की तुलना में सब्जी बीजों में कीटों का प्रकोप कम होता है। दलहन श्रेणी के बीजों में दाल भृंग (Pulse beetle) का प्रकोप अधिक होता है, जबकि गोभीवर्गीय बीजों में धान के पतंगे (Rice moth) का आक्रमण होता है।

बीजों पर कीटों का प्रकोप निम्न कारणों से होता है

(क) कुछ कीट जैसे दाल भृंग (Pulse beetle) खेत या खलिहान में ही बीजों पर अण्डे दे देते हैं।

(ख) भंडारण से पूर्व यदि भंडार गृह की सफाई न की जाय तो इससे भी कीट नये बीज को प्रभावित करते हैं।

(ग) भंडारण में पूर्व में उपयोग किये गये बोरे के पुनः प्रयोग से भी कीट का प्रकोप फैलता है।

भंडारित बीजों को कीटों के प्रकोप से बचाने के लिए निम्न प्रबन्धन किये जा सकते हैं

1. बीज निष्कर्षण के समय बीजों को अधिक समय तक खुले में नहीं रखना चाहिए।
2. नये बीज को पुराने बीज के साथ भंडारित नहीं करना चाहिए।
3. खलिहान में रखे अनाज व बीज के पास सफाई रखनी चाहिए, कूड़ाकरकट साफ कर देना चाहिए।
4. भंडारण से पूर्व सब्जी बीज को भली–भॉति सुरक्षित नमी तक सुखाना चाहिए।
5. भंडारण कक्ष कीट रहित करने के लिए दिवालों, छतों तथा फर्श पर निम्नलिखित कीट रसायन का छिड़काव करना चाहिए।

डेल्टामेथ्रीन 25 डब्लू0पी0	–	25 ग्राम/लीटर पानी
मैलाथियान 50 ई0सी0	–	10 मि0ली0/लीटर पानी

यदि भंडारगृह में उड़ने वाले पतंगे दिख रहे हो तो डाइक्लोरभास 100 ई0सी0 का 10 मि0ली0 प्रति 3 लीटर पानी में मिलाकर प्रति वर्गमीटर स्थान/क्षेत्रफल पर छिड़काव करना चाहिए। इन रसायनों का 6–8 लीटर घोल प्रति 100 वर्ग मीटर क्षेत्रफल पर छिड़काव करने से अन्य कीट भी मर जाते हैं।

6. यदि भंडारण पुराने बोरों में किया जा रहा हो तो इन बोरों पर भी उपरोक्त कीटनाशक रसायनों का छिड़काव 8–10 लीटर घोल प्रति 100 वर्ग मीटर की दर से करना चाहिए ताकि छिपे कीट मर जाय।
7. बीजों का प्रधूमन भी कीट नियंत्रण का एक महत्वपूर्ण अंग है। इसके लिए एल्युमिनियम फास्फाइड नामक धूमक का प्रयोग किया जाता है। इस धूमन की 3 ग्राम की दो टिकिया प्रति 30 घनमीटर स्थान के लिए प्रयुक्त होती है, प्रधुमन के पूर्व भंडारगृह को वायुरोधी बनाकर टिकिया किसी सूती कपड़े में लपेटकर विभिन्न स्थानों पर रख दी जाती है।
8. बीज के बोरों को भंडार गृह की दीवार तथा फर्श से 45 सें0मी0 दूर लकड़ी की बल्लियों पर वैज्ञानिक विधि से सजाना चाहिए।

भण्डार गृह में चूहों से बीज का संरक्षण

चूहे बीजों के साथ–साथ पैकेट और बोरों को भी बहुत क्षति पहुँचाते हैं। इनसे बचाव के लिए भंडार गृह के निर्माण के समय ही चूहारोधी बना देना चाहिए। इनके नियंत्रण का एक ही उपाय है रसायनिक नियंत्रण।

विषयुक्त चारा – जिंक फास्फाइट (2 भाग) + आटा (96 भाग) + खाद्तेल (2 भाग)

इसके प्रयोग के लिए पहले बिलद्वार का निरीक्षण करें और बिलद्वार के पास विषरहित चारा 2–3 दिन तक रखें, तत्पश्चात् कुछ दिनों के बाद विषयुक्त चारा रखें, चूहा इसे खाकर मर जाएगा।

यांत्रिक कारक

यह बीजों की गुणवत्ता को प्रभावित करने का प्रमुख कारक है। यह क्षति फसल कटाई, प्रबन्धन, मड़ाई, संसाधन किसी भी यांत्रिक क्रिया के दौरान हो सकती है। क्षतिग्रस्त बीजों में बीज अंकुरण एवं ओज का ह्रास अपेक्षाकृत तेजी से होता है। बीज में पड़ी दरार या क्षत–चिन्हों के माध्यम से हानिकारक फफूंद एवं जीवाणु में प्रवेश करते हैं, और बीज की गुणवत्ता को प्रभावित करते हैं।

प्रबन्धन

बीज निष्कर्षण एवं संसाधन में ऐसी विधियों का प्रयोग करें जिससे यांत्रिक क्षति कम से कम हो। इससे बीजों की भंडारण अवधि भी बढ़ जाती है।

भण्डारण के प्रकार

बीजों का भंडारण तीन प्रकार से होता है :

1. सुगठित भंडारण, 2. शीत भंडारण एवं 3 वायुरोधी भंडारण।

प्रबन्धन

यदि बीजों मे ंनमी अधिक हो तो उनहें सुगठित या शीत भंडारण की विधि अपनानी चाहिए। कम नमी वाले बीजों की वायुरोधी भंडारण की विधि अपनानी चाहिए जिसके फलस्वरूप बीजों की अंकूरण क्षमता लम्बे समय तक बनी रहेगी।

इस प्रकार उपर्युक्त विधियों का प्रबन्धन करके भंडारण की समस्याओं से काफी हद तक छुटकारा पा सकते हैं।

शब्दावली

अण्डनिक्षेपण	–	Oviposition
अण्डरोपक / अण्ड निक्षेपक	–	Ovipositor
अग्रवक्ष	–	Prothorax
अर्द्दकुण्डलक कीट	–	Semilooper
अर्भक / शिशु	–	Nymph
आर्द्रता	–	Humidity
इल्ली	–	Caterpillar
उत्तक	–	Tissue
एफीड / माहूँ / मोयला	–	Aphid
कज्जरी फफूंद	–	Shooty mould
कटुआ सूंडी	–	Cut worm
कीट	–	Insect
कीटनाशक	–	Insecticide
कोशिका	–	Cell
खण्ड	–	Segment
गण	–	Order
गौण कीट	–	Minor insect
घुन	–	Weevil
जीवन–चक्र	–	Life cycle

डिंभक/सूंडी — Larva/Caterpillar
तना वेधक — Stem borer
तितली — Butterfly
तुंड — Snout
नर — Male
निर्मोक — Exuivae
निर्मोचन — Moulting
निषेचन — Fertilization
पतंगा — Moth
पत्ती लपेटक — Leaf roller
परपोषी — Host
परिपक्व — Mature
पर्ण सुरंगक — Leaf miner
पिस्सू भृंग — Flea beetle
प्यूपा (कोशिक) — Pupa
प्रकाश पाश — Light trap
प्रतिरोधी किस्म — Resistant variety
प्ररोह — Shoot
फसल–चक्र — Crop rotation
फुदका — Hopper
विहार रोमिल इल्ली/विहार भुडली — Bihar hairy caterpillar
भृंग — Beetle
भृंगक — Grube
मधुरस — Honydew
मादा — Female
मुखांग — Mouthparts
मैगट — Maggot
रसाद कीट — Thrips
रोगबाहक — Vector

वयस्क (प्रौढ़)	–	Adult
वर्ग	–	Group
विषाणु	–	Virus
बेधक	–	Borer
शल्क	–	Scale
शत् निष्क्रीयता	–	Hibernation
श्रृंगिका	–	Antenna
सक्रिय	–	Active
सफेद मक्खी	–	White fly
सर्वांगी कीटनाशक	–	Systemic insecticides

परिशिष्ट 1

प्रमुख सब्जियों में नाशाक कीटों का रासायनिक नियंत्रण

सब्जियां	मिट्टी में पाये जाने वाले कीटों के नाम	रसायन का नाम	व्यवसायिक नाम	रासायन की मात्रा
बैंगन, भिंडी, लोबिया, टमाटर,	दीमक, कटुआ कीट, सफेद गिडार	क्लोरपायरीफास 20 ई0 सी0	डर्सबान	2 मि. ली./ली. पानी (पर्णीय छिड़काव/भूमि उपचार)
	चूसरने वाले कीटों के नाम			
बैंगन, टमाटर, मिर्च, भिंडी, लहसून व प्याज	सफेद मक्खी, माहूँ, थ्रीप्स, जैसिड	इमिडाक्लोप्रिड 17.8 एस.एल	क्न्फीडोर, टाटामिडा, भीक्टर, केमिडा	0.3 मि.ली./ली. पानी
		थियोमेथोकनाम 25 डब्लू.एस. जी.	एकतारा, सितारा	0.25 ग्रा. /ली. पानी
		एसीटामिप्रिड 20 एस.पी.		
		डाइफेनथ्यूरान 50 डब्लू.पी	इक्का, शार्प	0.50 ग्रा./ली. पानी
		क्लारफनापीर 10 एस. पी.	पेगासस, पोलो	0.50 ग्रा./ली. पानी
		फेनपाइरोक्सीमेट 5 एस.सी.	डीनापीर	0.50 ग्रा./ली. पानी
		स्पाइरोमेसीफेन 22.9 एस.सी	सेडना	1.0 मि.ली./ली. पानी
		थाइक्लोप्रिड 240 एस.सी.	ओबेरॉन	1.0 मि.ली./ली. पानी
		क्लोथिआनिडिन 50 डब्लू.डी.जी.	ऐलान्टो	0.50 मि.ली./ली. पानी
		डाईमेथोएट 30 ई.सी.	डोटाप	0.25 मि.ली./ली. पानी
			रोगर, रोगोहीट	2.0 मि.ली./ली. पानी

बैंगन, खीरा, ककड़ी, पातगोभी, आलू	माहूँ, जैसिड	फेनवालेरेट 20 ई.सी.	निवफेन, गिलफेन, टाटाफेन	1.25 मि.ली./ली.पानी
		थियोमेथाक्जाम 25 डब्लू.एस.जी.	एकतारा, सितारा	0.25 ग्राम/ली. पानी
	माइट			
बैंगन, मिर्च, भिडीं, टमाटर	लाल मकड़ी एवं पीली मकड़ी	डिकोफाल 18.5 ई.सी.	केलथेन, केमिफाल	1.0 मि.ली./ली.पानी
		प्रोपारगाइट 57 ई.सी.	ओमाइट, सिम्बा, ओपया	1.0 मि.ली./ली.पानी
		अवमेक्टीन 1.9 ई.सी.	भरटीमेक	0.25 मि.ली./ली.पानी
टमाटर	द्विर्घाब्बय मकड़ी माइट	फेनाजिक्वान 10 ई.सी	मैजिस्टर	2.0 मि.ली./ली.पानी
		स्पाईरोमसिफेन 240 एस.सी.	ओबेरॉन, वोलटेज	1.25 मि.ली./ली.पानी
बैंगन	माइट	फलूफेनजीन 20 एस.सी	केसकड	1.0 मि.ली./ली.पानी
		फेन्प्रोपेथ्रिन 30 ई.सी.	माइटी, फेन्प्रापेथ्रिन	0.75 मि.ली./ली.पानी
	लाल मकड़ी माइट	स्पाईरोमेसिफने 240 एस.सी	ओबेरॉन, वोलटेल	1.0 मि.ली./ली.पानी
		फेनाजिक्वान 10 ई.सी	मैजिस्टर	2.0 मि.ली./ली.पानी
लोकी/करेला	लाल मकड़ी माइट	डिकोफाल 18.5 ई.सी.	केलथेन, डैलकोफाल	2.0 मि.ली./ली.पानी
		बाईफेनाजेट 50 डब्लू.पी.	एक्रामाईट, फलोरेमाइट	0.50 मि.ली./ली.पानी
		इथियान 50 ई.सी.	कोरोमिट	1.0 मि.ली./ली.पानी
		फेनपाइरोकरीमेट 5 ई.सी.	सेडना, पकर	1.0 मि.ली./ली.पानी
		फ्लूवेलिनेट 25 ई.सी.		1.0 मि.ली./ली.पानी
	काटने व कुतरने वाले कीटों के नाम			
टमाटर	फल बेधक	इन्डोक्साकार्ब 14.5 एस.सी.	दक्ष, फेगो, हिन्डोक्सा	1.0 मि.ली./ली.पानी
		नोवाल्यूरान 10 ई.सी.	रिमोन	1.25 मि.ली./ली.पानी

बैंगन	फल एवं तना बेधक	फ्लूबेन्डियामाइड 480 एस.सी.	फेम	0.25 मि.ली./ली.पानी
भिंडी	फल एवं तना बेधक	मेथोमिल 40 एस.पी.	लेन्नेट, डेश, डूनेट	1.5 मि.ली./ली.पानी
मिर्च	फल या फली बेधक	इमामेक्टिन बेन्जोएट 5 एस.जी.	प्रोक्लेम, एक्सप्लोड	0.25 मि.ली./ली.पानी
करेला	फल वेधक सूंडी	थियाक्लोप्रिड 21.7 एस.सी.	एलान्टो	1.5 मि.ली./ली.पानी
पात गोभी	हीरक पृष्ठ शलभ	थियोडिकार्ब 75 डब्लू.पी.	लॉर्भीन, स्पाइरो	1.5–2.0 ग्रा./ली.पानी
	तम्बाकू की सूंडी	साइपरमेथ्रिन 25 ई.सी.	साइपरगार्ड, सारक्स	0.50 मि.ली./ली.पानी
	पात एवं फूल गोभी का तना बेधक	ट्राइएजोफास 40 ई.सी.	ट्राइफॉस, टारजन, जोश	1.25 मि.ली./ली.पानी
	पात गोभी का फल बेधक	फेनवालरेट 20 ई.सी.	टाटाफेन	1.0 मि.ली./ली.पानी
		स्पिनोसाड 45 एस.सी	कनर्जव, स्पाइनोटर	5.0 मि.ली./ली.पानी
		लूफेनुरॉन 5.4 ई.सी.	सिगना	1.0 मि.ली./ली.पानी
		क्लोरफेनापीर 10 एस.सी.	लेपिडो, इन्टरप्रिड	1.0 मि.ली./ली.पानी
		कारटाप हाइड्रोक्लोराइड 50 एस.पी.	सेनवेकस, कारटेक्स	1.0 मि.ली./ली.पानी
		फिनप्रोनिल 5 एस.सी.	रीजेन्ट, महावीर	1.5–2.0 मि.ली./ली.पानी
		बेनफ्यूराकार्ब 40 ई.सी.	ऑनकोल	1.25–1.50 मि.ली./ली.पानी
बैंगन	हड्डा भृंग	साइपरमेथ्रिन 25 ई.सी.	सूपरकीलर	0.25 मि.ली./ली.पानी
	फीग पंखी बग	डाइमेथोएट 30 ई.सी.	रोगर, नुगोर	2.0 मि.ली./ली.पानी

लौकी वर्ग	लाल कद्दू भृंग	डाइक्लोरवास 76 एस.सी	नुबान, ड्रम	1.00 मि.ली./ली.पानी
		क्लोरपायरीफास 20 ई.सी.	गिलफोस, डरमेट, कमान	1.0 मि.ली./ली.पानी
पात गोभी	हीरक पृष्ठ शलभ	नोवाल्यूरान 10 ई.सी.	पिंजरा, रिमोन, सीजर	1.0 मि.ली./ली.पानी
		लुफेन्यूरान 5.4 ई.सी.	सिग्ना	1.0 मि.ली./ली.पानी
	चिप्रीत बग	डाइमेयोएट 30 ई.सी.	रोगर, नुगोर	2.0 मि.ली./ली.पानी
मूली	तना बेधक	मैलाथियान 50 ई.सी.	साइथियान, केमेथियान	1.5 मि.ली./ली.पानी
लोबिया, मटर फरासबीन	पर्ण सुरंगक	डाइमेथोएट 30 ई.सी.	रोगोरीन, रोगोहीट	2 मि.ली./ली.पानी

परिशिष्ट–2

प्रमुख सब्जियों में बीमारीयों का रासायनिक नियंत्रण

सब्जियां	प्रमुख रोग	रसायन का नाम	व्यवसायिक नाम	रासायन की मात्रा
टमाटर, बैंगन, गोभी, मिर्च, भिंडी, मटर	आर्द्र गलन, कॉलर रॉट	कैप्टान 50 डब्लू0पी0	कैप्टाफ	2.0–2.5 ग्राम/लीटर पानी
				3.0 ग्राम/किलोग्राम बीज
		थीरम 75 डब्लू0पी0	हेक्साबीर, थीरम	2.0 ग्राम/किलोग्राम बीज
		कॉपर ऑक्सीक्लोराइड	ब्लू कॉपर, ब्लाइटॉप्स–50	3.0 ग्राम/लीटर पानी
		कार्बेन्डाजिम 50 डब्लू0पी0	डेरोसाल, बाविस्टिन	1.0 ग्राम/लीटर पानी
टमाटर, बैंगन, मिर्च, गोभी, राजमा	कॉलर रॉट, जड़ विगलन, चारकोल रॉट, पर्ण दाग	कार्बेन्डाजिम 50 डब्लू0पी0	डेरोसाल, धनुस्टिन	0.5–1.0 ग्राम/लीटर पानी
		जिनेव 75 डब्लू0पी0	जोल्ट, इन्डोफिल जेड–78	1.5–2.0 ग्राम/लीटर पानी
कद्दुवर्गीय सब्जियां	पर्ण दाग	थियोफेनेट मिथाइल 70 डब्लू0पी0	उपाय, हेक्साटाप	0.5–1.0 ग्राम/लीटर पानी
		जिनेव 75 डब्लू0पी0	इन्डोफिल जेड–78	1.5–2.0 ग्राम/लीटर पानी
सेम, मिर्च, बैगन, कद्दुवर्गीय सब्जियां	चुर्णी फफूंद, पर्ण दाग	बेनोमिल 50 डब्लू0पी0	बेनोफिट	0.5–1.0 ग्राम/लीटर पानी
		डिनोकैप 48 ई0सी0	काराथेन	1.0–1.5 मि0ली0/लीटर पानी
गोभीवर्गीय सब्जियां, मिर्च, टमाटर, बैंगन, लौकी	मृदुरोमिल आसिता, एन्थ्रेकनोज, पर्ण धब्बा, अगेती व पछेती झुलसा	मैंकोजेब 75 डब्लू0पी0	डाइथेन एम–45, एमगार्ड	1.5–3.0 ग्राम/लीटर पानी
		जिनेव 75 डब्लू0पी0	जोल्ट, इन्डोफिल जेड–78	1.5–2.0 ग्राम/लीटर पानी
		बेनोमिल 50 डब्लू0पी0	बेनोफिट	0.5–1.0 ग्राम/लीटर पानी

सब्जियां	प्रमुख रोग	रसायन का नाम	व्यवसायिक नाम	रासायन की मात्रा
टमाटर, मिर्च	फल विगलन, रस्ट, एन्थ्रेकनोज, अगेती एवं पछेती झूलसा, मृदुरोमिल आसिता	जिनेव 75 डब्लू0पी0	इन्डोफिल जेड–78	2.0–2.5 ग्राम/लीटर पानी
		प्रोपिनव 70 डब्लू0पी0	एन्ट्राकॉल	2.0–2.5 ग्राम/लीटर पानी
		कॉपर ऑक्सीक्लोराइड 50 डब्लू0पी0	ब्लूकॉपर	2.0–2.5 ग्राम/लीटर पानी
		टेबुकोनाजोल 25.9 ई0सी0	फोलिक्यूर, टेबुस्टार	1.0–1.25 ग्राम/लीटर पानी
बैगन, कद्दुवर्गीय सब्जियां, भिंडी, प्याज, टमाटर	रस्ट, एन्थ्रेकनोज, पर्ण दाग, फल गलन, उकठा, झूलसा	कार्बेन्डाजिम 50 डब्लू0पी0	डेरोसाल, धानुष्टिन	1.0 ग्राम/लीटर पानी
		कॉपर ऑक्सीक्लोराइड 50 डब्लू0पी0	ब्लाइटॉक्स–50, ब्लूकॉपर	2.5–3.0 ग्राम/लीटर पानी
		जिरम 80 डब्लू0पी0	क्यूमान–एल	2.0–2.5 ग्राम/लीटर पानी
		कैप्टान 75 डब्लू0पी0	कैप्टाफ	2.0–2.5 ग्राम/लीटर पानी
फराश बीन, शिमला मिर्च, मिर्च, खीरा, टमाटर, बैगन	पर्ण दाग, फल गलन, रस्ट, डाउनी मिल्ड्य, कॉलर रॉट, झूलसा	कॉपर ऑक्सीक्लोराइड 50 डब्लू0पी0	ब्लूकॉपर, ब्लाइटॉक्स–50	3.0 ग्राम/लीटर पानी
		जिनेव 75 डब्लू0पी0	इन्डोफिल जेड–78	3.0 ग्राम/लीटर पानी
		प्रोपिनव 70 डब्लू0पी0	एन्ट्राकॉल	3.0 ग्राम/लीटर पानी
कद्दुवर्गीय सब्जियां मटर, भिंडी	चूर्णिल आसिता	ट्राइडेमार्फ 80 ई0सी0	कैलिक्सिन	0.5–1.0 मि0ली0/लीटर पानी
		सल्फर 80 डब्लू0पी0	इन्साफ, सल्फाफ	2.0–2.5 मि0ली0/लीटर पानी
		डिनोकैप 48 ई0सी0	काराथेन	1.0–1.5 मि0ली0/लीटर पानी
		बेनोमिल 50 डब्लू0पी0	बेनोफिट	0.5–1.0 मि0ली0/लीटर पानी
मिर्च, लोबिया, मटर, टमाटर	चुर्णि फफूंद, डाई बैक, फल गलन	ट्राइडेनिफान 25 डब्लू0पी0	बायलेटान	2.5 ग्राम/लीटर पानी
		ईप्रोबेनफोस 48 ई0सी0	किटाजीन	1.0–2.0 मि0ली0/लीटर पानी
		कॉपर ऑक्सीक्लोराइड 50 डब्लू0पी0	ब्लूकॉपर, ब्लाइटॉक्स–50	2.5 ग्राम/लीटर पानी

सब्जियां	प्रमुख रोग	रसायन का नाम	व्यवसायिक नाम	रासायन की मात्रा
लौकी, मटर	चुर्णी फफूंद	पेनकोनाजोल 10 ई0सी0 प्रोपिनेब 70 डब्लू0पी0	टोपास एन्ट्राकॉल	0.5–1.0 मि0ली0/लीटर पानी 2.0–2.5 ग्राम/लीटर पानी
टमाटर, बैंगन	उकठा, चुर्णि फफूंद	टेबुकोनाजोल 25.9 ई0सी0	फोलिक्युर, टेबुस्टार	0.5 मि0ली0/लीटर पानी
लोबिया, मटर	चुर्णि फफूंद, गेरूई	बिटरटानाल 2.5 डब्लू0पी0 ईप्रोबेनफोस 48 ई0सी0	बायकोर, बेयकूर किटाजीन	0.5 मि0ली0/लीटर पानी 1.0–2.0 मि0ली0/लीटर पानी
कद्दुवर्गीय सब्जियां, मटर	सरकोसपोरा, पर्ण दाग	हेक्साकोनाजोल 5 ई0सी0	कन्टाफ, हेक्साधन	0.5–1.0 मि0ली0/लीटर पानी
टमाटर, बैंगन, गोभी	पर्ण दाग	डिफोनोकोनाजोल 25 ई0सी0	स्कोर	0.5–1.0 मि0ली0/लीटर पानी
मटर, सेम	गेरूई, पर्ण दाग	फ्लूसिलाजोल 40 ई0सी0	पंच, नुस्टार, कुरसोर	0.5–1.0 मि0ली0/लीटर पानी
टमाटर	तना एवं फल गलन	प्रोपिनेब 70 डब्लू0पी0 टेबुकोनाजोल 25.9 ई0सी0 बेनोमिल 50 डब्लू0पी0	एन्ट्राकॉल फोलिक्यूर बेनोफिट	2.5–3.0 ग्राम/लीटर पानी 1.0–1.5 मि0ली0/लीटर पानी 0.5–1.0 ग्राम/लीटर पानी
टमाटर, आलू, मटर, करेला	पछेती झूलसा, मृदुरोमिल आसिता	मेटालेक्सिल 35 डब्लू0एस0 कॉपर ऑक्सीक्लोराइड 50 डब्लू0पी0 जिनेव 75 डब्लू0पी0 एजोक्सिस्ट्रोबिन 23 एस0सी0	एपरान, रिडोमिल एम जेड ब्लूकॉपर, ब्लाइटॉक्स–50 इन्डोफिल एम जेड–78 स्केन, एमिस्टार	2.0 ग्राम/लीटर पानी 2.5–3.0 ग्राम/लीटर पानी 2.5–3.0 ग्राम/लीटर पानी 1.0 ग्राम/लीटर पानी
प्याज	बैगन धब्बा	डिफोनोकोनाजोल 25 ई0सी0	–––––	0.5–1.0 मि0ली0/लीटर पानी

अनुक्रमणिका

फ

ब

व

श

स

ह